시크릿 NEW YORK

시크릿
NEW YORK

로컬이 알려주는 뉴욕 속의 진짜 뉴욕

천현주 지음

시공사

contents

BEFORE TRAVELING TO NEW YORK

NEW YORK BY AREA

BASIC INFORMATION

TRAVEL MAP

Secret New York Manual

시크릿 뉴욕
사용설명서

스폿 정보는 이렇게 봅니다.

미국 자연사 박물관 : 한글 표기

American Museum of Natural History : 원어 표기

미국 자연사 박물관 **American Museum Of Natural History**

❶ Add. 175-208 Central Park West, New York, NY 10024
❷ Tel. (212) 769-5000
❸ Open 10:00~17:45
❹ Access B·C 라인 81St. - Museum of Natural History 역
❺ URL www.amnh.org

067
Map
P.476-F

MAP P.476-F :
이 책 476쪽에 있는 지도의 F 구역에서
장소를 찾을 수 있습니다.

아이콘 :
소개한 장소의 성격을 나타냅니다.

- 관광지
- 레스토랑
- 카페
- 쇼핑 스폿
- secret 저자가 특별히 추천하는 스폿

2015 New Spot **2016 New Spot**
2015~2016년 개정판에 새롭게 추가된 스폿

❶ 175-208 Central Park West, New York, NY 10024 : 주소

❷ (212) 769-5000 : 지역 번호를 포함한 전화번호. 로밍 휴대
폰을 이용할 경우 이 번호를 그대로 누르면 됩니다. 한국에
서는 국제전화 접속 번호+국가 번호(1)+전화번호를 누르
세요.

❸ 10:00~17:45 : 영업시간과 휴무일. 부정기적 휴무인 곳은
따로 표기하지 않았습니다.

❹ B·C 라인 81st St. - Museum of Natural History 역 : 가까
운 지하철역

❺ www.amnh.org : 자체 홈페이지나 해당 숍이 소개된 웹페
이지

※본문에 거리를 뜻하는 Ave.는 '번가', St.는 '가'로 표기했습니다.

지도는 이렇게 보세요.

Ⓗ	호텔	⚓	학교	ⓨ	우체국
Ⓡ	레스토랑	✈	공항	❶	관광 안내소
Ⓒ	카페	✚	병원	▲	산
Ⓢ	쇼핑 스폿	⛪	그리스도교 교회	⋯⋯⋯	지하철
Ⓝ	야간 명소	卍	절		

Why New York?

작가의 말

● 올해로 뉴욕 생활 10년 차로 접어드니 어느새 뉴욕도 저에게는 서울살이와 다르지 않습니다. 변덕스러운 날씨를 꿰뚫고 낭패를 보지 않을 외출 준비를 하는 일부터 가까운 카페 대신 일부러 찾아가는 카페에서 나만의 의식으로 하루를 시작합니다. 줄 서는 것이 당연한 식당도 시간대 패턴을 이용해 나름 수월하게 이용하는 센스도 생기고 내 스타일의 옷만 파는 가게를 들락거리며 득템의 찬스를 챙기는 잔머리 쇼핑은 기본, 동네 사람과 어느새 안부를 주고받는 일이 무심하게 느껴지는 로컬이 되었습니다. 당연히 뉴욕을 보는 눈도 달라지는 거 같습니다. 과거에는 존재했던 실체를 발견하고 확인하는데 그쳤다면 이제는 작은 변화에 더 관심이 생기고, 그걸 통해 살아있는 뉴욕과 정서적 교감을 나누는 듯 합니다.

시크릿 뉴욕 초판이 나온 지 4년이 지났습니다. 초판을 준비할 때 뉴욕은 서브 프라임 모기지로 암울했던 경제 위기를 막 헤치고 기지개를 켜는 듯했습니다. 그러나 현재 뉴욕은 암울함을 말끔히 벗어낸 듯 도시 곳곳 새 단장해 전 세계 사람들을 손짓해 부르며 활기가 넘칩니다. 10년 전 9·11 테러 당시 무너진 쌍둥이 빌딩 자리에는 하나의 빌딩으로 더 높이 쌓아올린 원 월드 빌딩(One World)의 전망대가 마침내 올봄, 문을 열었습니다. 하이라인 파크 개발을 시작으로 허드슨 강변은 고급 콘도와 복합 쇼핑·문화 공간들이 몰려들었습니다. 그 변화의 일환으로 미국 현대 미술의 산실로 일컫는 휘트니 미술관이 미트패킹으로 이전했습니다. 그야말로 지난 3년간 맨해튼 남서쪽의 변화는 눈이 부실 지경입니다. 또 뉴욕의 수준 높은 식문화는 브루클린을 기반으로 로컬 식재료의 부흥을 이끌고 있습니다. 뉴욕 태생의 레스토랑, 가방, 패션, 라이프스타일 등 이제는 미국산이 아니라 '뉴욕 태생'의 다양한 산업 군이 미국을 넘어 전 세계로 뻗어나가는 듯합니다. 뉴욕은 소비의 도시에서 생산의 도시가 되는 거 같습니다.

자, 시크릿 뉴욕 독자님들. 뉴욕으로 오세요. 뉴욕의 전통은 더욱 굳건해졌으며 이제 새로운 영감과 에너지로 가득 차 있으니까요. 뉴욕 시그너처 스폿에서 멈추지 말고 뉴욕의 새로운 명소에 들러보세요. 또한 값비싼 유명 셰프의 정찬 대신 로컬 식재료와 로컬들이 추천하는 음식들을 맛보세요. 명품 브랜드보다 실용과 디자인을 겸비한 뉴욕 스타일을 구경하세요. 사실 뉴욕이란 밀도 높은 도시를 7일이란 짧은 시간 동안 모두 돌아보려면 무리한 여행이 될 수 밖에 없어요. 그럴 바에는 작은 디테일을 모아 거꾸로 채워가는 여행은 어떨까요?

개인적으로 이번 개정판은 그런 디테일에 도움이 되었으면 하는 바람입니다. 이미 많이 알려져 관광지화 된 곳들은 대부분 과감히 잘라냈습니다. 초판에서 소개했던 장소 중에 들어낸 부분은 없어진 곳도 있지만 개정판에 소개될 새 장소와의 조율 과정에서 빠진 곳도 있습니다. 완벽한 기준에는 항상 부족하지만 최선의 선택이었기를 기도해 봅니다.

본의 아니게 개정 기간이 길어지면서 수시로 사라지고 생겨나는 스폿들 때문에 작업의 끝이 보이지 않는 듯 절망스럽기도 했지만 결국 마감을 해야 하는 시간이 왔습니다. 그러고 보니 지난 1년은 변화하는 뉴욕의 역사를 기록하는 시간처럼 느껴지네요. 아쉬운 작별도 있었고, 새로운 발견의 흥분도 있었습니다. 아마도 책이 출판될 즈음에 또 새로운 스팟들이 생기고 없어지겠지요. 그게 바로 뉴욕이니까요.

뉴욕에 놀러 오는 친구들에게 제가 가진 로컬의 눈높이에서 가능한 양질의 정보를 제공하고자 하는 심정으로 준비한 이 개정판이 여러분의 뉴욕 여행에 모쪼록 작은 길잡이가 되었으면 합니다.

여러분 모두 즐거운 뉴욕 여행 되시길 바랍니다.

2015년 7월 뉴욕에서
천현주

NEW YORK
BEST
COURSE

COURSE
1

핵심만 골라 즐기는 5박 6일 뉴욕 여행

처음 뉴욕을 방문한 여행자가 짧은 기간 동안 효율적으로 맨해튼을 돌아볼 수 있도록 마련한 알찬 일정.
첫째·둘째 날은 맛집과 쇼핑, 공원에서 로컬 같은 일상의 휴식을 즐긴다.
셋째·넷째 날은 박물관을 비롯해 세계 문화 중심에 걸맞은 문화 체험을 즐겨보자.

첫째 날
1DAY →

미드타운
영화 〈티파니에서
아침을〉에서와 같이
시작해보자.

도보 10분

록펠러 센터
톱 오브 더 록Top of the Rock
전망대에 올라 맨해튼의 전망을
즐기자.

도보 5분

소호
아직 쇼핑의 기회가 많으니
소호에서의 쇼핑은 둘러보는
정도로도 충분하다.

지하철·버스
10분

북창동 순두부
여행 시작 전 원기를 북돋기
위해 점심은 한식으로!

도보 10분

42번가
뉴욕 공립 도서관과
브라이언트 파크를 둘러보자.

둘째 날
2DAY →

노이에 갤러리
구스타프 클림트의 명화
〈아델레 블로흐-바우어의
초상〉을 놓치지 말자.

도보 10분

뮤지엄 마일
메트로폴리탄 박물관, 구겐하임
미술관 등 취향에 맞는
박물관을 선택해 즐겨보자.

도보
5분

센트럴 파크
센트럴 파크를 통과해
어퍼웨스트까지 걸어보자.

도보 15분 →

제이콥스 피클
왁자지껄한 분위기의 로컬들
사이에서 저녁 식사를
즐겨보자.

→

셋째 날
3DAY

↓

첼시 마켓
맛집이 많기로 소문난
이곳에서 점심 먹기

← 도보 5분

휘트니 미술관
올봄 새롭게 오픈한 뉴욕
최고 이슈의 미술관 방문

← 도보 15분

도미니크 안셀 키친
간단한 아침 식사로
에그 이클립스Egg Eclips를
꼭 맛볼 것!

↓ 도보 1분

하이라인 파크
더 이상 설명이 필요 없는
뉴욕의 명소에서 여유롭게
산책 즐기기

도보 2분 →

첼시 갤러리
숙소로 돌아가는 길,
갤러리 호핑은 덤!

도보 5분 →

포리저스 시티 테이블
직접 수확한 재료로 음식을
만드는 레스토랑에서 즐기는
저녁 식사

↓ 버스 M 11번
10분

세포라
뉴욕에서 화장품 쇼핑은 필수!

← 도보 5분

타임스 스퀘어
밤이면 더욱 화려해지는 뉴욕
중심가에서 하루를 마무리

← 도보 15분

뮤지컬 또는 오페라
세계 정상급 공연이 펼쳐지는
뉴욕에서 뮤지컬과 오페라
즐기기

넷째 날
4DAY

9 · 11 메모리얼 & 박물관
역사적인 장소에서 희생자를
위한 묵념을 잊지 말자.

도보 5분

허드슨 이츠 푸드 홀
뉴욕 최고의 푸드 몰에서
다양하게 골라 먹는 점심 식사

도보 10분

브루클린 브리지
야경이 아름다운 브루클린
브리지를 걸어서 건너가볼까?

도보 20분

자유의 여신상
무료 페리를 타고 가까이
지나가보자.

도보 10분

월 스트리트
세계 경제의 중심지에
우뚝 서보자.

도보 20분

다섯째 날
5DAY

덤보
브루클린 브리지와 맨해튼
뷰가 가장 멋진 이곳에서 기념
촬영은 필수!

플랫아이언 빌딩
다리미 모양을 한 빌딩을
눈여겨보자.

도보 10분

펫 소
부위별로 맛보는 뉴욕 스타일
바비큐로 허기진 배를 채우자.

도보 20분

윌리엄스버그
힙스터 지역을 구경하며 로컬
브랜드 쇼핑을 즐기자.

지하철 5분

유니언 스퀘어 파크
월 · 수 · 금 · 토요일에는
그린 마켓이 열린다.

지하철 5분 + 도보 5분

워싱턴 스퀘어 파크
개선문으로 유명한 뉴욕 대학교
앞 공원에서 잠시 쉬어 가자.

도보 5분 →

라 메종 프랑세즈
맨해튼에서 제일 예쁜 골목길
둘러보기

→

여섯째 날
6DAY

↓

← 도보 10분

뉴 뮤지엄
전위적인 전시로 가득찬
미술관 관람하기.

← 도보 5분

테너먼트 박물관
뉴욕의 이민사를 간접 체험할
수 있는 박물관

러스 앤드 도터스 카페
뉴욕의 백 년 식당이라 할 만한
곳에서 뉴요커다운 아침을
즐겨보자.

↓ 도보 5분

모겐스턴스 아이스크림
셰프가 직접 만든 유지방 없는
핸드메이드 아이스크림 맛보기

도보 5분 →

놀리타
리틀 이탈리아부터
차이나타운까지 가볍게 산책

도보 20분 →

듀안 리드
저렴한 화장품부터
생활용품까지 마지막 쇼핑하기

COURSE 2

문화 애호가를 위한 박물관 & 공연 여행

일주일 동안 맨해튼만 둘러본다 해도 다 볼 수 없을 만큼 엄청난 규모의 문화 인프라를 갖추고 있는 뉴욕.
크고 작은 박물관과 공연장에서는 매일 밤 훌륭한 프로그램들이 펼쳐진다.
당신의 문화 갈증을 가득 채워갈 수 있도록 완벽한 일주일을 계획해보자.

첫째 날 1DAY →

노이에 갤러리
구스타프 클림트의 작품을 볼
수 있는 것만으로도 가치는
충분하다.

도보 2분 →

메트로폴리탄 박물관
교과서에서만 봤던
작품들을 만나보자.

허스 M 4번
20분 ↓

둘째 날 2DAY ←

메트로폴리탄 박물관
다시 메트로폴리탄 박물관으로
돌아와 야간 개장을 즐겨보자.

← 버스 M 4번
20분

클로이스터스
허드슨 강변에 위치한
메트로폴리탄 박물관의 별관인
중세 미술관

↓

구겐하임 미술관
건물부터 기념비적인
근현대 미술관 둘러보기

도보 10분 →

프릭 컬렉션
백만장자의 저택에서 구경하는
예술작품

버스
1·2·3·4번
10분 →

모건 도서관 & 박물관
고서와 관련된 개인 소장
컬렉션이 훌륭하다.

지하철
10분 ↑

오페라 또는 발레 공연
공연 후 긴 여운을 남기는
링컨 센터에서 오페라 또는
발레 공연으로 하루를 마무리.

뉴욕 현대 미술관
미국 현대 미술 거장들의
작품을 만나보자.

도보 15분

도보 10분

타임스 스퀘어
뉴욕의 중심에서 관광객들과
섞여 사람들을 구경해보자.

도보 5분

**뉴욕 공립 도서관 &
브라이언트 파크**
뉴욕 공립 도서관 뒤쪽의
아름다운 도심 공원에서
여유롭게 산책하기.

도보 10분

그랜드 센트럴 터미널
영화의 단골 배경으로 유명한
곳에서 아름다운 천장화 감상.

뮤지컬 또는 연극 공연 관람
브로드웨이에서 화려한 공연의
진수를 맛보자.

첼시 갤러리
컨템퍼러리 예술의 현주소인
이곳에서 다양한 예술 작품 감상.

도보 5분

도보 5분

휘트니 미술관
테라스에서 엠파이어 스테이트
빌딩의 야간 조명은 꼭 보자.

버스 M 11번 20분

도보 5분

첼시 마켓
뉴욕의 베스트 푸드가 모여
있는 첼시 마켓에서 즐기는
점심 식사

도보 5분

하이라인 파크
버려진 철길을 공원으로
조성한 이곳에서 쏟아지는
햇살 아래 산책을 즐기자.

재즈 앳 링컨 센터
라이브 재즈 공연을 감상하며
깊어가는 뉴욕의 밤을
만끽하자.

다섯째 날
5DAY

워싱턴 스퀘어 파크
뉴욕 대학교 앞 공원에서
대학생들과 어울려 청춘을
느껴보자.

도보 10분

팻 래디시
패션 피플들이 사랑하는 시크한
레스토랑에서 즐기는 뉴욕의
마지막 저녁 식사

도보 10분

뉴 뮤지엄
전위 예술의 현주소를
만나보자.

도보 10분

소호 또는 놀리타
뉴욕에서 빠질 수 없는
즐거움은 역시 쇼핑!

COURSE
3

미식가를 위한 토요 로컬 푸드 데이

평소 맛집을 좋아하고 음식에 관심이 많은 사람이라면 뉴욕 로컬 푸드의 현주소를 볼 수 있는
윌리엄스버그를 방문하자. 특히 주요 행사들이 열리는 것을 감안해 토요일을 D-day로 잡을 것!

지하철 5분

도보 10분

유니언 스퀘어 파크
매주 토요일 아침 8시 유니언
스퀘어 파크에서 열리는 그린
마켓을 놓치지 말자.

토비스 에스테이트 커피
매주 토요일 아침 10시에
퍼블릭 커핑 프로그램을
진행하니 참여해보자.

스모개스버그 플리마켓
브루클린과 뉴욕 인근의 맛집들이
모이는 최대 규모의 먹거리 장터

도보 15분

도보 15분

도보 10분

브루클린 브루어리
유명한 로컬 맥주 공장
견학하고 맥주도 시음해보자.

마스터 브라더스 초콜릿
패턴 디자인 포장으로 유명한
뉴욕발 장인 초콜릿을 기념
선물로 구입하자.

베드퍼드 치즈 숍
치즈 마니아라면 놓칠 수 없는
유명 치즈 숍에서 질 좋은
치즈를 맛보자.

뉴요커가 조언하는 뉴욕 여행 가이드 10

1. 중간에 멈추지 않는다
사람이 넘쳐나는 뉴욕에서는 가다가 멈추면 십중팔구 부딪히기 십상이다. 지하철 계단에서 떨어지고 택시나 자전거에 부딪치는 사람이 허다한 곳이다. 특히 복잡한 거리에서 커다란 지도를 들고 위치를 파악하는 건 진로 방해 1순위란 점을 명심!

2. 뉴욕에선 사람이 먼저가 아니다
길을 건널 때는 항상 360도로 주변을 살펴야 한다. 뉴요커들은 바쁘기도 하지만 차도 폭이 너무 좁다 보니 무단 횡단이 태반이다. 그래서 건널목이 아닌 곳이나 빨간 불일 때도 버젓이 건너가는 경우가 많다. 아무 생각 없이 그냥 다른 사람을 따라 길을 건너다가는 화들짝 놀라는 경우도 많다. 보행 신호에 길을 건너갈 때도 왼쪽에서 호시탐탐 우회전을 시도하는 차량을 살펴야 한다. 차량의 우회전이 초록불 신호를 받은 직진과 동시에 이루어지기 때문이다. 보행 신호가 켜졌는데도 우회전 운전자가 먼저 밀고 들어오는 경우도 많아 처음 겪는 외지인은 황당 그 자체. 이렇게 사람도 차도 모두가 바쁘다고 외치는 도시가 바로 뉴욕이다.

3. 가볍게 다니자
유럽에서와 같은 배낭여행이 거의 없는 뉴욕에서는 가급적 짐을 최소화해 다니는 것이 좋다. 지나가는 사람이랑 부딪치기 십상이며 지하철이 대부분 계단으로 되어 있기 때문이다. 짐이 많으면 관광객을 노리는 소매치기의 표적이 되기도 쉽다. 백팩을 멜 경우에도 가급적 앞으로 메도록.

4. 프렌차이즈 레스토랑은 패스
가격 때문에, 혹은 익숙하다는 이유로 다국적 프랜차이즈 레스토랑이나 패스트푸드 점을 이용하는 사람들이 있는데 그건 음식 천국 뉴욕을 모욕하는 일이다. 동네별로도 $10 미만대에 맛볼 수 있는 맛있는 식당이 많고 푸드 트럭, 스트리트 장터까지 먹을 거리로 넘친다. 특히 관광객이 많은 타임스 스퀘어 부근의 프랜차이즈와 길거리 핫도그, 프레첼, 땅콩은 패스하도록. 꼭 길거리 음식을 먹어야겠다면 로컬처럼 줄을 서는 푸드 트럭이나 6번가 55가 할랄 가이즈에 줄을 서자.

5. 컵케이크보다는 도넛
〈섹스 앤 더 시티〉 시즌이 끝날 무렵 뉴요커들은 이미 컵케이크에서 도넛으로 마음이 움직였다. 이제는 마니아가 아닌 이상 컵케이크 가게에 줄을 설 이유가 없다. 로컬처럼 시크하게 도넛을 시도해보자. 유명한 도넛 가게를 찾아가도 좋고, 소문난 카페에 가면 대부분 맛있는 도넛이 있기 마련이다.

6. 전망은 단연코 새 무역센터 원 월드

뉴욕에는 3개의 대표적인 전망대가 있다. 엠파이어 스테이트 빌딩, 톱 오브 더 록, 그리고 2015년 5월 문을 연 원 월드 전망대. 각각 장단점이 있는데 아무래도 여러 가지 면에서 원 월드 전망대가 압승이다. 엠파이어 스테이트 빌딩보다 높고, 가격은 더 싸며(같은 가격의 엠파이어 스테이트는 86층 전망대다. 102층으로 올라가려면 추가 요금이 붙는다), 다양한 테크놀러지가 동원된 엔터테이닝을 제공하기 때문이다. 단 센트럴 파크의 뷰를 볼 수 없는 게 유일한 단점.

7. 피프스 애버뉴 쇼핑은 패스

메가 브랜드의 플래그십 매장이 도열한 피프스 애버뉴. 연말이 되면 버스를 통제할 정도로 쇼핑객이 넘쳐나는 곳이다. 즉 직원의 도움을 받기도 어렵고 계산 줄 역시 엄청 길어 시간 소모가 크다는 것. 피프스 애버뉴에만 매장이 있는 일부 브랜드를 제외하고는 소호나 레이디스 마일(5·6·7번가 14가에서 23가 사이)의 매장을 이용하는게 여유롭다.

8. 셀러브리티를 대하는 법

전세계의 행사가 집중된 뉴욕인 만큼 찾아오는 셀러브리티와 뉴욕에 거주하는 이들도 많아 셀러브리티를 마주칠 확률이 높다. 뉴요커들은 유명인을 만난 경우 사인을 요청하거나 아는 척하지 않는 게 예의라고 생각한다.

9. 뉴욕 날씨를 대하는 법

뉴욕의 날씨는 애버뉴마다 다르고, 그늘과 양지의 기온차도 크다. 특히 높은 빌딩이 많아 골목마다 바람이 세게 불고, 10도만 넘어가도 에어컨을 틀어대는 통에 추위에 약한 사람은 정말 괴롭다. 그때그때 변하는 기온을 감안해 옷을 여러 겹 겹쳐 입는 것이 좋고, 눈이나 비가 내렸을 때는 건널목 웅덩이가 깊으므로 목이 긴 장화가 필수다. 바람이 워낙 세게 불어서 웬만큼 튼튼한 우산이 아니고서는 부러지거나 찢어져서 소용이 없다.

10. 서울과 다름없는 맨해튼의 한인 파워

한국 사람이 많이 살고 찾아서인지 뉴욕은 지하철, 은행 등 웬만한 공공시설에 한국어 표시가 되어 있다. 주요 관광지에서는 한국어 투어가 있는 게 이젠 당연할 정도. 길을 찾다 모르면 굳이 영어를 하지 않아도 될 만큼 주변에 한국 사람이 많으니 뉴욕 여행, 부담 없이 즐기자.

BEFORE TRAVELING TO NEW YORK

Intro

01

Presents Parade

선물 퍼레이드

메이드 인 뉴욕,
특별한 장소의 기념품으로
뉴욕의 풍경을 전해보자.

New

01

02

03

04

05

1 레이어드 링Layerd Ring 다섯 손가락을 휘감는 반지 열풍의 주인공 $40~80 2 트레일 크루 비누Trail Crew Soap 야생의 향을 담은 자연 핸드메이드 비누 $35 3 립자오 립밤Lipjao Lip Balm 패션 편집 숍을 평정한 미국제 립밥 $9 4 마스터브라더스 초콜릿Masterbrothers Chocolate 브루클린발 뉴욕 고급 식재료 푸드의 대명사. 색색의 아름다운 패턴 포장지 덕분에 선물로도 제격 $9 5 러그 마우스패드Rug Mousepad 페르시아의 양탄자 같은 마우스패드 $20

York

Presents
Parade

06 07 08 09 10 11 12

6 스태커블 게임Stackable Game 아이는 물론 어른도 좋아하는 재미난 쌓기 놀이 $22 7 피클 밴디지 Pickle Bandage 재미난 모양과 냄새를 풍기는 밴드 $7 8 바구 백Baggu Bag 매력적인 가격과 실용적인 쓰임새의 뉴요커 백 $8 9 사라베스 핫 초콜릿Sarabeth's Hot Chocolate 뉴욕 브런치의 대모 사라베스 의 초콜릿 $14 10 테이블 타일스Table Tiles 퍼즐처럼 모양을 바꿀 수 있어 유용한 받침 $18 11 에그 비누 Egg Soap 향도 좋고 모양도 예뻐 장식용으로 좋은 비누 세트 $45 12 아이스 팝 몰드Ice Pop Mold 다양 한 캐릭터에 사용도 간편한 아이스 바 메이커 $7.99

Intro

02

Grocery

홀 푸드 마켓의 대표 간식

숙소에 머물 때, 혹은 이동중
챙겨 다닐 만한 스낵으로,
홀 푸드 마켓이 아니어도
대부분의 식료품 가게에서
쉽게 구할 수 있다.

그린 주스 Green Juice

무첨가 또는 콜드 프레스드
cold pressed 주스라 부른다.
즉석에서 직접 갈아주는 곳도
있지만 음료 코너에서 쉽게 구
할 수 있다. 블루 프린트Blue
Print 제품이 제일 맛있다.

코코넛 워터 Coconut Water

이제는 생수 대신 프로틴 함량
이 높은 코코넛 워터를 즐기는
사람이 많이 늘었다. 아몬드, 초
콜릿 등이 가미된 것도 있어 취
향껏 대체 음료로 마시기 좋다.

트레일 믹스 Trail Mix

관광을 하며 걸어 다니다 보면
쉽게 허기가 지는데 이럴 때 가
방에 넣어 가지고 다니면서 먹
기 좋은 스낵 중 하나가 트레일
믹스. 멀베리, 고지 베리, 캐슈너
트, 아몬드, 코코아 칩스 등 몸
에 좋은 슈퍼 푸드를 모아놓았
다.

테라 칩 Terra Chips

다양한 고구마류의 구근 작물
로 만든 칩. 한국에서는 고소영
과자로 유명하다. 담백하고 단
맛이 적당해 질리지 않는다. 미
국에서는 한 봉지에 $6 정도인
데 한국에서는 15,000원에 판매
된다.

콘 칩 Corn Chips

옥수수 이외에도 다양한 맛이
첨가된 칩에 각종 디핑 소스
를 곁들여 먹으면 술안주는 물
론 출출할 때 간식으로 제격.

Tip 콘 칩에 디핑 소스를 곁들이면 즐거움이 2배

살사salsa, 과카몰guacamole
이 클래식이고, 약간의 취향과
변화를 꾀하려면 중동 지역의
후무스hummus, 이탈리아 스
타일의 브루스케타용 토핑 소
스(올리브, 로스트 페퍼, 토마
토 등을 올린 소스)를 시도해
보자. 병에 든 것보다는 그날
만들어 포장·판매하는 것이
훨씬 신선하고 맛있다. 가격은
$4~8 정도.

콘 칩은 푸드 슈드 테이스트 굿 Food Should Taste Good 브랜드가 최고다.

요구르트 고지 베리 Yogurt Covered Goji Berries
말린 과일에 새콤한 요구르트를 입혀 단것이 당길 때 먹기 좋다. 특히 슈퍼 푸드로 알려진 고지 베리는 빨간색인데 쌉싸름하고 캐러멜 맛이 나서 그냥 먹어도 맛있다.

다크 초콜릿 코코넛 칩 Dark Chocolate Coconut Chips
채소계의 케일 같은 과일 코코넛 역시 건강을 생각하는 뉴요커들이 전방위 식재료로 사용

한다. 오일, 음료, 베이킹뿐만 아니라 이제는 간식까지. 초콜릿을 덧입혀 달콤한 게 당길 때 제격이다.

캔디드 월넛 샌티 Candid Walnut Santee
뉴요커들의 대표적인 간식은 바로 견과류. 입이 심심할 때 몇 알씩 집어 먹으면 몸에도 좋다. 가끔은 달콤한 글레이즈가 듬뿍 묻은 스위트 호두도 좋다.

허브 버터 Herb Butter
마늘과 허브가 들어간 버터로 고기나 샌드위치 어디에나 어울린다. 빵이나 크래커에 올려 먹어도 좋고, 햄이나 치즈를 얹어 가벼운 카나페를 만들어 술안주로 삼아도 굿!

소프트 크림치즈 Soft Cream Cheese Wedges
카망베르, 브리 같은 와인 페어링에 좋은 소프트 크림치즈. 가

격도 저렴하고 웨지형으로 개별 포장되어 있어 편하다.

염소 밀크 캐러멜 Goat Milk Charamel
뉴요커들은 사탕보다 초콜릿과 캐러멜을 즐기는 편이다. 특히 요즘 염소젖으로 만든 밀크 캐러멜이 인기 있다.

오메강 Omegang
홀 푸드 마켓의 맥주 코너에는 와인 숍처럼 각종 로컬, 수입 맥주가 진열되어 있다. 특히 이곳에선 에일ale 맥주가 인기 있는데, 오메강은 패키지가 고급스러워 선물용으로도 손색이 없고 맛도 고급스럽다.

Intro

03

Drug Store

즐거운 드러그스토어 탐험

한국과 달리 미국은 의사의 처방 없이도 살 수 있는 약이나 간단한 응급 처치용 보조 기구들이 다양하다. 따라서 군이 병원을 찾지 않고 드러그스토어에 구비된 약을 이용하는 경우가 많다. 1시간쯤 짬이 나면 근처 약국으로 가서 평소 필요한 약은 없는지 구경해보는 것도 나쁘지 않다. 뉴요커들이 흔히 상비약으로 갖추고 있는 약을 소개해본다.

진통제 & 수면제
애드빌 Advil

타이레놀과 함께 두통 등으로 인한 진통제가 필요할 때 사용한다. 산모에게도 허용될 정도로 독하지 않다.

Zzz킬 ZzzQuil

감기약으로 유명한 데이킬·나이킬에서 나온 수면제. 시차 적응이나 장거리 비행이 괴로운 경우 습관성 약물이 아닌 수면제의 도움을 받는것도 나쁘지 않다.

알레르기
클레리틴 Claritin

뉴욕의 봄은 알레르기의 계절이다. 이곳에 처음 살게 된 외국인 절반 이상 병원을 찾곤 한다. 가벼운 감기와 비슷한 재채기, 콧물, 충혈 또는 눈물이 흐르는 증상(한국에선 비염이라고 하는 증상)에는 알레르기 섹션을 찾으면 된다.

베네드리 Benedryl

알레르기 전반에 사용하는 어린이 약. 특정 음식 알레르기에도 응급으로 사용할 수 있다.

네이절 릴리프 Nasal Relif

콧속이 건조할 때 생기는 증상으로 건조가 심한 경우 콧속으로 분사하는 미스트.

감기
사이넥스 Sinex

코가 막혀 괴로울 때 콧속에 분사해 뚫어주는 약. 순식간에 코가 뻥 뚫려 코감기에 필수.

데이킬 · 나이킬
DayQuill·NyQuil

일반적인 감기약으로 낮에 사용하는 것과 밤에 사용하는 것을 세트로 구입하는 것이 좋다. 특히 지독한 독감인 경우 'SEVERE'라 표기된 약이 효과가 있다. 하루 이틀안에 차도가 없으면 병원에 갈 정도라 보면 된다.

변비 & 지사제
콜레이스 Colace

한국은 불규칙한 식사, 스트레스로 인해 변비 환자가 많은 것 같다. 평소 너트 종류를 먹는 습관이 도움이 된다. 그래도 효과를 보지 못하고 변비로 고생이라면 이 제품을 추천한다. 임신 중에도 처방하는 변비약인데 일반 변비약에 동반되는 복통이나 설사 유발 없이 편안한 배변을 도와준다.

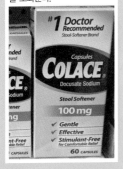

이모디움 Imodium

여행 중 발생하기 쉬운 배탈. 복부에 가스가 차거나 설사가 멎지 않을 때 사용하는 약이다.

기타
이어 드라이 드롭스
Ear Dry Drops

수영을 하다가 귀에 물이 들어가 막혔을 때 몇 방울 떨어뜨리면 금세 물기가 마른다.

이어왁스 리무벌 에이드
Earwax Removal Aid

한국에서는 귀지를 파내는데 이곳에선 염증을 유발할 수 있

다고 해서 절대 파내지 못하게 한다. 그래도 정 파내고 싶은 사람을 위해 안전하게 녹여 파내는 약이다.

치약
탐스 Tom's

홀 푸드 마켓에서도 판매하는 뉴요커들의 대표적인 치약. 천연 치약으로 화학 성분이 없고 여러 가지 허브 오일로 구성되어 있다. 환경친화적이고 다양한 기능이 있다. 젤 타입보다는 크림 타입이 개운하다.

센소다인 Sensodyne

시린 이로 고생하는 경우 이 치약을 꾸준히 사용하면 효과가 있다. 치과 의사들도 권하는 제품이다.

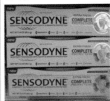

화장품

브랜드 화장품이 아니어도 실속 있는 슈퍼마켓 화장품. 패션에도 믹스 & 매치가 있듯 화장품 마니아의 파우치 안도 마찬가지. 그들이 추천한 드러그스토어의 아이템에는 어떤 게 있을까?

피지션스 포뮬러 아르간 웨어
Physicians Formula Argan Wear

뷰티 에디터들이 추천하는 볼터치 제품으로 여배우들의 물광 피부에 필수라는 아르간 오일을 함유해 더욱 촉촉하고 빛나는 피부를 표현할 수 있다.

살롱 젤 폴리시
Salon Gel Polish

오랜 지속력으로 유명한 젤 타입의 매니큐어. 비싼 네일숍 대신 이젠 셀프 네일을 해보자. 가격 대비 발색도 좋아 인기가 좋다. 단, 지울 때는 전용 리무버가 필요하다.

스위트 스폿 미스트
Sweet Spot Mist

여성들의 은밀한 그곳의 냄새를 없애주고 알칼리의 밸런스를 맞춰주는 세정 미스트. 특히 더운 여름철에 휴대하기 좋다.

예스 투 토마토스 데일리 포어 스크럽 Yes to Tomatoes Daily Pore Scrub

자연 성분을 사용하는 이스라엘 브랜드. 토마토, 당근, 오이 같은 서브 브랜드도 있다. 특히 이 브랜드의 클렌징 제품이 호평을 받는데 예스 투 쿠컴버 Yes to Cucumber의 클렌징 물티슈는 2011년 〈얼루어〉 매거진 뷰티 베스트에 선정되기도 했다.

세인트 아이브스 애프리콧 스크럽 St. Ives Apricot Scrub

2013년 〈얼루어〉 매거진 베스트 스크럽으로 선정될 만큼 인기 있는 아이템. 세인트 아이브스는 파라반을 사용하지 않고 100% 천연 성분으로 유명하다. 스크럽 알갱이의 크기에 따라 총 4종류가 있으며 그중 살구 향이 가장 대표적이다.

버츠비 데이 로션 Burt's Bee Day Lotion

립밤계의 스테디셀러인 버츠비의 스킨케어 라인 역시 드러그스토어 화장품 사냥꾼들의 호평을 받는다.

유세린 오리지널 힐링 Eucerin Original Healing

아토피로 고생하는 사람이 써볼 만한 크림. 굉장히 무거운 질감으로 건조한 피부를 보호해준다. 뉴욕에서는 의사들이 권하는 아토피용 크림으로 유명하다.

니베아 인샤워 보디 로션 Nivea In-Shower Body Lotion

봄·겨울이면 건조한 피부로 고생하는 사람들을 위한 신상품. 보디 샤워에 로션 성분을 가미해 샤워 후 따로 로션을 바를 필요가 없어 편리하다.

아비노 수딩 바스 트리트먼트 Aveeno Soothing Bath Treatment

아비노는 아토피를 비롯해 피부가 건조한 사람들에게 대중적인 브랜드다. 이 목욕제는 특히 피부 트러블이 있는 사람들을 위한 전용 제품.

Tip

약국 중에서 듀안 리드Duane Reade, 그중에서도 새로 오픈한 매장일수록 화장품 섹션이 잘되어 있다. 특히 6번가 57가 코너에 있는 듀안 리드 지하 화장품 매장은 드러그스토어의 세포라라 할 만큼 정리가 잘되어 있다.

Intro

04

To-Shop-List

알뜰 쇼핑 리스트

한국 직구족이 가장
부러워할 뉴욕의 쇼핑
아이템.
직구보다 저렴하므로
알뜰 쇼핑족이라면
이 기회를 놓치지 말자.

커피 원두 Coffe Bean

뉴욕 카페의 커피를
한국으로 가져가자.
유명한 카페에선 대
부분 자체 원두를
판매하니 눈여겨보
자.

구입처 La colombe,
Blue Bottle, Toby's
Estate, Stumptown,
Gimmy 그 외 공정 무
역 원두

양키 캔들 Yankee Candle

한국에서도 인기 있는 양키 캔들을 뉴욕에서 구입
하면 40~50% 저렴하다. 병에 들어 있어 조금 무
거운 게 흠이지만 양키 캔들 마니아라면 몇 개 구
입해 가는 것도 좋다.

구입처 TJ Max, Bed Bath & Beyond, Barns &
Noble, Whole Foods Market

마누카 꿀 Manuka Honey

항균 효과가 뛰어나 많이 찾는 마누
카 꿀. 항균 효과를 보려면 +10 이
상인 것을 고르는 게 좋다. 물에 타
먹거나 샐러드드레싱에 설탕
대신 넣어 먹어도 좋다. 한
국보다 무려 50% 정도 저
렴하니 필요한 사람에겐 좋
은 기회.

구입처 Whole Foods Market

트래디셔널 메디시널스 Traditional Medicinals

치료 기능을 겸한 자연
허브티. 수유하는 산모나
간 또는 신장을 위한 디
톡스, 소화와 배변에 도움
이 되는 것 등 종류가 다
양하다. 그중 스로트 코
트Throat Cort는 이름
그대로 목감기에 걸렸을
때 따끔한 목을 순식간에
부드럽게 해줄 만큼 효능이 탁월하다.

구입처 Whole Foods Market, Amazon

세포라 Sepora

여자라면 국내보다 저렴한 해외 브랜드 화장품을 놓칠 수 없다. 특히 세포라는 여성들의 머스트 쇼핑 스폿으로 다양한 브랜드 제품이 한 자리에 모여 있고, 직원들의 개입 없이 마음껏 테스트해볼 수 있어 좋다. 특히 면세점이나 한국보다 훨씬 저렴하며, 한국에는 수입되지 않은 인기 아이템을 노려볼 만하다.

베스트 아이템
베네피트 틴트Benefit Tint
랑콤 블랙 스완 마스카라Lancome Black Swan Mascara
크리니크 데일리 모이스처라이징 젤Clinique Daily Misturizing Gel
나스 멀티플NARS Multiple
나스 립스틱NARS Lipstick
나스 나르시시스트NARS Narcissist(한국 미출시 제품)

네이키드 2 섀도 팔레트Urban Decay, Naked 2 Shdow Palette (한국 미출시 제품)
조지 마랑 아이섀도Josie Maran, Eye Shadow(한국 미출시 제품)
조지 마랑 아르간 오일 Josie Maran, Argan Oil(한국 미출시 제품)

사봉 Sabon

이스라엘 사해 성분으로 만든 천연 보디 제품으로 특유의 은은한 향이 일품이다. 한번 사용해본 사람은 뛰어난 보습력에 반해 다시 구매할 정도. 로컬 사이에서는 선물로 인기가 높다. 아직까지 매장이 미국 위주이다보니 한국에서는 직구에 의존하는 방법밖에 없다. 뉴욕에서는 직구로 구입하는 것보다 가격이 많이 저렴하니 이번 기회에 꼭 장만해 보자.

베스트 아이템
보디 스크럽Body Scrub
미네랄 파우더 Mineral Powder
보디 버터 크림Body Butter Crème

빅토리아 시크릿 Victoria Sercet

10대부터 30대 여성에게 인기 있는 속옷 전문 브랜드. 착한 가격에 다양한 사이즈와 패셔너블하고 섹시한 디자인 속옷으로 한국에서도 오래전부터 직구 열풍이 높다. 속옷 외에도 잠옷, 라운지 웨어, 보디 제품이 인기가 좋다. 시즌 할인 행사가 많아 매장에는 언제나 득템 찬스가 가득하다.

베스트 아이템
보디 로션 러브 스펠Body Lotion Love Spell

요리하는 여행자를 위한 식재료

한국은 요즘 남녀 불문 요리가 대세이니 외국 여행 이야말로 이국적인 식재료를 구할 수 있는 절호의 찬스. 선물용으로 손색없는 식재료를 모았다.

구입처 Williams-Sonoma, Sur La Table, Dean & Deluca, Eataly, Foragers, Chelsea Market 등

말돈 Maldon / 플뢰르 드 셀 Fleur de Sel
영국에서 생산하는 말돈은 셰프들이 가장 선호하는 소금으로 짠맛이 강하지 않고 입자가 납작해 요리에 사용하면 훨씬 먹음직스럽다. 바다의

꽃이란 뜻의 플뢰르 드 셀은 프랑스의 게랑드 Guerand와 카마르그 Camargue 지역에서 생산한 것이 유명한데 일일이 손으로 채취하기 때문에 비싼 만큼 미네랄이 풍부하고 풍미가 있어 주로 토핑용으로 쓰인다.

올리브 오일 Olive Oil
샐러드나 토핑에 사용하는 오일은 좋은 것을 사용하는 게 좋다. 운반을 생각해 병에 든 것보다는 틴에 든 것으로 고르자.

코코넛 오일 Coconut Oil
코코넛 음료뿐만 아니라 요리에도 코코넛 바람이 불고 있다. 코코넛 오일은 식물성 기름을 쓰는 모든 요리에 사용할 수 있다.

아가베 시럽 Agave Syrup / 메이플시럽 Maple Syrup

뉴욕은 스타벅스에서도 인공 감미료나 백설탕을 사용하지 않을 만큼 자연산 당분을 선호한다. 선인장에서 추출한 아가베 시럽, 팬케이크의 파트너인 버몬트산 메이플 시럽을 대체제로 사용한다.

바비큐 러브 BBQ Rub
스테이크 같은 그릴용 고기를 양념에 재울 때 쓰는 소금, 후추, 허브 혼합물.

포르치니 Porcini
한국의 표고버섯과 비슷한 이탈리아 버섯으로 이탈리아 요리에 많이 사용한다. 특히 버섯 파스타를 만들 때 넣으면 풍미가 최고다.

바비큐 소스 BBQ Sauce
집에서도 손쉽게 홈메이드 폴드 포크pulled pork를 만들 수 있다.

스모크 오이스터 Smoked Oyster
슈거 보이 백종원이 와인 안주로 제안해 유명해진 음식.

앤초비 Enchov
달걀찜에 새우젓을 사용한다면 파스타와 샐러드에는 감칠맛 나는 짠맛의 앤초비를!

잼 Jam
그린 마켓이나 뉴욕 인근 로컬에서 만든 잼이면 더욱 특별한 기념품이 된다.

Intro

05

Breakfast Like Locals

로컬처럼 먹는 뉴욕식 아침

여행지일수록 든든한 아침 식사는 필수. 잠시 짬을 내어 식재료를 사다 놓으면 매일 아침 숙소에서도 얼마든지 건강하고 폼 나는 뉴욕식 아침을 만들어 먹을 수 있다.

01
02
03
04
05

Tip 여행자들의 양념 팩

까다로운 미식가가 아니더라도 취향과 건강한 음식에 대한 철학을 가진 사람이라면 여행 가방에 세면도구 다음으로 챙겨야 하는 것이 바로 양념 팩. 요리사가 아니어도 질 좋은 기본 재료만 있으면 즉석에서 요리가 가능하다. 작은 용기에 덜어 가도 되지만 설 라 테이블Sur La Table, 딘 & 델루카 Dean & deluca 등에서 휴대용 양념을 구입할 수 있다.

1 **연어 크림치즈 베이글** 베이글+훈제 연어+크림치즈 2 **그래놀라 요구르트** 그래놀라 또는 견과류+그릭 요구르트+과일(옵션) 3 **아보카도 토스트** 빵 또는 비스킷+아보카도+소금, 후추, 올리브 오일 4 **ABJ & 바나나** 빵+아몬드 버터+바나나 5 **햄 & 치즈 오픈 샌드위치** 바게트+프로슈토+치즈+꿀(옵션)

Intro

06

Best Brunch Spot

베스트 브런치 스폿

뉴욕의 브런치가 과거
잇 걸들의 전유물처럼
여겨졌다면 이제는 남녀노소
누구나 즐기는 뉴욕식
라이프스타일이 되었다.
덕분에 요즘 베스트
브런치의 조건은 물 좋은
손님보다 오직 음식과
활기찬 분위기. 날씨 좋은
주말 아침이면 동네별
맛집으로 달려가보자.

로어이스트사이드 Lower East Side
클린턴 스트리트 베이킹 컴퍼니
Clinton Street Baking Company
베스트 팬케이크

여전히 엄청난 인기를 자랑하는 브런치 팬케이크의 명가. 세계 각국
에서 몰려온 사람들이 이 집의 팬케이크를 먹기 위해 기다란 줄 서기
를 마다하지 않는 풍경마저 시그너처가 되었다.

이스트빌리지 East Village
루트 & 본 Root & Bone
베스트 피플 와칭

주말이면 가게 밖까지 젊은 청춘 남녀들로 엔도르핀이 도는 남부 스
타일의 브런치 레스토랑. 맞은편에는 칵테일을 무제한으로 제공하는
레스토랑 포코Poco가 있다.

웨스트빌리지 West Village
뷔베트 Buvette
베스트 프렌치 무드
그로브 스트리트에 자리 잡은 프로방스 느낌의 작은 카페는 아침부터 찾아온 동네 사람들로 활기가 넘친다.

첼시 Chelsea
포리저스 시티 테이블
Forager's City Table
베스트 헬시 푸드
직접 키운 식재료로만 음식을 만드는 레스토랑. 신선한 식재료의 차이를 느낄 수 있다.

소호 SoHo
잭스 와이프 프리다
Jack's Wife Freda
베스트 테이스트
가게 주변만 가도 활기가 넘치는 지중해식 맛집. 전 연령층의 만족도가 높은 소호의 브런치 스폿.

윌리엄스버그 Williamsburg
베스트 푸드 & 브루클린 스타일
요즘 로컬들은 브런치를 즐기러 맨해튼이 아닌 브루클린으로 향하고 있다. 뉴요커의 브런치를 경험하고 싶다면 윌리엄스버그로 향하자. 주요 브런치 스폿으로는 에그Egg(→p.434), 파이스엔사이 Pies-N-Thighs(→p.433)가 있다.

Tip 뉴욕식 브런치 제대로 즐기기
날씨 좋은 날은 모닝 커피 대신 브런치 칵테일을 마셔보자. 대표적인 브런치 칵테일은 블러디 메리 Blood Mary. 보드카에 매콤한 타바스코를 넣고 토마토와 셀러리, 올리브 등을 더해 얼핏 건강주스처럼 보이는 착시의 즐거움까지 준다. 불금을 보낸 사람들을 위한 아침 해장술로 인기. 대체로 젊은이들이 좋아하는 물 좋은 브런치 스폿일수록 칵테일이 훌륭하다.

Intro

07

Best Foods

꼭 먹어봐야 할
뉴욕의 5대 명물

모든 뉴요커들이 추천하는
검증받은 먹거리로, 세월이
흐를수록 잊히기는 커녕
오히려 전설 같은 존재가 된
대표 음식들이다. 이걸
먹어봐야 당신도 뉴요커!

1. 훈제 연어와 크림치즈를 올린 베이글

뉴욕의 아침 식사에서 빠질 수 없는 베이글. 기호에 따라 다양한 크림치즈를 바른 뒤 약간의 사치를 곁들여 질 좋은 훈제 연어를 올리면 완벽하다. 로어이스트 초입의 랜드마크인 러스 앤드 도터에서 최고의 연어 베이글 샌드위치를 먹을 수 있다.

러스 앤드 도터 Russ and Daughters   P.487-B
Add. 179 East, Houston St., New York, NY 10002
Tel. (212) 475-4880
Open 월~금요일 08:00~20:00, 토요일 09:00~19:00, 일요일 08:00~17:30
Access F 라인 2 Ave. 역

2. 뉴욕식 리브 바비큐

바비큐는 미국 사람들에게 우리나라의 삼겹살이나 치킨과 같은 존재. 스포츠 빅 매치가 있거나 더운 여름날 동네 잔치에 빠지지 않는 것이 바로 바비큐. 진득하고 매콤한 소스를 쪽쪽 빨아가며 뜯어 먹는 베이비 리브와 새콤달콤한 콜슬로의 환상 궁합을 체험해보자.

다이노소어 바비큐 Dinosaur BBQ   P.491-C
Add. 700 West, 125th St., New York, NY 10027
Tel. (212) 694-1777
Open 월~목요일 11:30~23:00, 금·토요일 11:30~24:00, 일요일 12:00~22:00
Access 1 라인 125th St. 역

3. 쿠바 스타일의 군 옥수수

솜털같이 뿌린 하얀 치즈 가루 속에 숨은 알알이 구워진 옥수수를 양손에 잡고 뜯어 먹는 맛이라니! 10년이 넘은 지금까지도 뉴욕 관광 인기 메뉴이자 지역 주민들의 스테디 스낵.

카페 하바나 Café Habana
Add. 17 Prince St., New York, NY 10012. Tel. (212) 625-2001 Open 월~금요일 11:30~23:00, 토·일요일 11:30~24:00 Access 6 라인 Spring St. 역

4. 셀러브리티 컵케이크

〈섹스 앤 더 시티〉 덕분에 유명해진 매그놀리아 컵케이크. 불과 8년 전만 해도 웨스트빌리지의 조그만 가게 밖에 줄지어 기다려야 했다. 지금은 어퍼 웨스트와 미드타운에 번듯한 지점이 생겨 조금은 먹기 수월해졌지만 여전히 찾는 사람이 많아 인내심이 필요하다.

매그놀리아 베이커리 Magnolia Bakery
P.483-E
Add. 401 Bleecker St., New York, NY 10014 Tel. (212) 462-2572 Open 월~목요일 09:00~23:30, 금·토요일 09:00~00:30, 일요일 09:00~23:30 Access 1·2 라인 Christopher-Seridan Sq. 역

5. 영화 〈해리가 샐리를 만났을 때〉로 유명한 콘비프

무려 1888년부터 존재했던 가게로 뉴욕의 명물 중 명물. 번호표를 받고 입장해야 할 정도로 북적이지만, 식빵 2장에 푸짐한 파스트라미 햄이 층층이 쌓인 콘비프와 피클을 받아 들고 자리에 앉는 순간 모든 피로가 단숨에 날아가버린다.

카츠 델리 Katz's Deli
Add. 205 East, Houston St., New York, NY 10002 Tel. (800) 446-8364 Open 월·화요일 08:00~21:45, 수·목·일요일 08:00~22:45, 금·토요일 08:00~02:45 Access F 라인 2 Ave. 역

$10 미만에 먹을 수 있는 맛있는 뉴욕표 음식
타코 Tacos 토르티아에 올린 바비큐와 야채 오픈 샌드위치 $3.99
팔라펠 Falafel 피타 안에 미트볼과 야채, 요구르트 소스를 올린 중동식 샌드위치 $6.75
라멘 Ramen 미드타운을 중심으로 일본 라멘집이 많다. $9~10
셰이크 쉑 Shake Buger 뉴욕에서 꼭 맛봐야 할 대표 버거. 싱글 $5.19
도넛 Donut 이스트로 발효해 쫄깃쫄깃한 식감 $3.5~4.5
슬라이스 피자 Slice Pizza 피자 도가 종이처럼 얇고 질기다. $3.5
바비큐 BBQ 뉴욕 스타일의 바비큐 & 브리스켓 $9.25
베이글 샌드위치 Bagle Sandwich 손수 빚은 반죽을 화덕에 구운 베이글에 신선한 달걀을 올리면 게임 끝! $8

Dos toros, Los Tacos No.1

Taim

Joe's, Artichoke

Donut Plant, Dough Loco, Cinnamon Sanil(푸드트럭)

Black Seed bagle

Mighty Quinn's

Intro

08

Must Do It

**뉴욕에서
꼭 해봐야 할 5가지**

뉴욕에서만 해볼 수 있는
일 중에서 뉴욕의 겉과 속을
골고루 느껴볼 수 있는
의미 있는 일. 이민자의
도시, 뉴욕의 다양성과
파워가 얼마나 매력적인지
체험해보자.

1. 원 월드 전망대와 9·11 메모리얼 & 박물관

전세계 사람들의 뇌리에 잊혀지지 않는 9·11 테러. 그 폐허 속에서 다시 우뚝 선 메모리얼 & 박물관이 드디어 완공되었다. 지하로 빨려가는 듯한 장엄한 9·11 메모리얼 & 박물관, 자부심과 환희가 느껴지는 원 월드 전망대. 이곳에서 뉴요커와 함께 9·11 테러 희생자들을 위한 추모 시간을 가져보자.

2. 세계 각국의 요리 맛보기

월드 시티라 불리는 뉴욕이기에 가능한 세계 미식 여행. 한동안 프렌치와 이탈리아 고급 요리가 전성기를 누렸다면 지금은 생소하고 소박한 음식일수록 인기다. 요즘 핫 트렌드는 캐리비언 지역과 스페인 그리고 한국 음식! 메뉴로 보면 아시아 누들 전성시대다.

3. 세계 4대 빅 매치, US 오픈 테니스 경기 보기

호주, 프랑스, 영국의 윔블던과 함께 세계 4대 경기인 만큼 페더러와 더불어 조코비치, 나달 같은 세계적인 선수들을 직접 볼 수 있는 기회. 퀸즈 플러싱에 위치한 USTA 내셔널 테니스 센터USTA National Tennis Center에서 열린다.
URL www.usopen.org

4. 뉴욕 전설의 재즈 클럽 체험하기

재즈의 메카로 뉴욕의 위상을 각인시킨 전설적인 재즈 클럽의 연주는 지금도 계속되고 있다. 한 번쯤 이름을 들어 봤을 법한 블루 노트Blue Note, 빌리지 뱅가드Village Vanguard, 이리듐Iridium 외에 재즈 스탠더드Jazz Standard, 할렘의 스모크Smoke, 그리니치빌리지의 55 바55 Bar 같은 쟁쟁한 재즈 클럽을 찾아 오리지널 재즈의 분위기에 흠뻑 빠져보자.

재즈 공연 정보 및 리뷰 사이트
클럽이나 요일에 따라 다르지만 대략 $20~25의 커버 차지(입장료)가 있다. 티켓은 온라인으로 미리 예약하는 것이 좋다. 위에 언급한 대중적인 공연장 외에 커버 차지 $10 미만의 저렴한 클럽에서도 실력 있는 뮤지션의 연주를 들을 수 있다. 관련 사이트를 참고해 취향대로 선택해보자.
URL www.bigapplejazz.com
www.gothamjazz.com

블루 노트 Blue Note
Add. 131 West, 3rd St.
Tel. (212) 475-8592
Access A · B · C · D · E · F · M 라인 W 4th St. 역
URL www.bluenote.net

빌리지 뱅가드 Village Vanguard
Add. 178 7th Ave., South
Tel. (212) 255-4037
Access 1 · 2 · 3 라인 14th St. 역
URL www.villagevanguard.com

이리듐 Iridum
Add. 1650 Broadway(51th St.)
Tel. (212) 582-2121
Access 1 라인 50th St. 역
URL www.theiridium.com

재즈 스탠더드
Jazz Standard
Add. 116 West, 27th St.
Tel. (212) 576-2232
Access 6 라인 28th St. 역
URL www.jazzstandard.net

스모크 Smoke
Add. 2751 Broadway
Tel. (212) 864-6662
Access 1 라인 103rd St. 역
URL www.smokejazz.com

55 바 55 Bar
Add. 55 Christopher St.
Tel. (212) 929-9883
Access 1 · 2 라인 Sheridan Sq. 역
URL www.55bar.com

5. 세계 미술계의 큰손, 예술품 경매 구경하기

오늘날 현대 미술에서 뉴욕의 위치를 만들어준 것은 경제 대국의 힘, 그중에서도 적극적인 개인 컬렉터들의 활동이다. 세계 경매 낙찰 총액의 거의 절반이 미국에 속한다고 하지 않던가. 예술품 경매의 두 거인, 소더비스Sotheby's와 크리스티스Christie's 경매에 참여하지 않아도 주요 쇼에 앞서 전시할 경매품을 미리 구경해 볼 수 있다.

크리스티스 Christie's
Add. 20 Rockefeller Plaza
Tel. (212) 636-2000
Access B · D · F · M 라인 47-50th St. - Rockefeller Ctr. 역
URL www.christies.com

소더비스 Sotheby's
Add. 1334 York Ave. at 72nd St.
Tel. (541) 312-5682
Access 6 라인 68th St. - Hunter College 역
URL www.sothebys.com

Intro

09

Enjoy NYC
Like Locals

뉴요커처럼 즐기는
뉴욕

뉴욕 라이프가 즐거워
보이는 건 도시 자체가 작은
이벤트로 가득 차 있기 때문.
잠시 관광지에서 벗어나
이곳 로컬들이 살아가는
방식대로 뉴욕을 즐겨보자.
뉴요커들과 부대끼며 소소한
축제를 즐기다 보면 뉴욕이
훨씬 더 근사해질 것이다.

1. 퍼레이드

멜팅 팟 뉴욕은 홀리데이뿐만 아니라 날씨 좋은 봄부터 가을까지 거의 매 주말이면 각 나라별 다양한 퍼레이드를 구경할 수 있는 특별한 도시. 우연히 마주친 퍼레이드에 참여해 잠시나마 삶의 축제를 만끽해보자.

멜팅 팟 Melting Pot 인종, 문화 등이 하나로 융합되는 곳을 가리키는 말로, 뉴욕이 대표적인 예다.

뉴욕 시 퍼레이드 정보

중국 음력 설(음력 정월) 음력 설을 축하하는 중국 전통 퍼레이드. 차이나타운 모트 스트리트Mott St.에서 열린다.

성 패트릭 데이(3월) 뉴욕에서 가장 오래된 아일랜드인의 기념일. 5번가에서 열린다.

이스터 모자 퍼레이드(4월) 부활절 축제. 부활 주일에 예쁜 모자를 쓰고 나와 서로 사진을 찍으며 즐기는 행사. 세인트 패트릭 성당에서 시작한다.

댄스 퍼레이드 & 페스티벌(5월) 유니언 스퀘어에서 이스트빌리지까지 이어지는 가장 시끄러운 신나는 볼거리. 도시 전역의 댄스 클럽이 참가한다.

게이 & 레즈비언 프라이드 마치(6월) 게이와 레즈비언들의 화끈한 가장행렬. 5번가, 52번가에서 시작해 크리스토퍼 스트리트까지 이어진다.
URL www.hopinc.org

빌리지 핼러윈 퍼레이드(10월 31일) 저녁 6시 30분에 출발해 6번가를 따라 스프링 스트리트 Spring St.에서 22번가까지 이어진다. 독특한 분장을 한 사람이면 누구나 참여할 수 있다.

추수감사 퍼레이드(11월) 주요 네트워크에서 생중계하는 뉴욕 최고의 퍼레이드.

뉴욕 시 퍼레이드는 이곳에서 체크!
URL www.carnaval.com/cityguides/newyork/parades.htm

2. 빅 애플 바비큐 블록 페스티벌

현대적인 도시 이미지와는 별개로 뉴욕은 각종 거리 축제와 장터가 동네별로 열린다. 하지만 기대는 금물. 이름만 다를 뿐 대부분 비슷하다. 그래도 뉴요커들이 기다리고 기다리는 축제가 있으니 바로 매디슨 스퀘어 파크의 파티. 주말 동안 미국 전역의 핏 마스터들이 밤새 구워낸 바비큐를 맛보면 장밋빛 인생이 따로 없다. 6월 초에 열리며 바비큐는 접시당 $9.

빅 애플 바비큐
Access N·R 라인 23rd St. 역
URL www.bigapplebbq.org

3. 유니언 스퀘어 그린 마켓 쇼핑

먹거리에 까다로운 뉴요커와 질 좋은 로컬 재료를 구하는 요리사들이 꼭 방문하는 뉴욕 최대 규모의 파머스 마켓. 뉴욕 인근 농장에서 재배한 식재료를 직거래한다. 채소, 과일, 치즈, 벌꿀, 육류, 빵부터 꽃과 천연 염색 털실까지 없는 게 없다. 특히 풍성한 수확의 계절인 가을은 그린 마켓의 하이라이트다.

그린 마켓
Open 월·수·금·토요일 08:00~18:00
URL www.grownyc.org/unionsquaregreenmarket

4. 센트럴 파크에서 피크닉

뉴욕의 허파로 불리는 센트럴 파크. 날씨가 화창한 봄부터 가을까지 주말마다 드넓은 공원이 피크닉을 즐기는 사람들로 뒤덮일 만큼 뉴요커들은 피크닉을 즐긴다. 잔디만 있으면 어디든 담요를 깔고 준비해 온 가벼운 음식을 먹으며 책을 읽기도 하고 수다를 떨거나 게임을 하며 여유를 즐긴다.

피크닉 필수 준비물
도시락, 선글라스, 돗자리 또는 담요

5. 허드슨 강변을 따라 하이킹

허드슨 파크를 따라 자전거 도로가 조성되어 있다. 복잡한 도심에서 벗어나 시원한 강바람을 맞으며 자전거를 타고 고고싱 해보자! 자전거 렌탈 & 투어는 허드슨 강에서 브루클린 브리지까지 3시간 정도 소요되는 코스로 초보자에게는 약간 어려운 코스가 포함되어 있다. 성인 기준 1시간에 $14부터(인터넷 예약 시).

주요 바이크 렌탈 사이트
블레이징 새들즈 사우스 스트리트 시포트 위치
URL www.blazingsaddles.com
바이크 앤 롤 배터리 파크 위치
URL www.bikeandroll.com

6. 도심 속 낭만, 스케이트 타기

뉴욕의 겨울 낭만 1호는 스케이트 타기. 3대 옥외 아이스 링크는 센트럴 파크 동남쪽의 트럼프 울먼 링크, 록펠러 센터, 브라이언트 파크다. 어디를 선택하든 뉴욕의 멋진 스카이라인을 배경으로 로맨틱한 스케이팅을 즐길 수 있다. 평일에도 워낙 사람이 많으니 초겨울이나 늦은 밤 시간대를 공략해보자.

록펠러 센터 아이스 링크 야간 스케이팅
홀리데이 기간(11월부터 새해)의 주중, 10월 중순부터 4월 금·토요일 자정까지 운영.
Access B·D·F·M 라인 47th-50th-Rockefeller 역
트럼프 링크 Trump Wollman Link
Access N·Q·R 라인 5th Ave. - 59th St. 역
브라이언트 파크 Bryant Park
Access B·D·F·M 라인 42nd St. - Bryant Park 역

Intro

10

Beautiful Streets & Blocks

산책하기 좋은 뉴욕의 골목

하늘에서 내려다 보면 감탄할 정도로 아름다운 마천루의 도시지만 숨겨진 옛길과 동네, 지은 지 100년이 넘은 건물들 사이 고즈넉한 골목길을 걷다 보면 영화 속 로맨스가 시작될 것만 같다.

● 튜더시티

1st Ave. & 2nd Ave., East, 40th St.-43rd St.
1920년대 스테인드글라스 창문을 비롯해 튜더 왕조 시대 양식으로 지은 건물들이 모여 있는 뉴욕의 랜드마크. 유엔 본부와 이스트 강이 내려다보이는 언덕에 위치해 있다. 어느 곳보다 시적인 분위기가 나는 아름다운 공원에서 은밀한 사색을 즐겨보는 것도 좋다.
Access 7 라인 Grand Central 역
URL www.tudorcity.com

● 어빙플레이스

19th St., 3rd Ave. - Irving Pl.
20세기 초반에 지은 화려하고 야릇한 색상의 타운 하우스들이 줄지어 늘어서 있는 곳. 방송이나 영화계 셀러브리티들이 많이 사는 곳으로 알려져 있다.
Access 4·5·6 라인 14th St. - Union Sq. 역

● 웨스트빌리지

Bank, Commerce, Perry, Gay, Barrow,
Charles, Morton St.
유명한 사람이 많이 사는 동네로 예쁜 집도 볼거리지만 숨어 있는 아기자기한 숍과 카페 호핑의 재미도 누릴 수 있다. 영화 촬영지로도 인기.
Access 1·2 라인 Christopher - Sheridan Sq. 역

● 라 메종 프랑세즈

University Pl. - Washiongton Pl.
뉴욕 대학교 프랑스 교수들의 사택이 모여 있는 골목. 바로 옆에는 뉴욕 대학교 도이치 하우스가 있다. 주변 풍경과 달리 이국적인 정취를 자아내 사유지임에도 관광객이 많아 저녁 시간대 외에는 정문을 개방해주므로 조용히 거닐어볼 수 있다.
Access A·B·C·D·E·F·M 라인 W 4th St. 역

Intro

11

Enjoy
Sunny Days

햇살 가득한 날의
뉴욕 나들이

변덕스럽기로 유명한
뉴욕 날씨지만 5월부터
10월까지는 가끔 미치도록
햇살 좋은 날이 있다.
텅 비어 버린 도심에 홀로
남아 있지 말고 뉴요커들이
달려가는 곳으로
따라가보자.

1. 센트럴 파크에서 보트 타기

겨울 최고의 액티비티가 브라이언트 파크에서의 스케이팅이라면 봄
바람이 불 때는 센트럴 파크에서의 보트 타기가 최고. 센트럴 파크
서쪽의 저택을 배경 삼아 노를 저어 내려가며 여유를 만끽해보자. 물
가에 올라온 거북이, 물고기, 새들과 친구가 되는 기분. 1시간 $15.

2. 클로이스터스에서의 사색적인 산책

중세 수도원 건물을 그대로 재현해 유물과 그림, 조각 등을 전시하는
메트로폴리탄 박물관의 부속 전시관. 지하철 A 라인 익스프레스를
타면 맨해튼 시내에서 30분이면 도착한다. 허드슨 강변 언덕인 포트
트라이언 파크에 있는데, 고즈넉한 분위기에 어디선가 그레고리안 성
가가 들려와 마치 다른 세상에 와 있는 듯한 느낌이 든다.

포트 트라이언 파크 Fort Tryon Park
메트로폴리탄 박물관 입장 배지를 가지고 있으면 같은 날 클로이스
터스 방문은 무료. 성인 $25.
Add. West, 192th St. Tel. (212) 923-3700 Open 3~10월 09:30~17:45,
11~2월 09:30~16:45 Access A 라인 190th St. 역 또는 버스 M 23번
11th Ave. 정류장

3. 하이라인 파크에서의 일광욕

하이라인 파크는 버려진 철길을 산책로로 만든 친환경 공원으로 2009년 오픈, 뉴욕의 명소로 자리 잡았다. 철길 모습을 그대로 살리고 사이사이에 풀과 꽃을 심었다. 미트패킹의 스탠더드 호텔부터 시작해 첼시까지 이어져 있고 곳곳에 일광욕 의자와 쉬어갈 수 있는 테이블이 마련되어 있다.

하이라인 파크 Highline Park
Add. 10th Ave.~11th Ave., Gansevroot St. - 4th. 입구 14·16·18·20th St. **Open** 봄~가을 07:00~22:00, 겨울 07:00~19:45
Access A·C·E 라인 14th St. 역 **URL** www.thehighline.org

4. 허드슨 강변에서의 맥주 파티

매년 5월부터 가을까지 허드슨 강변 피어 66Pier 66에 정박한 배 위에 마련된 그릴 & 바. 버킷에 여러 병의 맥주를 채워두고 푸짐한 햄버거와 핫도그를 먹으면 도심 속 피서가 따로 없다. 난간에 다리를 올리고 시원한 강바람을 맞아보자.

프라잉 팬 Frying Pan   P.425-G
Add. 205 12th Ave. **Tel.** (212) 989-6363 **Access** 버스 West, 24 St. - 12 Ave. 정류장 **URL** www.fryingpan.com

Intro

12

View Point

뉴욕의 전망 좋은 곳

빌딩 숲으로 이루어진
맨해튼은 아름다운
스카이라인을 자랑한다.
로컬들이 사랑하는 맨해튼의
뷰 포인트를 소개한다.

센트럴 파크 남서쪽 방향
메트로폴리탄 박물관 루프톱 가든
The Metropolitan Museum Rooftop Garden

메트로폴리탄 박물관의 5층 루프톱 가든에 올라
가면 병풍처럼 둘러싼 센트럴 파크의 나무 숲과
함께 건너편 어퍼웨스트사이드의 주요 건물들이
한눈에 보인다.

Add. 5th Ave. 83rd St., The Metropolitan Museum
Access 버스 M1·2·3·4번 83rd St. 정류장

맨해튼 동쪽
브루클린 브리지 파크
Brooklyn Bridge Park

이스트 강은 맨해튼과 브루클린을 이어주는 다리
가 스카이라인과 맞물려 아름다운 풍경을 연출한
다. 그 중에서도 덤보로 알려진 브루클린 브리지
파크는 여러 영화와 로컬들의 웨딩 사진 촬영지로
유명하다. 한국에서는 인기 예능 프로그램 〈무한
도전〉 화보 촬영지로 많이 알려졌다.

Add. Brooklyn Park, Brooklyn
Access A·C 라인 High St. 역

허드슨 강변과 미드타운
휘트니 미술관 테라스
Whitney Museum Terrace

새로 오픈한 미트패킹의 휘트니 미술관에 가면 맨
해튼 남서쪽 허드슨 강과 미드타운을 내려다볼 수
있다. 밤 10시까지 오픈하는 목~토요일에는 테라
스에서 엠파이어 스테이트 빌딩 꼭대기의 아름다
운 조명을 감상하는 즐거움을 놓치지 말자.

Add. 99 Gansevoort St., Whitney Museum
Open 목~토요일 10:30~22:00, 월·수·일요일
10:30~18:00 **Access** L 라인 8th Ave. 역

루프톱 바에서 뉴욕 야경 감상
Night View

뉴욕은 그 자체가 예술품이라 해도 좋을 만큼 멋진 스카이라인을 자랑한다. 다른 관광객에 섞여 엠파이어 스테이트 빌딩에 올라가는 대신 루프톱 바에서 나이트 뷰를 감상하며 뉴욕의 밤을 기념해 보는 건 어떨까. 인기 있는 곳은 서두르지 않으면 입장하기도 어려울 정도다.

톱 오브 더 스트랜드 Top of the Strand
Add. 33 W. 37th St. Tel. (212) 448-1024
Access N·Q·R 라인 34th St. - Herald Sq. 역
URL www.thestrandnyc.com

230 피프스 230 Fifth
Add. 230 5th Ave. Tel. (212) 725-4300
Access 1 라인 28th St. 역
URL www.230-fifth.com

하이바 Highbar
Add. 251 West, 48th St. Tel. (212) 956-1300
Access C·E 라인 50th St. 역
URL www.highbarnyc.com

르 베인 & 루프톱 바 앳 더 스탠더드
Le Bain & Rooftop Bar at the Standard
Add. 848 Washington St. Tel. (212) 645-4646
Access 14th St. 역 URL www.standardhotels.com

65 앳 레인보 룸 65 at Rainbow Room
Add. 30 Rockefeller Plaza Tel. (212) 632-5000
URL www.sixtyfivenyc.com

Intro

13

Seasonal Event

시즌별 이벤트

매일매일 새로운 일이 벌어질 것 같은 뉴욕. 뉴욕의 주요 행사 외에 뉴요커들이 계절마다 기다리는 이벤트를 콕 짚어 모아봤다.

봄 SPRING

2월

뉴욕 패션 위크 매년 2월과 9월, 뉴욕의 대표적인 디자이너들이 참여하는 패션쇼. 브라이언트 파크에 설치된 임시 텐트를 비롯해 다양한 장소에서 산발적으로 열린다. 보통은 초대장이 있는 사람만 들어갈 수 있지만 일반인이 참석할 수 있는 쇼도 있다.
URL www.nycfashioninfo.com

3월

아모리 쇼 세계적인 갤러리들이 참여하는 현대 미술 시장. 피어 92, 94에서 열린다.
URL www.thearmoryshow.com

5월

트라이베카 필름 페스티벌 4월 말에서 5월 초 트라이베카 지역을 중심으로 열리는 세계 인디 영화 축제. 창시자인 로버트 드 니로를 비롯해 많은 배우들이 참여한다.
URL www.tribecafilmfestival.org

ABT 발레 5월 중순 오페라 시즌이 끝난 뒤 메트로폴리탄 오페라하우스에서 6월까지 이어지는 미국 최고의 발레 공연.
URL www.abt.org

여름 SUMMER

6월

뮤지엄 마일 페스티벌 매주 둘째 주 화요일 피프스 애버뉴 뮤지엄 마일에서 벌어지는 거리 축제와 무료 관람 행사.
URL www.museummilefestival.org

뉴욕 필하모닉 센트럴 파크 공연 매년 여름 뉴욕 시민들을 위해 센트럴 파크에서 벌어지는 무료 공연.
URL gonyc.about.com

7월

메이시스 불꽃놀이가 7월 4일 독립 기념일을 축하하는 대규모 불꽃놀이. 전통적으로 이스트 강에서 쏘아 올리기 때문에 건너편 브루클린 브리지 파크에서도 볼 수 있다.
URL www.macys.com/fireworks

가을 AUTUMN

9월

메트로폴리탄 오페라 9월 중순에 시즌 개막.
URL www.metoperafamily.org

10월

뉴욕 필름 페스티벌 10월 한 달 동안 링컨 센터 옆 월터리드 극장에서 열리는 권위 있는 세계적인 영화제.
URL www.filmlinc.com

11월

뉴욕 마라톤 첫째 주에 열리는 세계적인 마라톤 행사로 전 세계에서 온 선수들은 물론 일반 뉴요커들까지 총 4만여 명이 참여하는 대규모 행사.
URL www.nycmarathon.org
메이시스 추수감사절 퍼레이드 11월 넷째 주 목요일 추수감사절 아침 9시. 센트럴 파크 웨스트(72번가)에서 34번가 메이시스까지 이어지는 대형 퍼레이드. 빌딩 높이의 거대한 풍선 캐릭터가 볼만하다.
크리스마스트리 점등 11월 마지막 주에 록펠러 센터 플라자에서 열리는 뉴욕의 전통적인 크리스마스 점등 축제. 유명 팝스타들과 셀러브리티들이 출연한다.

겨울 WINTER

12월

크리스마스 홀리데이 마켓 12월 한 달 동안 그랜드 센트럴 터미널, 콜럼버스 서클, 유니언 스퀘어, 브라이언트 파크에서 열리는 선물 시장.
타임스 스퀘어 볼 드롭 12월 31일 자정에 열리는 새해맞이 행사.

1월

레스토랑 위크 1월과 7월, 1년에 2번씩 200여 개의 주요 레스토랑이 참여하는 행사. 주중 점심과 저녁에 저렴한 프리픽스(고정된 가격) 메뉴를 즐길 수 있다.
URL www.nycgo.com/restaurantweek

뉴욕 시 연간 이벤트 확인
URL new.york.eventguide.com

NEW YORK
BY
AREA

Area 01
UPPER
WEST SIDE

어퍼웨스트사이드
UPPER WEST SIDE

● 전통적으로 중산층 뉴요커들이 아이 키우는 데 가장 선호하는 평화로운 주거지로, 미국 자연사 박물관이 시작되는 77번가 이후부터 90번가까지는 어디를 가나 아이 반 어른 반이다. 수십 년 넘게 한결같은 맛집과 델리가 성업 중이며 시시각각 변화가 일어나는 역동적인 뉴욕에서 유일하게 변화가 없는 동네라고 할 수 있다. 그런데 지난해부터 다운타운의 맛집들이 속속 지점을 열고, 주말이면 80가 주변의 인기 브런치 스폿을 찾는 젊은이들로 예전보다 훨씬 활기가 넘친다.

72번가를 경계로 남쪽은 브로드웨이와 콜럼버스 애버뉴를 따라 59번가까지 고급 레스토랑과 주요 브랜드 숍이 줄지어 있다. 72번가 남쪽은 어퍼웨스트의 다운타운에 해당하는 곳으로, 브로드웨이와 콜럼버스 애버뉴를 따라 59번가까지 주요 브랜드와 숍이 줄지어 있다. 거리 이름이나 작은 공원도 유명 음악가의 이름을 딴 경우가 많다. 어퍼웨스트 중앙에 해당하는 72번가 지하철역에 위치한 작은 공원의 이름은 베르디, 카페 이름은 모차르트, 인기 피자집 이름은 리골레토, 이런 식이다. 거리 이름도 눈여겨보면 유명 음악가들의 이름을 딴 경우가 많다.

Access
가는 방법

A·B·C·D 라인 59th St. - Columbus Circle 역
방향 잡기 브로드웨이를 따라 북쪽으로 이동한다. 도보 5분.

79th St.

도보 5분 ····▶ 미국 자연사 박물관

지하철 1·2 라인 2분
또는   도보 10분
버스 M 7·104번 5분

72nd St.

버스 M 10·20번 5분

지하철 1·2 라인 5분   도보 10분

59th St. - Columbus Circle

Check Point

● 어퍼웨스트는 남북으로 긴 지역을 포괄하기 때문에 길에서 시간을 낭비하고 싶지 않다면 콜럼버스 서클에서 버스나 지하철을 타고 목적지로 바로 이동할 것.

● 센트럴 파크에서 피크닉을 하고 싶다면 타임 워너 센터의 자연 식품 마켓이나 주변의 베이커리 숍에서 간단한 음료와 도시락을 준비해 가자. 공원 시프 메도 앞에 자리한 르 팽 베이커리Le Pain Bakery를 이용해도 좋다.

Plan
추천 루트

토박이 뉴요커들의 고향
어퍼웨스트사이드
하루 걷기 여행

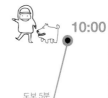

10:00 콜럼버스 서클 역 주변
Columbus Circle
타임 워너 센터 3층에서 바라보는
광장 뷰도 멋지다. 11월부터
1월까지는 파크 남단 입구에서
홀리데이 마켓이 열린다.
여유가 있다면 아트 디자인 앤드
박물관도 방문해보자.

도보 5분

11:00 링컨 센터 **Lincoln Center**
광장 분수대 쇼가 볼만하다.
에이버리 피셔 홀과 극장 사이에
있는 야외 쉼터도 매력적.

도보 10분

센트럴 파크 **Central Park** **12:00**
산책뿐만 아니라 도시락을 들고 가
피크닉을 즐기자.
주요 입구는 69가 또는 72가.

도보 10분

미국 자연사 박물관 **14:00**
American Museum of Natural History
영화 〈박물관이 살아있다〉로 유명한 세계적인
자연사 박물관으로 동물, 식물,
기타 자연과학물을 전시한다.

도보 10분

18:00 제이콥스 피클 **Jacob's Pickle**
미국 전역에서 공수한 수제 맥주에
곁들이는 남부 스타일의 미국 음식으로
하루를 마무리하자.

어퍼웨스트의 랜드마크인 날렵한 쌍둥이 유리 건물

타임 워너 센터 **Time Warner Center**

Add. 10 Columbus Circle, New York, NY 10019
Access 1·A·B·C·D 라인 59th St. - Columbus Circle 역
URL www.shopsatcolumbuscircle.com

★

복합 쇼핑몰이 입점해 있는 타임 워너 본사

2004년에 완공한 55층 규모의 쌍둥이 건물로 타임 워너의 세계 본부다. 매년 〈타임〉지에서 선정한 100명의 파티가 열리는 장소가 바로 이곳. 만다린 오리엔탈 호텔, CNN 스튜디오, 한 끼 식사에 $1000 이상이 든다는 유명 셰프 토머스 켈러Thomas Keller의 레스토랑 페 세Per Se를 포함해 서점 보더스Borders, 브랜드 숍, 유기농 슈퍼 홀 푸드 마켓이 입주해 있다. 5층에는 재즈 전용 극장인 재즈 앳 링컨 센터Jazz at Lincoln Center가 있는데 2000명을 수용할 수 있는 엄청난 규모다. 건너편 센트럴 파크 남서쪽 입구와도 가까워 지하 홀 푸드 마켓의 델리 코너에서 먹거리를 사 들고 공원으로 피크닉 가기에도 좋다.

1 보테의 아름다운 조각이 연중 전시되어 있는 1층 로비 **2** 타임 워너 센터 앞의 로터리, 콜럼버스 서클 분수 정원 **3** 링컨 센터 1층에 마련된 재즈 앳 링컨 센터 매표소 **4** 어퍼웨스트의 시작점인 59가 콜럼버스 서클 지하철역

링컨 센터 Lincoln Center

P.476-I

뉴욕 공연 예술의 중심지로 메트로폴리탄 오페라, 뉴욕 필하모닉, 뉴욕 시티 발레, 줄리어드 음대가 위치해 있다. 지난 몇 년간 개·보수를 거쳐 유리 소재의 현대적인 모습으로 재탄생했으며 밤에는 예술적인 조명으로 한층 더 세련된 느낌이 든다. 총 26개의 크고 작은 공연장이 있어 오페라, 발레, 클래식, 재즈, 연극 등 문화·예술의 전 분야를 체험할 수 있다. 링컨 센터는 주민들의 동네 사랑방 역할도 자처한다. 여름에는 심야 스윙 댄스, 야외 재즈, 모차르트 축제처럼 친근한 행사가 공연장 안팎에서 펼쳐지고 주말 장터까지 열린다. 11월 말에는 분수대 광장에서 링컨 센터 예술 단체들의 미니 공연을 곁들인 아기자기한 크리스마스 점등식이 열려 동네 주민들과 함께 다가오는 연말을 기념하기도 한다. 공연 예술에 특히 관심 있는 사람이라면 이곳에 있는 뉴욕 공립 도서관을 방문해보자. 주로 공연 예술 관련 도서를 소장하고 있으며 일요일을 제외한 낮 12시부터 저녁 6시까지 누구나 출입할 수 있다.

Add. 70 Lincoln Center Plaza, New York, NY 10023 Tel. (212) 875-5456 Open 월~토요일 10:00~20:00, 일요일 12:00~18:00 Access 1 라인 66th St. - Lincoln Center 역 URL www.lincolncenter.org

뉴욕 여행에서 절대 놓칠 수 없는 세계 정상의 공연

발레 Ballet

링컨 센터에서 공연하는 발레단은 시티 발레City Ballet와 아메리칸 발레 시어터America Ballet Theatre(ABT)가 있다. 시티 발레는 7~8월을 제외하고는 오페라하우스 왼쪽 건물에서 공연한다. 예전에는 아메리칸 발레 시어터에 비해 상대적으로 저평가받았지만, 요즘은 창의적인 공연과 단원들의 뛰어난 기량으로 호평을 받고 있다. 특히 12월 시즌 공연인 〈호두까기 인형〉은 뉴욕 아이들의 어린 시절에서 빼놓을 수 없는 인기 공연이다.

오페라에 비해 발레 관객수가 적어 티켓 예매는 어렵지 않다. 공연 설명 및 티켓 예매는 홈페이지를 참고할 것.

URL 뉴욕 시티 발레 nycballet.com, 아메리칸 발레 시어터 abt.org

아메리칸 발레 시어터
American Ballet Theatre(ABT)

메트로폴리탄의 오페라 시즌이 끝나면 미국 최고의 발레단으로 불리는 ABT 발레 시즌이 시작된다. 5월부터 2일간 〈지젤〉, 〈백조의 호수〉 등 고전 작품부터 조지 발란신의 현대 무용까지 다채로운 레퍼토리를 선보인다. 화려한 의상과 위트 넘치는 무대 연출이 일품인 〈신데렐라〉를 추천한다. 가끔 뉴욕 시티 발레와 ABT를 혼동하는 사람이 있는데 규모나 수준 면에서 ABT가 미국 최고다. 오페라에 비해 발레 인구는 적은 편이라 티켓을 구하기가 어렵지 않다.
URL www.abt.org

뉴욕 필하모닉
New York Philharmonic

150년 역사를 자랑하는 교향악단으로 상임 지휘자 알런 길버트Alan Gilbert가 이끌고 있다. 링컨 센터 내 에이버리 피셔 홀을 본거지로 매년 9월에서 6월까지 정기 공연을 한다. 주의할 점은 음향 시설에 관한 한 악명이 높은 곳이라 1층 오케스트라석 정도는 골라야 제대로 음악을 감상할 수 있다. 같은 프로그램을 며칠에 걸쳐 공연하는 데다 공연장이 커서 적당한 가격의 표를 예매하기 어렵지 않다. 학생의 경우 $12.5의 할인 티켓을 공연 10일 전부터 박스오피스에서 구입할 수 있다.
URL www.nyphil.org

메트로폴리탄 오페라
The Metropolitan Opera

런던 코벤트 가든의 로열 오페라, 빈 국립 오페라와 더불어 세계 정상의 오페라로 손꼽히는 메트로폴리탄 오페라는 9월부터 이듬해 5월까지 매 시즌 50여 편의 오페라가 일요일을 제외한 매일 밤 공연한다. 토요일에는 낮 공연이 한 차례 더 추가된다. 한 극장에서 매일 다른 오페라 작품을 올릴 수 있는 시스템을 유지하는 것이 대단하며, 덕분에 많은 오페라를 보고 싶어하는 여행자에게는 최고의 도시가 아닐까 싶다. 뉴욕 오페라의 또 다른 매력은 여전히 전통적인 공연 연출을 선호한다는 점이다. 현대적인 연출이 대세인 유럽에 비해 뉴욕은 전통적인 연출과 현대적인 시도의 조화를 추구해 클래식한 의상과 무대 연출을 선호하는 오페라 입문자들에게 더 알맞다.
URL www.metopera.org

메트로폴리탄 오페라의 대표 상설 공연

〈세비야의 이발사Barbiere di Sevilla〉
로시니Rossini

로시니의 대표적인 유쾌한 코미디 작품은 흔히 오페라 부파Opera Buffa 장르의 대표작으로 여겨진다. 스페인 세비야를 배경으로 알마비바 백작이 이발사인 피가로의 도움을 받아 로시나의 사랑을 쟁취하는 이야기. 모차르트의 오페라 〈피가로의 결혼〉의 전작 스토리와 캐릭터(피가로의 결혼에서는 결혼 후 알마비바 백작이 부인 몰래 바람을 피우다 망신을 당하는 좌충우돌 스토리)로도 유명하다. 유쾌하고 아름다운 아리아와 해피 엔딩으로 청중들에게 꾸준히 사랑받는 작품이다.

〈사랑의 묘약L'Elisir d'Amore〉
도니제티Donizetti

로시니와 더불어 아름다운 벨칸토Bel Canto 오페라의 중흥을 이끈 도니제티의 대표작. 엉터리 약장수에게 속아 네모리노가 짝사랑밖에 못하던 아디나에게 구애하면서 벌어지는 좌충우돌 코미디. 하지만 결국 진정한 사랑을 인정받아 승리한다는 진부하지만 기분 좋은 스토리. 음악적으로 유쾌함의 극치를 만끽할 수 있다.

〈라보엠La Bohème〉
푸치니Puccini

이탈리아 베리시모Verisimo 장르 오페라를 완성시킨 푸치니의 대표작으로 당시 예술가들의 애절하면서 아름다운 삶을 애닯게 표현한 작품. 가난하지만 비범한 파리 시인 로돌포와 재봉사 미미의 비극적인 사랑 이야기로 결국 가난으로 인한 병세 악화로 죽는 미미 앞에서 오열하는 로돌포의 애처로운 절규로 막을 내린다. 프랑코 제피렐리 감독의 화려하면서 실감 나는 무대 연출도 극의 몰입에 큰 역할을 한다. 벌써 30년 넘게 메트로폴리탄 오페라 무대에서 롱런하고 있다.

〈투란도트Turandot〉
푸치니Puccini

이국적 풍경을 좋아한 푸치니의 대표작. 고대 중국 베이징을 배경으로 전개되는 스펙터클한 러브 스토리. 얼음처럼 차가운 공주 투란도트의 사랑을 쟁취하기 위해 목숨을 걸고 3개의 수수께끼를 풀어나가는 과정에서 진정한 용기와 사랑을 보여주는 페르시아 왕자 칼라프의 박진감 넘치는 아리아가 인상적이다. 프랑코 제피렐리의 화려한 무대 연출이 청중의 시선을 사로잡으며 메트로폴리탄 오페라의 롱런 프로덕션 중 하나로 자리 잡고 있다.

〈카르멘Carmen〉
비제Bizet

이른 나이에 죽은 천재 작곡가 비제의 오페라 작품(혹자들은 비제가 일찍 죽지만 않았어도 베르디 만큼 추앙받았을 거라고 함). 스페인 세비야에서 벌어지는 순진하지만 고지식한 병사 돈 호세와 집시 여인 카르멘 사이에서 일어나는 탐욕과 질투를 적나라하게 보여주는 스토리. 결국 돈 호세의 손에 카르멘이 비참하게 죽는 장면으로 이야기는 끝난다. 음악적으로 훌륭하고 투우사와 집시 여인 등 화려한 무대 요소가 볼만하다. 캐릭터와 스토리의 긴장감이 치밀해 많은 사랑을 받는 작품이다.

〈리골레토Rigoletto〉
베르디Verdi

바그너와 더불어 근대 오페라 발전에 가장 큰 기여를 한 작곡가로 평가받는 베르디의 대표적 비극. 비참한 자신의 현실을 감추고 남들을 웃겨야만 하는 광대 꼽추의 실존적 고민과 한 딸의 아버지로서 겪는 애환이 담긴 작품이다. 16세기 이탈리아 만투아 지역의 상류층 사회를 배경으로 하며 음악적으로 뛰어날 뿐만 아니라 당시 사회 부조리를 꼬집는 메시지를 절묘하게 담아낸다.

〈피가로의 결혼Le Nozze di Figaro〉
모차르트Mozart

모차르트의 대표적인 오페라 중 하나로 주옥같은 아리아가 넘치는 작품이다. 스토리는 로시니의 〈세비야의 이발사〉의 후속편 정도. 알마비바 백작 결혼 후 부인 몰래 피가로와 결혼을 약속한 하녀 수잔나와 바람을 피우려다 망신을 당하는 좌충우돌 스토리. 특히 소프라노들의 이중창, 삼중창이 아름답다. 영화 〈쇼생크 탈출〉 중 감옥 전역에 소프라노들의 삼중창 아리아가 울려 퍼지고 모든 감옥수들이 멈춰 서서 그 음악에 빠져드는 장면이 나오는데 바로 이 오페라에서 나오는 아리아다.

오페라 제대로 즐기기
티켓 구입 방법

공연 당일 저렴한 표를 구입할 게 아니라면 여행 계획을 짤 때부터 예매해두는 것이 좋다. 인기 있는 공연, 특히 주말 공연은 몇 달 전에 매진되는 경우가 많기 때문이다. 꼭대기 층인 패밀리 서클 좌석은 무대가 너무 멀어 오페라를 보는 재미가 반감될 수 있으니 발코니석 이상의 자리가 좋다. 가격 대비 소리나 전망을 고려할 때 드레스 서클 정도가 좋을 듯하다. 티켓은 박스오피스에서 직접 구입할 수도 있고 전화, 팩스, 우편, 인터넷까지 예매 방법이 다양하다.

저렴한 티켓 구입 방법

러시 티켓Rush Ticket 전 공연의 1층 오케스트라석을 공연 당일 $25에 인터넷에 판매한다. 자세한 사항은 홈페이지를 참고하자.
URL www.metopera.org/metopera/contests/drawing/rush-tickets
학생 할인 티켓Student Rush 매진되지 않은 공연에 한해 29세 미만 학생은 공연 당일 10시부터 박스오피스에서 학생증을 보여주면 $35에 할인 티켓을 구매할 수 있다.
스탠딩 룸Standing Room 서서 보는 자리. 요일에 관계없이 공연 당일 아침 10시부터 인터넷과 박스오피스에서 1층 오케스트라 레벨 $25, 패밀리 서클 레벨 $17에 판매한다. 인기 있는 공연은 스탠딩 룸조차도 몇 분 만에 매진된다.

공연 복장과 매너

공식적으로 복장에 대한 규제는 없지만 좋은 좌석인 경우 대부분 정장과 드레스를 갖춰 입고 온다. 청바지에 운동화 같은 너무 캐주얼한 차림은 피하는 것이 좋다. 좌석이 상당히 좁으므로 겨울에는 두꺼운 코트를 지하의 코트 체크에 맡기고 들어가면 편하다.

센트럴 파크에 위치해 있으니 박물관 관람을 마친 후 여유롭게 산책을 즐겨보자.

미국 자연사 박물관 American Museum Of Natural History

Add. 175-208 Central Park West, New York, NY 10024
Tel. (212) 769-5000
Open 10:00~17:45
Access B·C 라인 81th St. - Museum of Natural History 역
URL www.amnh.org

★★★

뉴욕 어린이들의 통과의례 같은 곳

3200만 개의 어마어마한 컬렉션을 자랑하는 곳으로 아이들에게는 공룡 박물관으로 통한다. 그도 그럴 것이 4층 공룡 화석 코너에 가면 실물 크기로 조립해놓은 티라노사우루스와 매머드를 만나볼 수 있다. 어린아이뿐만 아니라 어른들도 하이라이트 투어를 통해 2만 1000캐럿짜리 프린세스 컷 토파즈, 인디언들이 손으로 만든 20미터 길이의 카누, 34톤짜리 운석 등 흥미진진한 볼거리에 지루할 틈이 없다. 2000년에 설립한 별관 로즈 센터는 그중에서도 단연 인기다. 할리우드 스타 해리슨 포드와 톰 행크스의 내레이션을 들으며 우주의 여러 현상을 영상으로 재현한 시뮬레이션 쇼를 구경할 수 있다.

1 웅장한 조각상이 서 있는 미국 자연사 박물관 정문 **2, 3** 실물 크기의 공룡 조립 **4** 남자 아이들에게 인기 만점인 상어 모형

레드 팜 **Red Farm**

Map
P.476-E

Add. 2170 Broadway, New York, NY 10023
Tel. (212) 724-9700
Open 월~금요일 11:30~15:00, 16:45~23:00, 토요일 11:00~15:00,
16:45~23:45, 일요일 11:00~03:00, 16:45~22:30
Access 1 라인 79th St. 역
URL www.redfarmnyc.com

2015 New Spot

로컬 셰프에 의해 업그레이드된
아메리칸 차이니스 디시

로컬 셰프가 이끄는 뉴욕화된 차이니스 레스토랑. 브런
치 카페 거리로 유명한 웨스트빌리지에 처음 문을 연 레
드 팜은 동네 분위기에 튀지 않는 로컬스러운 인테리어에
딤섬과 오리, 볶음밥, 누들 같은 중국 요리를 선보여 현
지인의 관심을 끌었다. 그 여세를 몰아 2013년 맛집의 불
모지라 여기던 어퍼웨스트에 2호점을 오픈했다. 알록달
록 귀여운 팩맨 덤플링, 로어이스트의 유명한 카츠katz 델
리카트슨의 햄을 넣어 만든 스프링 롤 튀김, 매콤한 소프
트 크랩, 짜고 달달한 누들 요리 등 입안에 넣는 순간 저
렴한 가격에 불친절하다는 차이니스 레스토랑의 선입견
이 깨져버린다. 웨스트빌리지(529 Hudson St.)에 본점이
있다.

1, 2 차이니스 레스토랑 같지 않은 깔끔한 인테리어 **3** 입안에서 살살 녹는 오리 요리 **4** 강추 메뉴인 카츠의 파스트라미 햄으로 만든
바삭한 에그롤

랜드마크 Landmarc

Add. 3F, 10 Columbus Circle, New York, NY 10019
Tel. (212) 823-6123
Open 07:00~02:00
Access A·B·C·D 라인 59th St. - Columbus Circle St. 역
URL www.landmarc-restaurant.com

분위기 좋고 가격도 합리적인 곳

비싼 레스토랑이 즐비한 타임 워너 센터에서 선택의 폭
을 넓혀주는 프렌치 & 아메리칸 레스토랑. 넓고 쾌적하
며 분위기도 좋다. 가벼운 아침이나 아이 엄마들과 함께
하는 점심, 직장 동료들과 함께 하는 저녁 모임까지 모
든 만남에 어울리는 공간이다. 음식 플레이팅도 세련되
고 양도 많으면서 맛도 나쁘지 않다. 와인을 곁들이기
좋은 1인용 홍합찜($25)과 프렌치프
라이가 맛있는 햄버거, 각종 샌
드위치($14~18)를 추천한다.
트라이베카 지점(179 West,
Broadway)도 있다.

1 아이를 동반했을 때 실속 있는 키즈 메뉴 **2** 부숑 베이커리 옆에 자리한 입구 쪽 외관 **3** 소스와 사이즈별로 주문할 수 있는 홍합 요리 **4** 달걀과 머핀으로 구성된 아침 메뉴

활기 넘치는 야외 테라스

제이콥스 피클 Jacob's Pickle

Map
P.476-F

secret

Add. 509 Amsterdam Ave., New York, NY 10024
Tel. (212) 470-5566
Open 월~목요일 11:00~02:00, 금요일 11:00~04:00, 토요일 09:00~04:00,
일요일 09:00~02:00
Access 1 라인 86th St. 역
URL www.jacobspickles.com

2015 New Spot ▶

올 데이 브런치와 다양한 로컬 맥주를
즐길 수 있는 곳

할렘에서 그나마 명맥을 이어가던 남부의 소울 푸드가
이제 뉴욕 미식가들의 인기를 등에 업고 맨해튼 전체로
영역을 확장하고 있다. 요즘 어퍼웨스트에서 가장 많은
젊은이들로 북적이는 이곳은 남부식 소울 푸드를 맛볼
수 있는 대표 레스토랑이다. 뉴욕 인근 정육점과 그린 마
켓에서 들여온 신선한 로컬 식재료로 만든 매시트포테이
토, 버터밀크 프라이드치킨, 비스킷, 홈메이드 잼과 꿀,
치킨 수프 등 어린 시절부터 먹어온 친근한 음식을 맛볼
수 있다. 그 외 '피클'을 내건 식당 이름에 걸맞게 갖가지
피클이 이 집의 자랑이니 식사 전에 피클 샘플러를 주문
해 입맛을 돋우면 좋다. 저녁에는 다양한 수제 맥주와 피
클 튀김 같은 안주를 즐기려는 젊은이들로 가득하다.

1 입구 쪽 바에 진열되어 있는 수십 종의 로컬 맥주 **2** 빈티지한 느낌의 메뉴판 **3** 이 집의 자랑인 피클이 토핑 된 버거 **4** 많은 양은 이 집의 미덕

랜드 타이 Land Thai

Map
P.476-F

Add. 450 Amsterdam Ave., New York, NY 10024
Tel. (212) 501-8121
Open 월~목요일 17:00~22:30, 금 · 토요일 17:00~23:00, 일요일 17:00~20:00
(토 · 일요일 점심 12:00~15:30)
Access 1 라인 79th St. 역
URL www.landthaikitchen.com

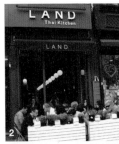

합리적인 가격의 맛있는 타이 레스토랑

뉴욕에 타이 레스토랑이 많지만 가격 대비 최고인 곳이 바로 이곳. 2코스로 구성된 점심 메뉴가 겨우 $9다. 하지만 싸다고 비지떡은 절대 아니다. 오너인 데이비드 뱅크 David Bank는 장 조지의 타이 레스토랑 조조JoJo, 스파이스 마켓Spice Market에서 셰프로 일했으며 타이 느낌이 물씬 풍기는 인테리어부터 플레이팅, 맛까지 트렌디한 고급 레스토랑 못지않다. 뱅크는 2005년 이곳의 문을 연 뒤 어퍼이스트에도 분점을 냈고 현재는 총 5개의 레스토랑을 운영한다. 추천 메뉴는 스프링 롤($5.50), 스파이시 비프 샐러드($7.50), 워크 캐슈너트 위드 슈림프($13), 팟타이 ($12).

1 기다란 홀 모양의 아주 작고 좁은 실내 **2** 날씨 좋은 날은 야외 테이블이 인기다. **3** 짭조름하고 매콤한 양념을 곁들인 아삭아삭한 파파야 샐러드 **4** 이 집의 대표 메뉴 워크 캐슈너트 위드 슈림프

살루메리아 로시 파르마코토 Salumeria Rosi Parmacotto

Add. 283 Amsterdam Ave., New York, NY 10023
Tel. (212) 877-4800
Open 월~목요일 12:00~23:00, 금·토요일 12:00~23:30, 일요일 12:00~22:00
Access 1·2·3 라인 72nd St. 역
URL www.salumeriarosi.com

투스카니의 가공육점을 겸한 레스토랑

고기 전문가 파르마코토가 정육점을 겸하는 레스토랑으로, 매장 안의 마켓에서 갓 잘라 온 다양한 건조 햄과 투스카니 지역의 요리를 맛볼 수 있다. 돼지고기 부위, 첨가한 허브와 가공 방법으로 구분되는 건조 햄은 이탈리아·스페인 레스토랑이 인기를 얻으면서 뉴욕 미식가들에게 많은 사랑을 받고 있다. 요리는 테이스팅 메뉴 사이즈로 두세 접시는 시켜야 양껏 먹을 수 있다. 저녁에는 워낙 사람이 많아 예약을 해도 1시간 이상 머물기 어려울 정도. 파스타, 리소토 모두 탱탱하고 신선하지만 이 집의 최고 메뉴는 뉴욕 베스트로 뽑힌 미트볼과 살점이 뚝뚝 떨어지는 토마토 라구 소스의 갈비 요리 코스티나Costina다. 이스트빌리지(Il Ristorante)에도 지점이 있다.

1 레스토랑 입구에 진열되어 있는 먹음직스러운 가공육 **2** 중앙에 놓인 바 테이블에서 테이스팅 메뉴를 주문하는 사람들 **3, 4** 작은 접시에 담긴 테이스팅 메뉴. 가격은 $6~12 정도다.

쿠키 가게에 어울리는
사랑스러운 외관

르베인 베이커리 | Levain Bakery

secret

Add. 167 West, 74th St., New York, NY 10023
Tel. (212) 874-6080
Open 월~토요일 08:00~19:00, 일요일 09:00~19:00
Access 1·2·3 라인 72nd St. 역
URL www.viewmenu.com/levain-bakery

2015 New Spot

유명 셰프들도 추천하는
뉴욕 베스트 쿠키 하우스

올해로 20주년을 맞이한 어퍼웨스트 주택가 골목 초입에 자리한 자그마한 빵집. 하지만 그 명성이 전 세계 미식가들 사이에 퍼져 순례객의 방문이 끊이지 않는다. 날씨 좋은 날에는 가게 앞 벤치에 앉아 이 집의 명물인 월넛 초콜릿 칩, 오트밀, 피넛버터 쿠키를 먹고 있는 사람들로 골목길이 시끌벅적하다. 이곳 쿠키는 자태부터가 홈메이드 스럽다. 어른 주먹만 한 두툼한 사이즈와 반죽을 대충 떼어냈음직한 투박한 형태는 쿠키라기보다 빵에 가까운데 바삭함보다는 촉촉한 쿠키를 선호하는 사람에게 제격이다. 사람마다 취향이 다르긴 하지만 뉴욕 어디에서도 맛보기 힘든 개성 덕분에 한 번쯤 꼭 먹어볼 만한 먹거리로 손꼽힌다.

1 가게 밖에서부터 달콤한 냄새가 풍겨온다. **2** 가게 밖 벤치에는 언제나 쿠키를 맛보는 사람들이 앉아있다. **3** 묵직한 쿠키 덩어리
4 품질 좋은 밀가루만 사용한다.

어스름한 저녁이면 로맨틱한 분위기를 풍겨 한층 멋스럽다.

카페 랄로 **Café Lalo**

Add. 201 West, 83rd St., New York, NY 10024
Tel. (212) 496-6031
Open 월~목요일 08:00~02:00, 금요일 08:00~04:00, 토요일 09:00~04:00,
일요일 09:00~02:00
Access 1 라인 86th St. 역
URL www.cafelalo.com

영화 〈유브 갓 메일〉의 로맨틱한 카페

멕 라이언이 장미 한 송이를 놓고 톰 행크스를 기다리던
영화 속 바로 그 장소. 길가에서 들어가 호젓한 브라운
스톤 주택가에 위치해 있다.
프랑스풍의 분위기에서 과일이 들어간 30여 종의 뉴욕식
치즈 케이크를 맛볼 수 있다. 너무 유명해 얼마 전까지만
해도 항상 사람들로 북적여 시끄러운 게 흠이었지만 요
즘은 예전에 비해 관광객이 많이 줄고 다시 로컬들의 발
길이 늘어나는 추세다. 디저트뿐만 아니라 샐러드, 샌드
위치, 브런치 메뉴도 나쁘지 않다. 특히 카페인데도 새벽
늦게까지 영업하기 때문에 친구 또는 연인과 날이 새도
록 수다 떨기 좋은 곳.

1 착한 가격에 푸짐한 양으로 나오는 커피 **2** 프렌치 느낌의 액세서리 **3** 치즈 케이크에는 커피보다 티가 더 잘 어울린다. **4** 벽면을 장식한 프랑스 무희들의 포스터

르 팽 코티디앵 Le Pain Quotidien

Map
P.476-J

Add. 60 West, 65th St., New York, NY 10023
Tel. (212) 721-4001
Open 월~금요일 07:30~20:30, 토·일요일 08:00~20:30
Access 1 라인 66th St. - Lincoln Center 역
URL www.lepainquotidien.com

북유럽 스타일의 뉴욕 대표 베이커리 겸 카페

뉴요커들이 제일 좋아하는 벨기에의 유명 베이커리 프랜차이즈로 현재 뉴욕에만 34개 매장이 있다. 원목 테이블에서 느껴지는 편안한 분위기의 북유럽식 인테리어와 건강에 좋은 잡곡 빵, 오픈 샌드위치 등의 메뉴는 10년이 지나도 변치 않고 그대로다. 예전에는 르 팽 코티디앵 스타일을 좋아해 일부러 찾아가는 단골이 많았지만, 요즘은 뉴욕 전역에서 손쉽게 드나들 수 있어 스타벅스의 대안을 찾는 사람들이 즐겨 가는 곳이 되었다. 이곳의 편안한 분위기는 특히 널찍한 공간 때문이기도 하다. 링컨 센터 지점은 그나마 작은 편에 속하고, 케이트 홈스가 수리와 함께 자주 찾는다는 센트럴 파크 남단이나 미트패킹, 그래머시 등 부자 동네일수록 규모가 크고 멋있다.

1 널찍한 공동 테이블. 여럿보다는 혼자 놀기에 더 좋은 분위기다. **2** 잼과 올리브, 소금 등 다양한 제품을 살 수 있다. **3** 조그만 빵 위에 푸짐하게 올려 먹을수록 더 맛있게 느껴지는 건 왜일까? **4** 소박한 아침으로 제격인 빵과 달걀 그리고 카푸치노 한잔

부숑 베이커리 **Bouchon Bakery**

Add. 3F, 10 Columbus Circle, New York, NY 10019
Tel. (212) 823-9366
Open 베이커리 월~토요일 08:00~21:00, 일요일 08:00~19:00 /
카페 월~토요일 11:30~21:00, 일요일 11:30~19:00
Access A·B·C·D 라인 59th St. - Columbus Circle St. 역
URL www.bouchonbakery.com

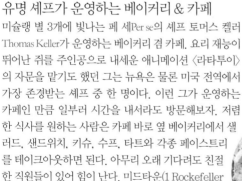

유명 셰프가 운영하는 베이커리 & 카페

미슐랭 별 3개에 빛나는 페 세Per se의 셰프 토머스 켈러
Thomas Keller가 운영하는 베이커리 겸 카페. 요리 재능이
뛰어난 쥐를 주인공으로 내세운 애니메이션 〈라타투이〉
의 자문을 맡기도 했던 그는 뉴욕은 물론 미국 전역에서
가장 존경받는 셰프 중 한 명이다. 이런 그가 운영하는
카페인 만큼 일부러 시간을 내서라도 방문해보자. 저렴
한 식사를 원하는 사람은 카페 바로 옆 베이커리에서 샐
러드, 샌드위치, 키슈, 수프, 타트와 각종 페이스트리
를 테이크아웃하면 된다. 아무리 오래 기다려도 친절
한 직원들이 있어 힘이 난다. 미드타운(1 Rockefeller
Plaza)에도 지점이 있다.

1 테이크아웃할 수 있는 베이커리 판매대. 샐러드와 샌드위치는 즉석에서 만들어준다. **2** 로비에 위치한 카페는 항상 많은 사람으로
북적인다. **3** 테이크아웃한 음식을 먹을 수 있는 간이 테이블 **4** 커리 치킨과 조림 양파 오픈 샌드위치

바니스 뉴욕 Barney's New York

Map
P.476-I

Add. 2151 Broadway, New York, NY 10024
Tel. (646) 335-0978
Open 월~금요일 10:00~20:00, 토요일 10:00~19:00, 일요일 11:00~18:00
Access 1 라인 79th St. 역
URL www.barneys.com

맨해튼 내 유일한 바니스 백화점
외부 단독 매장

패션에 관심 많은 사람이라면 뉴욕의 잇 스타일을 선도
해온 바니스가 오랫동안 운영한 중저가 브랜드 위주의
편집 숍 코업Co-Up을 기억하는 이가 많을 것이다. 아쉽
지만 현재는 리브랜딩 예정이라는 소식과 함께 이곳 어
퍼웨스트 지점만 남긴 채 모든 매장이 철수한 상태. 이곳
역시 지난해 '바니스 뉴욕'이라는 이름으로 새롭게 재단
장 했다. 여전히 20~30대 여성들의 마음을 사로잡는 신
진 디자이너 제품을 기반으로 알찬 소품들이 진열되어 있
다. 본점에 대부분 할애되어 있는 그림의 떡처럼 비싼 브
랜드와 시간적 여유가 없는 사람들이라면 콤팩트한 사이
즈의 매장인 이곳을 이용해 볼만하다.

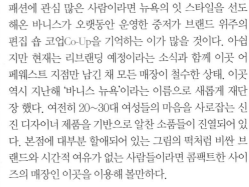

1 입구에 마련된 구두 섹션에서 워밍업을 시작한다. **2** 브로드웨이 쪽 매장 입구 **3** 뉴욕 트렌드를 바로바로 반영하는 다양한 잇 슈즈
4 세일 코너가 따로 없고 행어 여기저기에 빨간 세일 표시가 붙어 있다.

뉴욕 룩 The New York Look

Add. 2030 Broadway, New York, NY 10023
Tel. (212) 245-6511
Open 월~목요일 10:00~21:00, 금요일 10:00~20:00, 토요일 11:00~21:00,
일요일 12:00~19:00
Access 1 라인 66th St. - Lincoln Center 역

여피 걸들의 룩이 완성되는 곳

뉴욕의 대표적인 편집 숍인 인터믹스Intermix와 비교해 연령대나 브랜드 셀렉션이 좀더 포괄적인 것이 이곳의 특징. 명품 브랜드와 중저가 브랜드, 칵테일 드레스와 캐주얼을 한자리에서 만나볼 수 있다. 가격대 또한 다양해 $700짜리 크리스찬 라크로와 신발 옆에 $40짜리 플랫 슈즈가 놓여 있어도 전혀 어색하지 않다.

이 숍의 장점은 연중 세일 코너가 있으며, 경우에 따라 70%까지 할인하는 행사가 자주 있다는 것과 로컬들 사이에서 신뢰가 높은 것이다. 이곳 외에도 어퍼웨스트 (2030 Broadway 68th St. & 70th St.)와 패션디스트릭트(570 7th Ave.)에도 지점이 있다.

1 구두와 가방 섹션이 입구 쪽에 가장 넓게 배치되어 있다. **2** 70번가 브로드웨이 쪽 입구. 가방과 구두는 이곳이, 옷은 61번가 쪽이 쇼핑하기 좋다. **3** 시크한 뉴욕 분위기에 어울리는 구두 컬렉션 **4** 넓지 않은 매장이지만 수많은 옷이 빼곡히 걸려 있다.

스티븐 알란 아웃렛 Steven Alan Outlet

Add. 465 Amsterdam Ave., New York, NY 10024
Tel. (212) 595-8451
Open 월~토요일 11:00~19:00, 일요일 11:00~18:00
Access 1 라인 79th St. 역
URL www.stevenalan.com

Map P.476-F

secret

2015 New Spot

주택가에 숨어 있는 스티븐 알란의 단독 아웃렛 매장

10여 년 전 편집 숍의 선구자였다고 할 수 있는 스티븐 알란. 원래 자체 브랜드의 솔기를 감춘 셔츠로 유명한데 지금까지도 뉴욕 멋쟁이 중 남녀불문 이곳 셔츠를 갖고 있지 않은 사람이 없을 정도. 요즘은 스티븐 알란 편집 숍 같은 스타일이 대세가 되었지만 초창기만 해도 군더더기 없고 실용적인 이곳 스타일이 바니스 뉴욕 못지않은 컨템퍼러리 패션의 기준을 제시했다고 해도 과언이 아니다. 지금은 뉴욕에만 9개의 지점이 있고 미국 전역을 비롯 일본까지 25개 지점을 운영할 만큼 규모가 크다. 이 숍은 유일한 아웃렛 매장으로 시즌이 지난 물건을 할인된 가격으로 판매한다. 할인을 해도 비싸지만 추가 할인 품목도 있으니 너무 실망하지 말길.

1 센스가 돋보이는 알록달록한 양말들 **2** 남녀 섹션을 두루 갖추고 있으며 사이즈와 재고도 넉넉하다. **3** 합리적인 가격대의 로퍼가 다양하다. **4** 심플한 디자인의 식기도 판매한다.

제이바스 **Zabar's**

Add. 2245 Broadway, New York, NY 10024
Tel. (212) 787-2000
Open 월~금요일 07:00~19:30, 토요일 07:30~19:30, 일요일 08:00~18:00
Access 1 라인 79th St. 역
URL www.zabars.com

180년 전통의 동네 터줏대감

180년간 어퍼웨스트사이더들의 반찬 가게 역할을 해온
동네 터줏대감. 매주 8000파운드의 커피와 훈제 고기,
갓 구운 크니시, 수십 종류의 올리브, 각종 절임, 칼로 뚝
뚝 썰어 파는 치즈 등을 판매한다. 일주일에 다녀가는 손
님만 4만 명이 넘는다고. 키친웨어를 판매하는 2층은 셀
렉션이 다양한 데다 시중보다 저렴한 가격에 판매해 인기
가 높다. 제이바스를 대표하는 기념품도 다양하게 구비
하고 있다.
1층 입구 바로 옆에는 셀프서비스 카페가 있는데, 크기는
작아도 랍스터 샐러드로 속을 채운 크루아상을 비롯해
맛있는 음식이 많아 만족도가 높다.

1 명성에도 불구하고 체인을 늘리지 않는 뚝심 있는 동네 식료품점 **2** 사람들로 가장 붐비는 베이커리 코너는 원두 코너와 이웃해 있다. **3** 2층으로 올라가는 계단에 위치한 캐릭터 제품 코너 **4** 키친용품에 관한한 무한 선택의 기회를 제공한다.

사봉 Sabon

Map
P.476-I

Add. 2052 Broadway, New York, NY 10023
Tel. (212) 362-0200
Open 1~4월 월~토요일 10:00~21:00, 일요일 11:00~20:00 /
5~12월 월~토요일 10:00~22:00, 일요일 11:00~20:30
Access 1·2·3 라인 72nd St. 역
URL www.sabonnyc.com

어퍼웨스트에서 출발한 목욕용품점

사해와 그 주변에서 나는 과일, 꽃 등 천연 재료를 이용
해 만든 목욕용품 숍. 어두운 원목 선반에 비치된 알록달
록한 비누와 병에 든 목욕용품, 제품을 체험해볼 수 있도
록 우물가처럼 만들어놓은 핸드 워싱 스테이션이 눈길을
사로잡는다. 사봉의 향은 뉴욕의 향기로 각인될 만큼 중
독성이 강한데, 뉴욕의 건조한 겨울을 지내는 데 사봉 크
림만큼 효과도 좋고 향도 좋은 제품은 없는 듯하다. 그
리니치(434 6th Ave.)에 있는 1호점을 비롯해 뉴욕 전역
에 12개의 매장이 있다. 비누와 핸드 로션을 제외한 모든
제품이 병 포장이어서 여행자에게는 여러모로 아쉬웠는
데 요즘은 작은 사이즈의 여행용품도 나와 만족스럽다.
자극적이지 않은 향긋한 천연 향이 최고다.

1 매장 입구에 들어서기 전부터 사봉의 향긋한 비누 향을 맡을 수 있다. **2** 많은 사람으로 북적이는 사봉 매장 내부 **3** 사봉의 유명한
배스 볼. 욕조에 떨어뜨리면 녹으면서 꽃 한송이가 남는다. **4** 알록달록 예쁜 비누와 향초는 기념선물로 좋다.

아트 앤드 디자인 박물관 숍 Shops at the Museum of Arts and Design

Add. 2 Columbus Circle, New York, NY 10019
Tel. (212) 299-7777
Open 월·수·금·토요일 10:00~19:00, 목요일 10:00~21:00, 일요일 10:00~18:00
Access 1·A·B·C·D 라인 59th St. - Columbus Circle 역
URL www.madmuseum.org

수공예품을 판매하는 인기 박물관 숍

2008년 개관한 아트 앤드 디자인 박물관(MAD) 1층에 위치한 기념품 숍으로 미국에서 활동하는 아티스트들의 창의적이고 예술적인 수공예품을 판매한다. 박물관 전시와 관련된 기념품 외에도 다양한 수공 보석, 장신구, 디자인 오브젝트, 장식성이 뛰어난 인테리어 소품, 옷과 머플러 등 박물관이 추구하는 디자인과 장인 정신을 잘 보여주는 상품으로 가득하다.

1 예술과 공예가 밀접하게 연결되어 있음을 보여주는 각종 기념품을 만날 수 있다. **2** 콜럼버스 서클의 또 다른 랜드마크로 떠오른 아트 앤드 디자인 박물관 외관 **3, 4, 5** 판매 중인 아티스트들의 수공 제품

소울과 재즈의 고향, 할렘 Harlem

P.491-C

뉴욕 최대의 흑인 거주지이자 빈민가의 상징이었던 할렘. 원래는 백인 중산층을 위해 개발했지만 1880년대 말을 기점으로 경제적으로 어려운 흑인들이 많이 살게 되면서 총기 사고가 끊이지 않는 우범 지대로 악명이 높았다. 1920년대부터 1940년대까지는 빌리 홀리데이Billy Holiday, 제임스 볼드윈James Baldwin 같은 20세기 흑인 문화인들이 125번가를 중심으로 왕성하게 활동한 흑인 문화의 산실이자 1960년대에는 흑인 운동의 중심지이기도 했다. 하지만 1970년대를 거치며 또다시 우범 지역으로 추락하는가 싶더니 재개발 붐이 일면서 스타벅스, H&M, 올드 네이비 같은 대형 체인 브랜드들도 빠르게 늘어나고 있다. 무엇보다 클린턴 대통령 퇴임 후 아폴로 극장 옆에 사무실을 열면서 할렘의 위상이 크게 달라졌다.

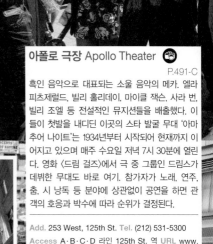

아폴로 극장 Apollo Theater 🎭

P.491-C

흑인 음악으로 대표되는 소울 음악의 메카. 엘라 피츠제럴드, 빌리 홀리데이, 마이클 잭슨, 사라 번, 빌리 조엘 등 전설적인 뮤지션들을 배출했다. 이들이 첫발을 내디딘 이곳의 스타 발굴 무대 '아마추어 나이트'는 1934년부터 시작되어 현재까지 이어지고 있으며 매주 수요일 저녁 7시 30분에 열린다. 영화 〈드림 걸즈〉에서 극 중 그룹인 드림스가 데뷔한 무대도 바로 여기. 참가자가 노래, 연주, 춤, 시 낭독 등 분야에 상관없이 공연을 하면 관객의 호응과 박수에 따라 순위가 결정된다.

Add. 253 West, 125th St. Tel. (212) 531-5300 Access A·B·C·D 라인 125th St. 역 URL www.apollotheater.org Price 아마추어 나이트 티켓 $20부터 Tour 월·화·목·금요일 11:00, 13:00, 15:00, 수요일 11:00, 토·일요일 11:00, 13:00

실비아스 Sylvia's  P.491-C

1962년부터 소울 푸드의 여왕으로 군림해온 실비아 우드의 레스토랑으로, 대표적인 소울 푸드를 맛볼 수 있다. 지금은 그녀의 손녀가 운영한다. 미국 남부의 흑인 가정 요리를 뜻하는 소울 푸드는 바비큐, 프라이드치킨, 폭찹 같은 푸짐한 음식이다. 특히 일요일 브런치 타임에는 가스펠 공연을 감상하면서 와플에 치킨을 얹어 내오는 대표적인 소울 푸드인 치킨 와플을 맛볼 수 있다.

Add. 328 Lenox Ave.(126th~127th St.)
Tel. (212) 996-0660 Open 월~토요일 08:00~22:30, 일요일 11:00~20:00 Access A·B·C·D 라인 125th St. 역 URL www.sylviasrestaurant.com

센트럴 파크 Central Park

P.476-F

맨해튼 도시 한복판에서 오아시스 역할을 하는 센트럴 파크는 4개의 애버뉴와 50개의 스트리트로 이루어져 있을 만큼 큰 규모도 인상적이지만 다양한 행사로 더욱 매력적인 공간이다. 수목길, 동물원, 스케이트장, 곳곳의 어린이 놀이터, 보트장 등 남녀노소 모두에게 휴식과 즐거움을 제공하는 장소이다. 한편으로는 여러 면에서 대결 구도에 있는 어퍼웨스트사이드와 어퍼이스트사이드를 가르는 경계 역할도 한다. 매년 가을에 열리는 뉴욕 마라톤의 종착지이기도 하며, 공원 안에서 달리고 걷고 자전거를 타는 모습을 날씨에 상관없이 1년 내내 볼 수 있다. 새해를 알리는 자정 불꽃놀이와 함께 시작되는 경주인 에메랄드 너츠 미드나잇 런Emerald Nuts Midnight Run은 그야말로 뉴요커의 극성스러운 면을 보여준다.

여름에는 다양한 문화 행사가 펼쳐지는데 뉴욕 필하모니, 메트로폴리탄 오페라의 야외 공연과 더불어 셰익스피어 연극이 대표적이다. '서머 스테이지'라는 이름으로 럼지 플레이필드Rumsey Playfield 무대에서 재즈와 인디 음악을 중심으로 한 음악 공연이 무료로 열린다(www.summerstage.org). 공원 가까이에 메트로폴리탄 박물관, 미국 자연사 박물관, 구겐하임 미술관, 링컨 센터 등이 있으니 뉴욕 프레첼과 핫도그를 손에 들고 산책하면서 여유 있는 시간을 보내는 것도 좋다.

Access A·B·C·D 라인 59th St. - Columbus Circle 역 또는 N·Q·R 라인 5th Ave. - 59th St. 역 URL www.centralparknyc.org Info. 8th Ave. 역의 콜럼버스 서클 입구로 들어오면 보이는 인포메이션 센터에서 무료 공원 지도를 받을 수 있다.

센트럴 파크 추천 코스
Central Park Best Course

워낙 넓어 하루에 다 둘러보기도 어렵고 초보자인 경우 길을 잃기 십상이다. 일정이 빠듯한 여행자라면 무작정 다니기보다는 코스를 대략 정하고 둘러보는 것이 비결. 가장 일반적인 추천 코스는 어퍼웨스트를 기준으로 했을 때 59번가 콜럼버스 서클이 있는 남쪽 입구로 들어가 십 메도The Sheep Meadow, 시인의 산책길로 불리는 몰The Mall, 베데스다 분수Bethesda Fountain를 거쳐 서쪽 72번가 존 레넌 추모 광장인 스트로베리 필즈Strawberry Fields로 나오는 것. 어퍼이스트로 나가려면 몰에서 동쪽으로 방향을 잡아 보트 하우스를 지나 아래쪽 트럼프 울먼 링크를 구경하고 피프스 애버뉴가 시작되는 입구로 나간다.

로엡 보트하우스 센트럴 파크
The Loeb Boathouse Central Park

영화 〈해리가 샐리를 만났을 때〉에 나오는 호수 주변의 레스토랑으로, 보트 타는 사람이 많은 날씨 좋은 날이나 단풍이 멋진 계절에 로맨틱한 점심을 즐길 수 있는 곳. 부모님이나 연인과 함께라면 이보다 더 멋질 순 없다. 애피타이저인 크랩 케이크가 인기인데 양도 많고 맛도 나쁘지 않다. 미리 예약하고 가는 것이 좋다.

Tel. (212) 517-2233 Open 브런치 09:30~16:00 / 점심 12:00~16:00 / 저녁(4~11월) 월~금요일 17:30~21:30, 토·일요일 18:00~21:30
Access 어퍼이스트에서 접근 시 72nd St. 부근 로엡 보트하우스 센트럴 파크 옆.
URL www.thecentralparkboathouse.com

센트럴 파크의 탈것

관광 마차 5번가와 8번가 남단에 줄지어 늘어서 있으며 4명까지 탈 수 있다. 20분에 $50, 10분마다 $20씩 추가.

자전거 인력거 주로 청년들이 끌어주는 2인승 자전거로 1시간에 $120.

자전거 4∼10월에만 대여한다. 2시간에 투어 코스($45)를 이용해도 좋고 로엡 보트하우스 센트럴 파크에서 자전거를 대여(10:00∼18:00, 시간 당 $9∼15)할 수도 있다.
URL www.centralparkbiketour.com

센트럴 파크를 즐기는 5가지 방법

1. 뉴요커처럼 조깅하기

어퍼웨스트라면 59번가 콜럼버스 서클에서 72번가까지, 어퍼이스트에서는 5번가로 들어가 그림 같은 재클린 케네디 오나시스의 저수지를 따라 돌아보자.

2. 맛있는 도시락 싸서 피크닉 가기

이곳은 잔디만 있으면 어디든 자리를 펼 수 있다. 봄과 가을, 드넓은 공원의 나무 아래마다 깔려 있는 피크닉 담요를 보면 뉴요커들이 얼마나 피크닉을 즐기는지 짐작할 수 있다. 준비물은 선글라스, 도시락 그리고 잔디에 깔 돗자리 또는 담요. 그늘 없이 선탠만 즐기고 싶다면 남쪽 스카이라인이 병풍처럼 둘러싼 십 메도나 72번가에서 가까운 그레이트 론Great Lawn으로 간다. 아이들이 놀기에 좋은 아담한 벨베데르 성Belvedere Castle은 로맨틱한 유럽 분위기를 자아낸다.

3. 한여름의 다양한 문화 공연 즐기기

7∼8월에는 메트로폴리탄 오페라와 뉴욕 필하모닉, 유명 배우들이 출연하는 셰익스피어 연극 등 시민을 위한 무료 공연이 다양하게 펼쳐진다. 보통 저녁 7시쯤 시작하는데, 오후 3∼4시부터 자리를 잡아야 할 만큼 사람이 많아 단단히 각오해야 한다.

4. 트럼프 울먼 링크Trump Wollman Rink에서 스케이트 타기

영화 〈러브스토리〉, 〈나 홀로 집에〉, 〈세렌디피티〉의 배경으로 등장해 유명한 스케이트장. 여름인 3∼8월에는 롤러스케이트장으로 운영된다. 맨해튼의 울창한 빌딩 숲으로 둘러싸여 있어 밤이 되면 뉴욕의 어떤 스케이트장 보다 분위기 있다. 요금은 저렴한 편이며, 카메라를 가지고 입장할 수 없다.

5. 센트럴 파크의 놀이터

아이가 있는 여행자라면 센트럴 파크 놀이터야말로 아이에게 줄 수 있는 최고의 선물이 아닐까 싶다. 남단 중앙의 놀이터는 거대한 바위와 성벽, 워터플레이까지 갖추고 있다.

뉴욕 대학교 VS 컬럼비아 대학교

뉴욕 대학교
New York University
P.483-F

비싼 등록금으로 유명한 미국 최대의 사립 대학으로, 1831년 제퍼슨 대통령 시절 재무장관이었던 알버트 갤러틴이 설립했다. 자유로운 교풍에 맨해튼 시내라는 위치 때문에 미국 학생들이 가장 가고 싶어 하는 대학교이기도 하다. 스파이크 리, 올리버 스톤 등 영화와 예술 관련 유명인을 많이 배출한 TV·영화 학부가 인기다. 다른 대학교와 달리 캠퍼스와 건물이 한곳에 모여 있지 않고 워싱턴 스퀘어 파크 주변 여기저기에 흩어져 있다. 거리를 걷다 횃불 그림과 함께 'NYU'라고 적혀 있는 거대한 보라색 깃발이 걸린 건물이 보이면 그게 바로 뉴욕 대학교 건물이다. 워싱턴 스퀘어 파크 동남쪽에는 학생회관과 본관, 경영 대학원, 기숙사 건물이 있다.

Add. 22 Washington Sq.
Access N·R 라인 8th - NYU 역
URL www.nyu.edu

컬럼비아 대학교
Columbia University
P.491-C

1754년에 개교한 컬럼비아 대학교는 미국 동부의 아이비리그 8개 대학 중 하나로, 4명의 미국 대통령과 93명의 노벨 수상자를 배출한 명문이다. 뉴욕의 다른 대학교와 달리 넓은 캠퍼스와 대학촌을 형성하고 있다. 할렘에 인접해 있어 위험하다는 인식이 있지만 요즘은 할렘 자체가 안전해 크게 문제 될 것이 없다. 다만 인적이 드물기 때문에 밤에는 돌아다니지 않는 게 좋다. 116번가 브로드웨이에 있는 교문을 지나 들어가자마자 만나는 건물이 대학의 랜드마크인 도서관. 신고전주의 양식으로 지은 거대한 화강암 돔의 건물은 지성의 전당으로서의 당당함과 위엄이 느껴진다. 캠퍼스에서는 이 대학교에 입학하기를 꿈꾸는 예비 학생들의 투어를 심심찮게 만날 수 있다. 주중에 로 도서관Low Library 내의 비지터 센터에 가면 무료 투어에 참가할 수 있다.

Add. 213 Low Library, West, 116th St. Access 1 라인 116th St. - Columbia University 역
URL www.columbia.edu

컬럼비아 대학교 주변 추천 스폿

커뮤니티 푸드 & 주스
Community Food & Juice

딱히 맛집이라고는 없던 이곳에 생겨난 레스토랑. 로어이스트에서 유명한 브런치 스폿 클린턴 스트리트 베이킹Clinton Street Baking과 같은 집이다. 당연히 어떤 메뉴를 시켜도 환상적이다. 주변 식당에 비해서 값이 조금 비싼 게 학생들의 불만이지만 다운타운까지 내려가지 않아도 맛있는 음식을 먹을 수 있으니 교통비를 아꼈다고 생각하는 수밖에.

Add. 2893 Broadway
Tel. (212) 665-2800
Open 일~목요일 08:00~15:30, 17:00~21:30, 금요일 08:00~15:30, 17:00~22:00, 토요일 09:00~15:30, 17:00~22:00
Access 1 라인 116th St. - Columbia Universty 역
URL www.communityrestaurant.com

헝가리안 페이스트리 숍
Hungarian Pastry Shop

존 더 디바인 성당 맞은편에 있으며 알록달록한 헝가리 과자와 케이크로 유명하다. 값싸고 공부하기에도 좋은, 딱 대학가 카페 분위기다.

Add. 1030 Amsterdam Ave.
Open 월~금요일 08:00~23:30, 토요일 08:30~23:30, 일요일 08:30~22:30
Access 1 라인 116th St. - Columbia University 역

몬델 초콜릿
Mondel Chcolate

여배우 캐서린 헵번이 세계 최고라고 인정하면서 유명해졌지만 그저 옛사람의 말일 뿐. 지금은 순수한 대학생에게 어울리는 대학가의 추억이 깃든 아담하고 소박한 초콜릿 가게다.

Add. 2913 Broadway
Tel. (212) 864-2111
Access 1 라인 116th St. 역
URL www.mondelchocolates.com

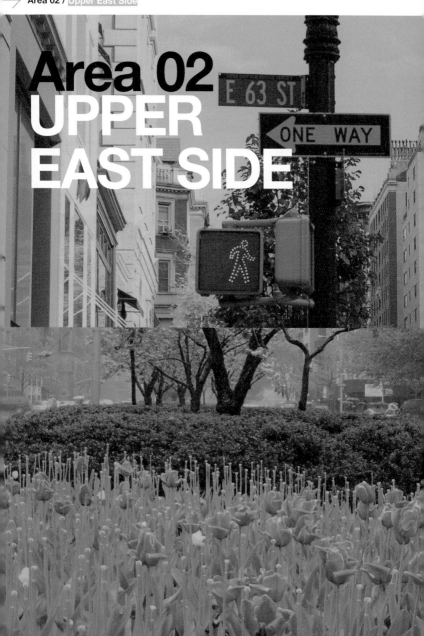

Area 02
UPPER
EAST SIDE

어퍼이스트사이드
UPPER EAST SIDE

● 센트럴 파크 동쪽 부분에 해당하는 피프스 애버뉴는 흔히 백만장자의 거리로 불리는 곳으로 예스러운 화강암 저택, 고급 사립 학교와 클래식한 호텔이 들어서 있다. 프릭 컬렉션, 구겐하임 미술관, 메트로폴리탄 박물관, 노이에 갤러리, 뉴욕 현대 미술관 등이 위치해 우리에게 뮤지엄 마일로 잘 알려져 있는 곳이기도 하다. 상권이 형성되어 있는 매디슨 애버뉴는 75번가 휘트니 미술관까지 이어진 눈부신 명품 브랜드 거리. 그 위로 더 올라가면 동네 사람들이 다니는 고급 부티크와 레스토랑이 자리 잡고 있다. 그야말로 뉴욕에서 손꼽히는 부자들이 사는 곳이다 보니 보모를 동반하고 다니는 아이들도 쉽게 눈에 띈다.

대사관이 많으며, 도로 조경이 훌륭한 파크 애버뉴를 지나 렉싱턴 애버뉴까지가 어퍼이스트에 해당한다. 그다음 이스트 강까지는 평범한 서민들의 주택지라 동네 사람이 아닌 이상 굳이 찾아갈 필요는 없다.

Access
가는 방법

N·Q·R 라인 5th Ave. - 59th St. 역
방향 잡기 59번가 센트럴 파크 동쪽 입구로 올라와 원하는 박물관까지 버스를 타고 이동하는 게 가장 좋다. 날씨가 좋은 날에는 그나마 가까운 지하철역에서 내려 동네를 구경하며 걷는 것도 좋은 방법이다.

메트로폴리탄 박물관

86th St.

도보 10분

버스 M 1·2·3·4번 5분

도보 20분

5th Ave. - 59th St.

Check Point

●지하철 노선이 적은 남북 방향으로 이동할 때는 버스를 이용하는 게 가장 편리하다. 그렇지 않다면 튼튼한 두 다리로 걷기!

●박물관은 사람이 붐비기 전인 오전에 움직이는 게 좋다. 워낙 방대한 전시실을 둘러봐야 하는 만큼 아침을 든든히 먹고 가벼운 스낵을 사 메트로폴리탄 박물관 계단에서 먹는 것도 재미있다.

Plan
추천 루트

무지엄 마일로 알려진
명품 거리에서의 하루

08:30 | 매디슨 애버뉴 Madison Ave.
지하철에서 내려 오른쪽 매디슨 애버뉴에서
버스를 타고 83가로 간다.

도보 1분

메트로폴리탄 박물관 | **09:00**
The Metropolitan Museum
미국을 대표하는 최대 규모의 박물관

도보 10분

13:00 | 비아 콰드론노
Via Quadronno
사랑스러운 카페에서 맛있는
이탈리아 가정식으로 점심 식사

도보 3분

프릭 컬렉션 | **14:00**
Frick Collection
백만장자의 저택에서
주옥 같은 예술 작품 감상하기.

도보 20분

15:30 | 앨리스 티 컵 Alice's Tea Cup
박물관을 돌아본 후 여유롭게
즐기는 애프터눈 티타임

도보 10분

16:45 | 딜런스 캔디 바
Dylan's Candy Bar
캔디의 나라에서
동심의 세계에 빠져보자.

도보 10분

17:20 | 바니스 뉴욕 Barney's New York
뉴욕의 최신 트렌드를 한눈에 알 수 있는
부티크 백화점

위풍당당 계단을 배경으로
기념 사진을 찍어보자.

메트로폴리탄 박물관 The Metropolinta Museum

Add. 1000 5th Ave., at 82nd St., New York, NY 10028
Tel. (212) 535-7710
Open 일~목요일 10:00~17:30, 금·토요일 10:00~21:00
Access 버스 M 1·2·3·4번 Madison Ave., 83rd St. 정류장
Admission Fee 성인 $25, 학생 $12 *원하는 만큼 기부금을 내고 입장 가능
URL www.metmuseum.org

★ ★ ★
2015 New Sopt

미국 최대 규모의 박물관

메트Met라는 애칭으로 불리며 영국의 대영 박물관, 프랑스의 루브르 박물관과 함께 세계 3대 박물관으로 손꼽힌다. 선사시대부터 현재까지 세계 각지의 유물과 예술품을 전시한다. 각 작품을 1분씩만 감상해도 13개월이 걸린다고 하니 규모가 정말 어마어마하다. 그중에서도 인상주의와 후기 인상주의 작품은 꼭 챙겨 봐야 할 컬렉션. 총 17개의 분야별 관이 있으며, 각각 영구 전시와 특별 전시로 운영한다. 봄부터 가을까지는 금·토요일에 한해 5층 야외 테라스를 오픈한다. 이곳에서 뉴욕 도심과 센트럴 파크의 야경을 바라보며 가볍게 한잔 하는 것도 좋다. 입장할 때 박물관 지도를 챙기는 것도 잊지 말 것. 도슨트 대여는 $7, 개인 스마트폰이 있으면 앱을 활용할 수도 있다. 무료 가이드 투어(한국어 가능, 10:15~16:00에 15분 간격으로 시행, 문의는 안내 데스크)도 있다.

Tip 효율적인 관람 방법

그날 보고자 하는 주제를 정해 관람실 위치를 확인한 후 이동한다. 1층은 주로 고대부터 중세까지의 소장품. 2층은 유럽과 미국의 고전 및 근현대 작품을 전시한다. 특히 800번대의 전시실은 19~20세기 유럽 거장들의 유명 작품이 모여 있으니 시간이 많지 않을 때는 이곳만 방문해도 충분하다. 일반적으로는 1층 중앙 홀 우측 매표소에서 티켓 구매 → 이집트관 → 2층으로 이동해 미국관 → 18~20세기 유럽 회화관 → 중동관 → 1층으로 이동해 중세관 순으로 관람한다.

1 1층 홀 중앙 인포메이션 센터에서 박물관 지도를 꼭 챙기자. **2** 좌측 입구로 통하는 길에는 그리스 로마 조각상이 있다. **3** 기념품 숍에서 판매하는 다양한 화첩

메트로폴리탄 박물관에서 놓칠 수 없는 대표작 및 전시관

이집트관 Egyptian Art
덴두 사원 Temple of Dendur
- 1층 노스 윙 North Wing

BC 15년 로마 황제 아우구스투스 황제의 명에 의해 건립한 이집트 사원으로 이집트의 신 아이시스와 오시리스, 그들의 아들들을 기리기 위해 지은 신전이다. 유네스코의 도움을 받아 1963년 이집트에서 미국으로 옮겨져 1978년 이곳에 소장됐다. 신전 입구는 장대함이 느껴진다. 특히 메트로폴리탄 박물관의 바닥부터 천장까지 이어지는 유

리 벽으로 장식된 북쪽 날개 부근에 전시되어 있어 가장 아름다운 공간으로 꼽히기도 한다.

19~20세기 유럽 회화관 European Paintings
14세의 춤추는 소녀 Edgar Degas, The little Fourteen-year-old Dancer, 1880년 - 815관

수많은 발레리나 그림으로 유명한 인상파 대가 에드가 드가의 유명한 브론즈 동상. 이곳에는 우리에게 익숙한 '발레수업 Dancing Class', '리허설 무대 The Rehersal of the Ballet Onstage' 등 다수의 그림을 포함해 그의 댄서 조각만 모은 작은 방이 마련되어 있다. 이 동상은 그중에서 가장 돋

보이는 걸작으로 작품의 모델은 파리 오페라 발레단 학생이다. 세밀한 표정, 서 있는 자세뿐만 아니라 브론즈 재질에 코튼 스커트와 새틴 헤어 장식까지 사용해 모델에 대한 각별한 관심이 명백하게 드러난 작품이다.

사이프러스가 있는 밀밭 Vincent Van Gogh, Wheat with Cypresses, 1889년 - 823관

메트로폴리탄 박물관에는 10여 점의 빈센트 반 고흐 작품을 전시되어 있다. 이 그림은 반 고흐가 생 레미 정신병원에 입원해 있던 1년 동안 삼나무와 올리브 나무가 점점이 흩어져 있는 프로방스의 전원을 그린 연작 중 하나다. 반 고흐는 햇살이 내리쬐는 풍경을 그의 여름 작품 중 최고로 보고 이 구도를 3차례나 반복해 그렸다고 한다.

생타드레스의 테라스 Claude Monet, Garden at Sainte-Adresse, 1867년 - 818관

수련 연작으로 잘 알려진 인상파 화가 모네의 작품. 영국해협 부근의 생타드레스라는 휴양지에서 여름을 보내며 그린 그림으로 위에서 아래를 내려다보는 시점과 비교적 균일한 크기의 수평 공간에 바람에 나부끼는 깃발이 묘한 긴장감을 불러일으킨다. 모네는 이 그림을 '깃발이 있는 중국식 그림'이라 불렀는데 당시 많은 인상파 화가들이 화려한 일본 목판화에서 영감을 받았다고 한다. 환상주의와 표면의 2차원성이 자아내는 미묘한 긴장감은 모네 스타일의 중요한 특징으로 평가되며 이 작품 역시 모네의 화풍이 잘 드러나 있다.

미국관 The American Wing

델라웨어 강을 건너는 워싱턴 Emanuel Leutze, Washington Crossing the Delaware, 1851년 – 760관

미국 건국 역사상 기념비적인 사건을 다룬 그림으로 당시 초대 대통령으로 추대되었던 워싱턴 장군이 델라웨어 강을 건너가 전세를 역전시킨 상황을 묘사했다. 교과서에 실린 것은 물론 미국인이라면 누구나 어린 시절부터 보았던 그림으로 일부 역사적 부정확성에도 불구하고 미국 미술에서 가장 유명하고 널리 출판되는 그림 중 하나다. 압도적인 사이즈부터 볼거리.

마담 엑스 Madame X, John Singer Sargent, 1883~842년 – 771관

루이지애나 태생의 파리 명사 비르지니 아밀리 아베뇨 코트로의 초상. 존 싱어 사전트는 유명한 초상화가로 현재 백악관에 걸려 있는 2명의 대통령(루스벨트, 윌슨) 초상도 그가 그렸다. 이 그림은 명성에 굶주린 화가의 젊은 시절, 당시 파리 사교계에서 유명한 여성이었던 코트로를 그려 주목받으려 그림보다 그림에 얽힌 스캔들로 조롱거리가 된 스토리로 더 유명하다. 드레스의 어깨끈을 떨어뜨려 그린 것이 선정적인 논쟁거리가 된 것. 이후 그림을 수정해 간직하고 있던 사전트가 먼 훗날 메트로폴리탄 박물관에 이 그림을 팔며 자신이 가장 아끼는 그림이라 고백했다는 일화가 전해진다.

중동관 Islamic Art

– 2층 450~464관

이슬람 미술 소장품은 7세기부터 19세기까지의 작품이 주를 이루며 아랍의 여러 나라, 터키, 이란, 중앙아시아와 남아시아의 후기 작품을 포함한다. 고대 이슬람 지역의 도기와 직물부터 메소포타미아 페르시아의 유리·금속공예, 궁정 세밀화, 16~17세기의 양탄자 등 포괄적인 상설 전시가 이루어지고 있다. 이슬람 특유의 기하학적 문양이 감탄을 자아내는데 18세기 초 시리아인이 살았던 저택의 방과 15세기 모로코 궁정을 재현해놓은 곳을 추천한다.(메트로폴리탄 박물관 가이드 북 참조)

무기 & 갑옷관 Arm & Armor

– 1층 370~380관

남자아이들이 가장 좋아하는 섹션 중 하나로 중세 기사의 멋진 갑옷과 무기를 볼 수 있다. 미국에서는 유일하며 무기 갑옷 분야에서는 전 세계적으로 가장 방대한 양과 뛰어난 소장품을 보유하고 있다. 특히 무기류의 기술적 부분이나 흥미 위주보다 디자인과 장식적 측면을 강조한 컬렉션을 추구하는데 현재 상설 전시하는 작품은 주로 5세기부터 19세기 후반까지의 작품 1000여 점이며 유럽, 근동 지역을 다루며 일본, 인도, 이슬람 문화권 작품도 볼 수 있다. (메트로폴리탄 박물관 가이드 북 참조)

그리스 & 로마관 Greek & Roman Art

– 1·2층 150~176관

유럽 문명의 태동을 볼 수 있다. 그리스의 대두와 융성기, 알렉산더 대왕과 그의 계승자들 그리고 로마 제국의 위업에 관해 연대순으로 정리되어 있다. 이 중 특히 박물관에서 자랑하는 분야는 키프로스의 조각, 그리스의 채색 도기, 로마의 대리석, 청동제 초상, 로마 벽화 등이다. 유리와 금으로 만든 세공품은 세계에서 가장 훌륭한 컬렉션에 속하며 아티카의 아르카이크 양식 조각은 아테네에 이어 2번째로 뛰어난 컬렉션을 자랑한다.(메트로폴리탄 박물관 가이드 북 참조)

클로이스터스 The Cloisters

Map P.474-A

Add. 99 Margaret Corbin Drive, Washington Heights, New York, 10040
Tel. (212) 923-3700
Open 3~10월 10:00~17:15, 11~2월 10:00~16:45
Admission Fee 성인 $25, 학생 $12, 65세 이상 $17 *원하는 만큼 기부금을 내고
입장 가능
Access A 라인 190th St. 역 또는 버스 M 4번 The Cloisters Museum 정류장

★★★
2015 New Sopt

메트로폴리탄 박물관의 별관

뉴요커들이 지인에게 꼭 추천하는 장소가 있다면 바로
이곳, 메트로폴리탄 박물관의 북쪽 별관 클로이스터스
다. 허드슨 강을 굽어보는 언덕 위에 12~15세기의 유럽
수도원을 그대로 복원한 곳으로 그 자체도 구경거리다.
중세 예술품 2만 점과 15세기 태피스트리를 전시하고 있
다. 경치도 좋지만 수도원의 한적함과 평화로움이 뉴욕
어느 곳에서도 느낄 수 없는 특별함을 선사해 뉴요커에
게 사랑받고 있다. 카페가 있는 정원 회당 쪽에 앉아 휴
식을 취하며 맨해튼의 복잡함을 잠시 내려놓아도 좋다.
메트로폴리탄 박물관 티켓이 있으면 당일 입장에 한해
무료다. 메트로폴리탄 박물관보다 빨리 문을 닫으니, 오
전 관람을 마치고 매디슨 스퀘어 애버뉴로 건너가 M 4번
버스를 타고 다녀오는 것도 방법.

1 언덕 위에 위치한 고요한 성채 2 경건한 분위기의 작은 예배당 3 카페가 있는 중앙 정원 4 수도원의 냉기가 느껴지는 복도

노이에 갤러리 Neue Gallerie

Add. 1048 5th Ave., New York, NY 10028 **Tel.** (212) 628-6200
Open 11:00~18:00 *오픈 15분 전에 가는 것이 가장 좋다.
Close 화·수요일
Access 버스 M 1·2·3·4번 Madison Ave. - 86th St. 정류장
Admission Fee 성인 $20, 학생·65세 이상 $10 *12세 미만 입장 불가
URL www.neuegalleriEast.org

★★★

2015 New Sopt

뮤지엄 마일의 작지만 보석 같은 존재

1시간이면 충분히 둘러볼 수 있을 만큼 작은 규모지만 임팩트가 최고인 곳. 20세기 초 독일과 오스트리아 미술품을 다루는데, 그중에서도 구스타프 클림트와 에곤 실레의 대표작을 볼 수 있다. 특히 유명한 구스타프 클림트의 〈아델레 블로흐-바우어의 초상〉. 바우어가 입은 금빛 드레스는 경이로운 아름다움을 전한다. 장소가 넓지 않아 입장객 수를 제한하므로 오픈 30분만 지나도 대기하는 줄이 길어 건물 밖에서 기다려야 하며, 로비에서도 사진 촬영을 금지할 만큼 까다로운 관람 규칙을 요구하지만, 여전히 많은 사람들이 다녀가고 있다.

기다리는 것이 싫다면 1층 카페 사바스키Café Sabarsky에 들러 시간을 보내고 첫 입장을 기다리는 것도 나쁘지 않다. 매월 첫째 금요일 18:00~20:00까지 무료로 개방하며 도슨트도 무료로 대여해준다.

1 오픈 30분 만에 밖으로 늘어선 줄 **2, 3** 노이에 갤러리의 대표작 〈아델레 블로흐-바우어의 초상〉 **4** 유럽 어린이들이 그린 〈뉴욕을 방문한 아델레 블로흐-바우어의 초상〉

건물 자체가 예술. 로툰다
홀에서 즐기는 미적 체험

구겐하임 미술관 Guggenheim Museum

Add. 1071 5th Ave., at 89th St., New York, NY 10028
Tel. (212) 423-3618
Open 일~수·금요일 10:00~15:45, 토요일 10:00~19:45 Close 목요일
Access 버스 M 1·2·3·4번 Madison Ave., 91st St. 정류장
Admission Fee 성인 $25, 학생·65세 이상 $18, 12세 미만 무료
URL www.guggenheim.org

★★★
2015 New Sopt

기념비적 건축물로 유명한 근현대 미술관

달팽이 건물이라고도 불리는 구겐하임 미술관은 유명 건축가 프랭크 로이드 라이트의 작품이다. 층계를 오르지 않아도 꼭대기 층으로 자연스럽게 걸어갈 수 있는 나선형 구조인데, 1층 원형 공간 로툰다Rotunda에서 올려다보면 정말 멋지다. 19세기 대부호 구겐하임의 넷째 아들이 설립한 근현대 미술관으로 인상주의부터 추상주의에 이르는 작품 6000점 이상을 소장하고 있다. 로툰다에서는 특별전, 별관에서는 현대 미술과 상설 전시가 열린다. 작은 로툰다인 탄호이저 갤러리Thannhauser Collection에 주요 작품이 많으며, 피카소와 칸딘스키 작품은 3층에 집중적으로 전시되어 있다.

토요일 17:45~19:45에는 기부금 입장이 가능하고, 도슨트를 무료로 대여해준다. 스마트폰 앱을 통해 가이드 자료를 볼 수 있다.

1 올라갈 때는 느끼지 못했던 건물 높이에 아찔하다. **2** 복도에 위치한 예술품도 그냥 지나칠 수 없다. **3** 거미집이 연상되는 천장 디자인 **4** 특별전을 소개하는 포스터

백만장자의 저택임이
실감나는 실내 인테리어

Add. 1 East, 70th St., New York, NY 10021
Tel. (212) 288-0700
Open 화~토요일 10:00~18:00, 일요일 11:00~17:00 Close 월요일
Access 버스 M 1·2·3·4번 Madison Ave., 69th St. 정류장
Admission Fee 성인 $20, 학생 $10, 65세 이상 $15 *10세 미만 입장 불가
URL www.frick.org

★★★
2015 New Sopt

백만장자의 저택을 거닐다

피프스 애버뉴의 뮤지엄 마일 시작점에 위치한 이곳은 철광왕으로 불리던 헨리 클레이 프릭의 저택이다. 좀 더 위쪽에 있는 동시대 거부 카네기의 저택(현, 쿠퍼 휴인 디자인 박물관)과 경쟁하려 했다는 일화가 전하듯 개인 저택이라 하기에는 규모가 거대하며 아름다운 건축과 실내를 자랑한다. 르네상스에서 인상파까지 아우르는 주옥같은 작품의 면면도 훌륭하지만, 백만장자의 집에 초대되어 작품을 감상하는 듯한 착각에 빠지게 된다. 서재, 응접실, 정원, 파티가 열렸던 거실, 아름다운 벽화로 장식된 아이 방, 회랑까지 작품을 감상하며 상상의 나래를 펼쳐보자. 특히 베르메르의 작품 3점을 보유하고 있어 화제가 되었는데 현재는 1점만 전시되고 있다. 사진 촬영은 실내 정원에서만 허용된다. 일요일 11:00~13:00에는 기부금 입장이 가능하고 도슨트도 무료로 대여해준다.

1 피프스 애버뉴를 바라보고 있는 정원 **2** 전시 중인 빛의 작가 베르메르의 작품 **3** 모든 방의 입구는 정원으로 연결된다. **4** 웅장함이 느껴지는 미술관 입구

루크스 랍스터 Luke's Lobster

Add. 242 East, 81st St., New York, NY 10075
Tel. (212) 249-4241
Open 일~목요일 11:00~22:00, 금·토요일 11:00~23:00
Access 6 라인 77th St. 역
URL www.lukeslobster.com

Map
P.477-G

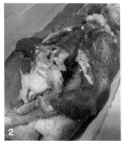

저렴하게 즐기는 메인 스타일의 랍스터 롤

메인에 위치한 아버지의 시푸드 컴퍼니에서 들여오는 질 좋은 랍스터를 사용해 합리적인 가격의 랍스터 롤을 제공한다. 4곳의 지점이 있는데 어퍼이스트점의 분위기가 가장 좋다. 랍스터 롤 하나의 가격이 $15라니 얼핏 비싸다는 생각도 들지만, 마요네즈와 이집만의 비밀 양념으로 버무린 토실토실한 랍스터 덩어리가 가득 담긴 접시를 받아 든 순간 가격에 대한 불만은 모두 사라져버릴 만큼 만족스럽다. 뉴욕의 여러 매체와 일반 평가단들이 '베스트 랍스터'로 손꼽았으니 믿어도 좋을 듯. 푸드 트럭에서도 맛볼 수 있는데 장소는 check@NautiMobile(트위터)에서 확인하자.

1 허름한 다른 지역 매장과 달리 깔끔하고 귀여운 가게 입구 **2** 통통하게 살이 오른 랍스터가 가득 들어 있는 기본 랍스터 롤 **3** 어퍼웨스트 지점 내부 **4** 너무 늦은 시간에 가면 몇몇 메뉴는 보다시피 솔드아웃!

사라베스 키친 Sarabeth's Kitchen

Add. 1295 Madison Ave., New York, NY 10128
Tel. (212) 410-7335
Open 월~토요일 08:00~23:00, 일요일 08:00~21:30
Access 6 라인 96th St. 역 또는 버스 M1·2·3·4번 93rd St. 정류장
URL www.sarabeth.com

뉴욕 브런치계의 대모

1981년 어퍼이스트에 베이커리 & 잼 가게로 시작한 사라
베스 키친은 맛있는 아침 메뉴가 입소문을 타면서 업타
운 사모님들의 브런치 장소로 인기를 모았다. 이제는 첼
시 마켓을 비롯해 뉴욕에 많은 지점을 둘 정도로 중
견 브랜드로 자리 잡았다. 웬만한 유명 델리에
서는 사라베스의 잼을 손쉽게 즐길 수 있게
됐다. 뉴욕에 브런치로 유명한 곳이 꽤나 많
아졌음에도 아직도 20~30분 기다리는 것은
예사일 정도로 브런치 여왕 자리를 쉽게 내줄
것 같지는 않다. 각종 팬케이크와 다양한 달걀
요리가 주 메뉴. 홀랜다이즈 소스를 올린 에그 베네딕
트는 꼭 먹어보자.

1 예전 모습을 그대로 간직한 레스토랑 내부 **2** 햄프턴 스타일의 전원 느낌을 풍기는 외관 **3** 뉴욕의 브런치를 추억할 수 있는 기념품
으로 좋은 사라베스 미니 잼 6종 세트($26) **4** 머핀 위에 포치트 에그, 홀랜다이즈 소스를 올린 에그 베네딕트와 해산물 샐러드

비아 쾨드론노 Via Quadronno

Map
P.476-J

Add. 25 East, 73rd St., New York, NY 10021
Tel. (212) 650-9880
Open 월~금요일 08:00~23:00, 토요일 09:00~23:00, 일요일 10:00~21:00
Access 6 라인 68th St. - Hunter College 역
URL www.viaquadronno.com

로맨틱한 분위기의 이탈리아
카페 & 레스토랑

어퍼이스트에서 가장 사랑스러운 카페를 추천하라고
하면 이 집이 제일 먼저 떠오른다. 화강암으로 지은 백만
장자들의 고급 주택가에 자리한, 핑크색 돼지 간판이 상
징인 숨은 카페 & 레스토랑이다. 가게 문을 열기 전부터
센트럴 파크에서 조깅을 마친 어퍼이스터들이 카푸치노
한잔을 위해 기꺼이 줄을 서는 곳. 커피와 함께 먹기 좋
은 아몬드 크루아상 안에는 먹다가 목이 막힐 정도로 엄
청난 양의 크림이 들어 있다. 가게 안쪽의 식당은
이탈리아 사람들이 많이 찾는 전통 밥집이다.
연인이나 여자 친구들에게 추천하고 싶은
카페다.

1 5번가의 위풍당당한 화강암 건물 사이에 위치한 사랑스러운 카페 외관 2 동화 〈백설공주〉에 나오는 난쟁이 집을 연상시키는 아담
한 크기의 탁자 3 귀여운 핑크색 돼지 간판 4 창가 쪽 테이블은 단 2개

셰이크 색 버거 Shake Shack Burger

Add. 154 East, 86th St., New York, NY 10075
Tel. (646) 237-5035
Open 11:00~23:00
Access 4·5·6 라인 86th St. 역
URL www.shakeshack.com

안 먹으면 평생 후회할 버거

오픈 당시만 해도 매디슨 스퀘어 파크에서 봄부터 가을
까지 한시적으로만 운영해 1시간은 족히 기다려야 먹을
수 있었다. 하지만 지금은 뉴욕의 관문인 JFK 공항과 그
랜드 센트럴 터미널을 포함해 맨해튼에만 6곳의 매장이
있고 미국 전역은 물론 멀리 두바이, 모스크바에도 매장
이 있다. 셰이크 색 버거는 패티와 함께 씹히는 작고 보드
라운 빵 맛이 일품인데 무엇보다 이 신선한 수제 버거 가
격($4.95)이 맥도날드 같은 패스트푸드 햄버거와 비슷하
다. 어퍼이스트 매장은 아웃도어 테이블까지 갖추고 가
장 늦은 시간까지 영업하기 때문에 날씨 좋은 밤에 야식
장소로 안성맞춤이다. 명실공히 뉴욕 대표로 손색없는
원조 햄버거집인 만큼 매장 기념품도 챙겨보시길.

1 이 버거 때문에 뉴욕을 떠날 수 없다는 사람이 많다. **2** 어퍼이스트의 널찍한 매장 입구 **3** 손님이 많아도 주문은 신속하고 빈틈이 없
다. **4** 어퍼웨스트의 셰이크 색 버거. 다른 곳에 비해 매장이 작아 휴일에는 자리 잡기가 어렵다.

오어와셔 베이커리 Orwasher's Bakery

Map
P.477-G

Add. 308 East, 78th St., New York, NY 10075
Tel. (212) 288-6569
Open 월~토요일 07:30~20:00, 일요일 08:00~18:00
Access 6 라인 77th St. 역
URL www.orwashers.com

2015 New Spot ▶

빵 맛으로 100년을 버텨온
역사적인 동네 빵집

100년 역사를 자랑하는 동네 터줏대감 빵집. 오랜 세월 유대인이 운영하던 작지만 알찬 빵집이었는데 2007년 금융 위기와 함께 프랜차이즈에 밀려 어려움을 겪다가 브레드 메이커 키스 코헨Keith Cohen이 인수, 현재 제2의 명성을 이어가는 대표적인 장인 빵집이다. 빵에 대한 열정으로 직접 프랑스까지 날아가 바게트를 배워 오는 등 노력을 기울인 결과 현재 '뉴욕의 베스트 바게트'라는 찬사를 받고 있다. 특히 지역 재료를 사용한다는 원칙을 바탕으로 다양한 빵은 물론 로컬 식재료 코너도 함께 운영한다. 무엇보다 즉석에서 원하는 필링을 넣어주는 프레시한 도넛 맛이 일품이다.

1 돌 하우스Dollhouse와 이웃한 골목길 안 동네 빵집 **2** 방금 구워 내온 맛있는 빵이 진열되어 있다. **3** 뉴욕 베스트 5위 안에 드는 신선한 모닝 도넛 **4** 이곳의 레서피를 담은 베이킹 북

에버그린 카페 Café Evergreen

Add. 1367 1st Ave., New York, NY 10021
Tel. (212) 744-3266
Open 11:30~20:15
Access 6 라인 77th St. 역
URL www.cafeevergreenchinese.com

2015 New Spot

합리적인 가격에 퀄리티 좋은 얌차

중국 미식가 친구가 소개해준 뉴욕의 중국 요리 맛집으로 주말에는 얌차도 즐길 수 있다. 얌차는 영국의 티타임과 비슷한 것으로 주로 다양한 딤섬 요리를 차와 함께 조금씩 맛보는, 중국 광둥 지방에서 유래한 문화라고 한다. 보통 관광객을 상대로 하는 차이나타운의 유명 얌차집은 혼잡하고 음식의 질도 높은 편이 아니어서 아쉬웠는데 이곳을 알고 난 뒤로 얌차 생각이 날 때마다 달려가곤 한다. 깔끔한 현대식 인테리어에 가격도 적당하고 무엇보다 식재료가 신선하고 깔끔한 점이 가장 맘에 든다. 나긋나긋하면서 깔끔하신 사장님이 테이블을 오가며 일일이 손님을 챙기는 덕분인 듯.

1 특색 없는 외관이라 그냥 지나칠 수도 있다 **2** 깨끗하고 정갈한 식당 내부 **3** 얌차뿐만 아니라 평일 런치에도 맛볼 수 있는 딤섬 **4** 아삭한 식감이 일품인 채소 요리

카페 사바스키 Café Sabarsky

Add. 1048 5th Ave., New York, NY 10028
Tel. (212) 650-9880
Open 월·수요일 09:00~18:00, 목~일요일 09:00~21:00
Access 4·5·6 라인 86th St. 역 또는 버스 M 1·2·3·4번 86th St. 정류장
URL kg-ny.com/cafe-sabarsky

Map
P.477-G

노이에 갤러리의 오스트리아 스타일 카페

오스트리아는 카페 종주국으로 커피와 디저트가 발달한 나라다. 제일 유명한 것은 자허토르테Sachertorte라고 불리는 초콜릿 케이크와 아펠 슈트루델apple Strudel 그리고 생크림을 듬뿍 올린 비엔나커피. 이곳은 뉴욕에서 오스트리아 본토에 가까운 카페의 원형과 디저트를 맛볼 수 있는 곳으로 빈의 유서 깊은 카페 '카페 센트럴'과 분위기가 비슷하다. 다크 체리빛의 벤트우드 의자와 하얀 리넨 테이블보, 신문철에 꽂혀 있는 오스트리아 신문과 은 쟁반에 받쳐 내오는 커피 등 모든 것이 클래식하다. 센트럴 파크가 내다보이는 위치에 있어 이 동네에 사는 백만장자의 기분을 잠시나마 상상해볼 수 있다. 디저트 외에 헝가리 스타일의 비프 굴라시Beef Goulach도 맛볼 수 있다.

1 오스트리아 신문을 보고 있는 단골손님들 2 생크림을 듬뿍 올린 비엔나커피 3 토스트를 찍어 먹을 수 있는 오스트리아식 아침 달걀 요리 4 식당 내부를 장식한 오스트리아 예술가의 작품

앨리스 티 컵 Alice's Tea Cup

Add. 156 East, 64th St., New York, NY 10021
Tel. (212) 486-9200
Open 08:00~20:00
Access 6 라인 68th St. - Hunter College 역
URL www.alicesteacup.com

secret

날개 요정과 함께하는 원더랜드의 티타임

뉴욕에 처음 온 사람이라면 이곳에 들렀을 때 뉴욕이란 도시가 참 살아볼 만하다는 생각을 하게 된다. 어른들 사이에서 조신하게 티타임을 즐기는 어린아이, 요정 날개를 달고 주문을 받는 여종업원 그리고 이런 멋진 곳에서 자연스럽게 동화 같은 티타임을 즐기는 엄마들이 있다니 멋질 수밖에. 〈이상한 나라의 앨리스〉에 나오는 티타임을 모티브로 한 이곳에서는 수십 가지 티와 맛있는 스콘, 조각 샌드위치를 맛볼 수 있다. 이곳 외에 어퍼웨스트(73가)와 어퍼이스트(81가)에도 매장이 있는데 아이들 생일 파티와 베이비 샤워 장소로도 인기다.

1 입구의 진열대에는 아이들 선물로 좋은 재미나고 예쁜 물건이 많다. **2** 어퍼웨스트 매장보다 밝고 환한 어퍼이스트 매장 입구
3 데이트하는 젊은 연인을 제외하고는 손님 대부분이 여자들 **4** 티포트 뚜껑이 열리는 것을 잡아주는 새 모양 액세서리

매장의 상징인 롤리팝
천장 인테리어

딜런스 캔디 바 Dylan's Candy Bar

Add. 1011 3rd Ave., New York, NY 10021
Tel. (646) 735-0078
Open 월~목요일 10:00~22:00, 금·토요일 10:00~23:00, 일요일 11:00~21:00
Access 4·5·6·N·Q·R 라인 Lexington Ave. - 59th St. 역
URL www.dylanscandybar.com

뉴욕 아이들이 가장 사랑하는 캔디 나라

블루밍데일스 건너편에 위치한 무지개 색깔의 사탕 가게로, 패션 디자이너 랄프 로렌의 딸인 딜런 로렌이 운영하는 것으로 유명하다. 지하와 1층을 가득 메운 온갖 종류의 사탕과 초콜릿에 아이들은 말할 것도 없고 어른들마저 동심의 세계로 빠져든다. 아이를 위해 들렀던 어른도 정기적으로 방문할 만큼 캔디의 중독성이 강하다. 알록달록한 풍선껌이 가득 들어 있는 욕조, 구미 젤리로 장식한 계단, 대형 막대 사탕 등 인테리어도 멋지다. 지하에는 이곳을 방문한 셀러브리티들의 사인이 전시되어 있는데 마돈나 같은 대형 팝 가수부터 영화배우, 유명 정치인까지 어마어마하다. 2015년 유니언 스퀘어점을 오픈했다.

1 뉴욕 키즈 파티의 상징인 구디백에 들어가는 단골 캔디들 **2** 아이들의 천국의 문, 캔디 바 입구 **3** 알록달록한 포장의 초콜릿 바 **4** 시즌에 맞춰 꾸며지는 롤리팝 스탠드

타이니 돌 하우스 Tiny Doll House

Add. 314 East, 78th St., New York, NY 10075
Tel. (212) 744-3719
Open 보통 16:00까지 영업(방문 전 전화로 확인해보는 것이 좋음)
Close 일요일
Access 6 라인 77th St. 역
URL www.tinydollhouseny.com

Map
P.477-G

secret

2015 New Spot

세계적으로 유명한 뉴욕 돌 하우스 컬렉터 숍

마치 영화 세트장처럼 정교한 미니어처 세상을 들여다보는 순간 탄성이 절로 나오는 곳. '옛 귀족의 거실', '부유층의 드레스 룸', '요리사의 부엌', '음악가의 거실' 등 테마에 따라 유리 장에 디스플레이된 작품들이 웬만한 박물관 이상의 볼거리를 제공한다. 주인 에델만이 취미로 미니어처를 만들다가 20년 전 아예 이곳에 가게를 오픈, 현재 전 세계 미니어처 컬렉터들의 발길이 끊이지 않는 곳이 되었다. $19짜리 벙커 베드도 있지만 유명한 고가구 치펜데일 스타일의 장식장은 $2000 이상을 호가하기도 한다. 가게 뒤편에서는 직접 돌 하우스를 제작하는 데 필요한 재료도 판매한다.

1 모형만큼 작고 세월이 느껴지는 가게 외관 **2** 인형의 집에 어울리는 캐릭터 **3** 정교한 고가구들이 배치된 침실 풍경 **4** 모형 만들기에 필요한 재료를 판매한다.

가고시안 갤러리 숍 Gagosian Gallery Shop

Add. 980 Madison Ave., New York, NY 10075
Tel. (212) 744-9200
Open 10:00~19:00
Access 6 라인 77th St. 역
URL www.gagosian.com

첼시의 유명 갤러리 가고시안의 기념 숍

유명한 아트 딜러인 래리 가고시안이 2009년에 오픈한 팝 아트 부티크 겸 서점. 갤러리라고 해도 무방할 만큼 큐레이터의 손길이 닿은 멋진 리빙 소품과 가구, 아트워크를 판매한다. 가격은 천차만별인데 앤디 워홀의 $2만 5000짜리 폴라로이드 자화상이 있는가 하면 리히텐슈타인의 $20짜리 포스터도 있고, 아마추어 수집가를 위한 데미안 허스트의 사인이 새겨진 $275짜리 작품도 있다. 그러다 보니 문턱 낮은 갤러리라고 봐도 될 정도다. 신인보다 인지도가 있는 제프 쿤스, 밥 콜라첼로, 로저 발렌 등의 작품도 구경할 겸 아트 쇼핑의 수준도 높일 겸 들러보면 좋겠다.

1 나란히 놓인 강아지 모양 화병에 가득 꽂혀 있는 장미 다발 **2** 일본 팝 아트의 대표작들 **3** 재미난 모양의 생활 소품 **4** 옛날 우체통도 예술품이 될 수 있음을 실감하는 순간이다.

Area 03
MIDTOWN

미드타운
MIDTOWN

● 센트럴 파크 이남에서 34번가까지를 일컫는 미드
타운은 맨해튼의 중앙이자 '뉴욕' 하면 가장 먼저 떠오르는
뉴욕의 첫 관문이다. 명품 브랜드와 세계적인 메가 브랜드의
플래그 숍이 즐비한 피프스 애버뉴, 그리고 크리스마스 윈도
로 유명한 백화점들이 군림하는 호화로운 쇼핑 거리. 또 42
번가에 즐비하게 늘어선 뮤지컬 극장과 전통 있는 클래식 공
연이 열리는 카네기 홀. 크리스마스 라켓걸로 유명한 라디
오 시티 홀 등 공연의 메카이기도 하다. 세계 최대의 현대 미
술관 모마MoMA, 대형 빌딩 높이의 크리스마스트리와 스케
이트장으로 유명한 록펠러 센터, 여기에 관광객의 포토 존인
타임스 스퀘어 등 뉴욕의 대표적인 관광 명소가 즐비하다.
과거에는 뉴욕 여행이라고 하면 곧 미드타운 여행이었을 정
도로 볼 것 많고 즐길 것 많은 대표적인 버라이어티 존이다.

Access
가는 방법

N · Q · R 라인 5th Ave. - 59th St. 역
방향 잡기 센트럴 파크 동남쪽 입구인 피프스 애버뉴로 올라와 곧장 길을 따라 내려가면 된다.

5th Ave
– 59th St.

지하철 N · Q · R 라인 3분

도보 20분

도보 20분

버스 M 1 · 2 · 3 · 4번
10분

42nd St.
- Times
Square

도보 10분

42nd St.
- Grand
Central

Check Point

유엔 본부로 가려면 사람들로 붐비기 전인 이른 시간에 다녀오는 게 좋다. 그랜드 센트럴 터미널에서 내린 뒤 오른쪽 어퍼이스트 방향으로 걸어가 제일 먼저 유엔 본부에 들른 다음 다른 일정을 시작한다.

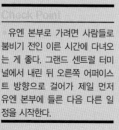

Plan
추천 루트

볼 것 많고 즐길 것 많은
뉴욕 여행의 백미

09:30 | 뉴욕 현대 미술관 **MoMA**
세계 최대 현대 미술의 보고

도보 5분

12:00 | 티파니 **Tiffany & Co**
5번가의 상징적인 티파니 숍
앞에서 기념 사진을 찍어보자.

도보 1분

세인트 패트릭 성당 | **12:30**
St. Patrick's Cathedral
미국 내 규모가 가장 큰 성당에서
예배를 드려보자.

도보 1분

록펠러 센터 | **12:45**
Rockefeller Center
미드타운의 대표 관광지.
꼭대기 층의 톱 오브 더 록에도
올라가 보자.

도보 10분

브라이언트 파크 **Bryant Park** | **13:30**
공원 안에 있는 사랑스러운
회전목마를 찾아보자.

도보 1분

14:30 | 뉴욕 공립 도서관
New York Public Library
뉴요커들이 사랑하는 장소
로즈 메인 리딩 룸에 올라가보자.

도보 10분

15:30 | 그랜드 센트럴 터미널
Grand Central Terminal
보자르 양식이 멋스러운
옛 건축물을 감상해보자.

도보 10분

17:00 | 타임스 스퀘어 **Times Square**
뉴욕의 중심에 서 있음을 실감하는 곳

여기가 바로 진정한 쇼의
중심지, 브로드웨이

타임스 스퀘어 Times Square

Add. 7th Ave., 42nd~49th St.
Access 1·2·3·7·N·Q·R 라인 Times Sq.- 42nd St. 역

뉴욕의 중심이자 세계의 중심

자유의 여신상과 유엔 본부보다도 뉴욕을 대표하는 상징적인 존재로 자리 잡은 타임스 스퀘어. 새로 단장한 티켓 플라자의 레드 계단에서 내려다보면 '여기가 세상의 중심이구나' 싶은 생각이 절로 들 만큼 시각적으로 압도하는 힘이 넘친다. 비디오 아트를 방불케 하는 브로드웨이 광장 주변의 LED 광고, 세계 각지에서 몰려든 수천 명의 사람들, 관광버스와 뒤엉킨 자동차, 광장의 명물 네이키드 카우보이, 브로드웨이 홍보를 위해 나선 배우들, 사람들의 이목을 끄는 개성 만점의 사람 구경까지, 뉴욕에서 가장 흥미로운 곳이라는 데 이견이 없을 것이다. 연말 자정에 벌어지는 볼 드롭 행사에는 전 세계에서 몰려든 사람들이 광장은 물론 광장으로 통하는 길 끝까지 채워져 그야말로 장관을 이룬다. 이곳을 빼놓는다면 뉴욕의 멋을 제대로 느꼈다고 할 수 없다.

Tip
– 타임스 스퀘어는 1904년 이곳에 뉴욕 타임스 건물이 세워지면서 붙은 이름. 뉴욕 타임스 건물은 현재 8번가 포트 오소리티 터미널 건너편에 있다.
– 타임스 스퀘어에서는 타임스 스퀘어 얼라이언스Times Square Alliance가 주관하는 다양한 아트 퍼포먼스가 1년 내내 열리니 방문 시기에 맞추어 홈페이지(www.timessquarenyc.org)를 체크해보자.

1 세계의 중심에 위치한 자랑스러운 한국 기업 삼성 광고 **2** 브로드웨이뿐만 아니라 오프 브로드웨이 소극장 공연도 놓칠 수 없는 볼거리 **3** 타임스 스퀘어의 명물인 네이키드 카우보이. 직접 보면 정말 멋지다.

카네기 홀 Carnegi Hall

Map
P.478-A

Add. 881 7th Ave., New York, NY 10019
Open 월~금요일 11:00~15:00, 토요일 11:00~12:30, 일요일 12:00~15:00
Access N·Q·R 라인 57th St. 역
URL www.carnegiehall.org

★

미국을 대표하는 세계적인 클래식 공연장

세계적인 클래식 거장들이 거쳐간 곳으로 지금도 세계 최고의 연주가는 물론 빈 필하모닉 등이 매년 찾을 정도로 명성이 자자하다. 클래식 공연뿐만 아니라 재즈나 대중음악 공연도 열릴 만큼 상당히 개방적이다. 듀크 엘링턴, 루이 암스트롱, 비틀스와 밥 딜런 등 유명 뮤지션들이 이 무대에 서기도 했다. 1890년 앤드루 카네기가 세운 뒤 재정상의 이유로 존폐 위기에 놓이기도 했지만 여러 음악가들의 탄원으로 뉴욕 시에서 사들여 현재 비영리 재단에서 운영하고 있다. 홀이 크지 않아 어느 자리에서도 잘 들리기 때문에 굳이 비싼 표를 살 필요가 없다. 다만 꼭대기 발코니 자리는 피하도록 하자.

Tip 공연 당일 12:00부터 러시 티켓($10)을 판매한다. 꼭대기 발코니 자리지만 공연을 즐기는 데는 문제가 없다.

1, 2 세계적인 음악가들이 공연을 펼치는 카네기 홀 외관 **3** 성당 내부처럼 소박하고 경건한 분위기의 실내 **4** 티켓 오피스도 예스럽기 그지없다.

유엔 본부 United Nations Headquarters

Add. 2 United Nations Plaza, New York, NY 10017
Tel. (212) 644-7987
Open 월~금요일 09:00~16:30, 토·일요일 10:00~16:30
Access 4·5·6·7 라인 Grand Central - 42nd St. 역
URL www.visit.un.org

반기문 사무총장이 머무는
세계 시민의 본부

그랜드 센트럴 역에서 이스트 강 쪽으로 걷다 보면 쉽게 눈에 띈다. 방문자 센터 입구에 발을 들여놓는 순간 그 어느 나라에도 속하지 않는 세계 시민의 영토에 들어서게 된다. 로비에는 역대 사무총장들의 초상화가 걸려 있는데 반기문 총장의 얼굴이 제일 앞에 있어 더 반갑다. 이곳에 들어가려면 보안 검사가 오래 걸리니 30분 여유있게 가는 게 좋다. 투어 프로그램은 성인 $18, 학생 $11이며 주말에는 오디오 투어만 가능하다. 투어에 참여하지 않는 사람은 로비의 전시물이나 지하로 내려가 기념품 매장과 서점을 둘러보면 된다. 이곳 우체국에서 엽서를 보내면 유엔 소인이 찍히기 때문에 지인에게 엽서를 써 보내는 사람이 많다.

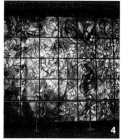

1 세계의 심장이라 할 수 있는 유엔 본부 외관 2 기념품 매장과 우체국에서 구할 수 있는 반기문 사무총장의 기념엽서 3 세계 시민의 우체국은 소박하며 무엇보다 올드한 느낌이다 4 유엔 본부에 있는 샤갈의 진품 스테인드글라스

TIP **그랜드 센트럴 터미널의 4가지 비밀**

하나 짝짝이 계단. 홀 양쪽에 있는 계단 수를 세어볼 것!

둘 거꾸로 별자리. 천장 별자리의 방향이 모두 거울 반사 방향이다.

셋 위스퍼 갤러리. '오이스터 바' 바로 앞. 양쪽 구석에 대각선으로 서서 기둥에 대고 속삭이면 바로 뒤에서 이야기하는 것처럼 들려 신기하다.

넷 캠벨 아파트먼트. 대부호의 아파트였지만 지금은 술집. 부잣집에 들어간 기분으로 칵테일 한잔 마셔보는 건 어떨지.

영화 속에 들어온 것만 같은 이곳에서 사진을 찍으면 그대로 화보가 될 듯싶다.

그랜드 센트럴 터미널 Grand Central Terminal

Add. 42nd Park Ave., New York, NY 10017
Access 4·5·6·7 라인 42nd St. - Grand Central 역
URL www.grandcentralterminal.com

영화의 단골 배경이 된 뉴욕의 관문

기차역이기는 해도 일부러 시간을 내서 구경할 만큼 보자르 양식이 멋스러운 옛 건축물. 독수리 조각상의 위풍당당한 외관도 멋지지만 안으로 들어가면 티켓 판매소와 공중전화 부스까지, 고전적인 옛 모습을 그대로 간직하고 있어 클래식 영화 속에 들어와 있는 듯한 기분이 든다. 최고의 하이라이트는 2500개의 아름다운 별자리가 수놓인 45미터 높이의 티파니 블루빛 천장 벽화. 건물 양쪽으로 난 발코니 계단을 따라 2층 높이에서 내려다보면 너무나 아름다워 탄성이 절로 나온다. 플랫폼이 무려 44개나 되는데, 1913년 완공 당시에는 미국 전체 인구의 40%가 이곳을 이용했다고 한다. 하지만 1960년대 중반, 교외 중산층의 라이프스타일이 자동차 통근으로 바뀌면서 기차역도 쇠락의 길을 걷게 됐다. 부동산 개발 철거 계획에 대한 재클린 케네디 오나시스와 뉴요커들의 반대로 1990년대에 대대적인 보수 공사를 시작해 지금의 모습을 띠게 됐다. 아래층에는 오이스터 바를 비롯해 20여 개의 식당이 있고 지상에는 칵테일 라운지와 고급 식재료를 판매하는 슈퍼마켓, 10개가 넘는 하이엔드 숍이 즐비하다. 연말에 홀리데이 트레인 쇼를 볼 수 있는 미니 사이즈의 교통 박물관Transit Museum에서는 아이들에게 줄 기념품을 사기에 좋다. 12월에 열리는 홀리데이 마켓은 그 어느 곳보다 최고인 만큼 꼭 들러보자.

Tip
베르사유 궁전만큼이나 유서 깊은 건물이지만 유동 인구에 비해 화장실 수가 적다. 지하 식당 구역에 화장실이 있지만 이용자가 많으니 볼일은 가급적 건물 밖에서 해결하는 게 좋다.

1 꿈을 안고 뉴욕으로 입성한 사람들을 오랜 시간 지켜본 그랜드 센트럴 터미널 입구의 조각상 **2** 기념품을 사기에 좋은 뉴욕 교통 박물관 **3** 아이들이 좋아하는 홀리데이 트레인 쇼

NO STANDING ANYTIME

아찔한 높이의 플라자 빌딩은 건너편에서 보는 게 가장 멋지다.

록펠러 센터 Rockefeller Center

Add. 1230 6th Ave., New York, NY 10020
Tel. (212) 332-6868
Open 08:00~24:00
Access B·D·F·M 라인 47th-50th St. - Rockefeller Center 역
URL www.rockefellercenter.com

★

뉴욕하면 떠오르는 대표 관광지

5번가를 따라 내려가면 만나게 되는 70층짜리 아르데코 양식의 록펠러 센터. 12월이 되면 황금 조각상을 중심으로 만국기가 펄럭이는 스케이트장, 빌딩 높이만 한 크리스마스트리, 나팔 부는 천사 장식을 보기 위해 전 세계에서 사람들이 이곳으로 몰려들어 타임스 스퀘어 못지않은 인파를 자랑한다.

건물 꼭대기에 위치한 전망대 '톱 오브 더 록Top of the Rock'은 센트럴 파크뿐만 아니라 엠파이어 스테이트 빌딩까지 조망할 수 있어 요즘은 엠파이어 스테이트 빌딩 전망대의 인기를 추월한 듯싶다.

Tip

톱 오브 더 록 성인 $30, 학생 $28, 어린이 $24, 톱 오브 더 록+뉴욕 현대 미술관 콤보 $45

아트 & 전망대 투어 록펠러 센터의 벽화 및 조각, 건축에 대한 설명을 들을 수 있는 투어 프로그램과 전망대가 포함된 콤보 티켓($40, 투어만 신청할 경우 $20). 투어 프로그램은 아침 10시부터 저녁 6시까지 30분 간격으로 있다. 티켓은 홈페이지 (www.topoftherocknyc.com)에서 구입할 수 있다.

1 톱 오브 더 록에서 바라본 맨해튼의 스카이라인 **2** 영화 《세렌디피티》에도 배경이 되었던 아이스링크 **3** 더운 여름에 잠시 쉬었다 갈 수 있는 록펠러 센터 앞 정원 **4** 망원경을 이용하면 아름다운 맨해튼의 전경을 더 자세히 볼 수 있다.

브라이언트 파크 **Bryant Park**

Map
P.481-G

Add. 41 West, 40th St., New York, NY 10018
Tel. (212) 768-4242
Access 1·2·3·B·D·F·M·N·Q·R 라인 42nd St. 역
URL www.bryantpark.org

작지만 센트럴 파크만큼 다양한 공간

뉴욕 공립 도서관과 등을 맞대고 있는 공원으로 크기는 작아도 짜임새와 활용도는 센트럴 파크 못지않다. 봄, 가을 1년에 2차례 뉴욕 패션 위크가 열리고, 여름에는 근처 직장인들의 인기 런치 스폿이면서 밤에는 HBO에서 주관하는 클래식 영화 야외 상영이 이루어진다. 겨울에는 스케이트장과 홀리데이 마켓이 들어서 1년 내내 한가할 틈이 없다. 특히 이곳에는 카바레 음악이 흘러나오는 미니 회전목마가 있는데 아이들뿐만 아니라 어른들까지 끌어들일 만큼 분위기가 멋지다. 과거와 현재가 조화를 이루는 주변 빌딩 숲, 우거진 나무, 회전목마, 곳곳에 자리한 넉넉한 야외 테이블과 의자가 이루는 풍경이 마치 한 폭의 그림과 같다.

1, 2 근처 직장인들과 함께 도심의 여유를 느껴볼 수 있는 점심시간 **3** 겨울에는 스케이트장, 여름에는 잔디 광장, 봄·가을에는 패션 위크 장소로 운영한다. **4** 뉴욕에서 가장 아름다운 미니 회전목마, 1번 타는 데 $3다.

뉴욕 공립 도서관 New York Public Library

Add. 378 5th Ave., 42nd St., New York, NY 10018
Tel. (917) 275-6975
Open 월·목~토요일 10:00~18:00, 화·수요일 10:00~21:00 *1시간 무료 투어
프로그램 : 월~토요일 11:00~14:00 Close 일요일
Access 1·2·3·B·D·F·M·N·Q·R 라인 42nd St. 역
URL www.nypl.org

★★

보자르 양식의 시립 도서관

미국에서 3번째로 규모가 큰 도서관으로, 쇼핑 거리인 피프스 애버뉴 중심에 있다. 지금으로부터 100년 전, 세계적인 도시에 어울리는 도서관이 있어야 한다고 생각한 주지사 새뮤얼 틸튼의 유지를 받들어 지었다. 대리석 홀, 근사한 천장화와 벽화를 따라 갤러리에 전시된 희귀본, 사진, 지도를 구경하거나 3층에 있는 로즈 메인 리딩 룸을 찾아가보자. 이곳은 '뉴요커들이 가장 사랑하는 장소 1위'에 선정되기도 했는데, 따뜻한 햇살이 쏟아지는 높은 창문 아래에 42개의 기다란 오크 테이블, 개별 놋쇠 램프가 멋스럽다. 열람하고 싶은 책을 카드에 기입해 신청하면, 브라이언트 파크 지하까지 이어지는 200여 킬로미터 길이의 선반에 보관된 1000만 권의 장서 중에서 찾아 자리로 배달된다.

1 뉴욕의 지성이 느껴지는 웅장한 외관 2 뉴요커들이 가장 사랑하는 로즈 메인 리딩 룸 3 로즈 메인 리딩 룸으로 들어가는 입구
4 박물관만큼 멋스러운 벽화가 가득한 도서관 홀

모건 도서관 & 박물관 Morgan Library & Museum

Map P.481-G

Add. 29 East, 36th St., New York, NY 10016 Tel. (212) 685-0008
Open 화~목요일 10:30~17:00, 금요일 10:30~21:00, 토요일 10:00~18:00,
일요일 11:00~18:00
Access B·D·M·F·N·Q·R 라인 34th St. 역
Admission Fee 성인 $18, 학생·어린이(13~16세) $14, 금요일 19:00~21:00 전체
무료 URL www.themorgan.org   ★★

독서가들의 도시에 어울리는 도서 박물관

유명한 금융가 피어폰트 모건Pierpont Morgan의 사립 도
서관이자 그의 소장품을 전시한 곳이다. 그는 생전에 문
학·역사적으로 유명한 초고, 초기 인쇄본, 옛날 음악가
와 예술가의 드로잉 등을 다수 수집한 유명한 컬렉터로
사후에 아들 J.P 모건이 대중에게 공개했다. 미켈란젤
로·렘브란트의 드로잉, 구텐베르크 성경, 베토벤의 작곡
원본, 밥 딜런이 '블로잉 인 더 윈드Blowin' in the Wind'의
가사를 적어둔 종이 스크랩 등이 전시되어 있다. 2006년
렌초 피아노Renzo Piano의 설계로 관람객 편의 시설과 콘
서트 홀을 갖춘 건물로 확장, 재단장했는데 미학적으로
꽤 높은 평가를 받고 있다.

1 아름다운 외관. 부호의 집을 구경하는 기분이다. **2** 건물 내부는 사진 촬영 금지다. **3** 박물관 안에 있는 레스토랑 **4** 렌초 피아노의 입체적인 건축미가 돋보이는 건물

뉴욕 현대 미술관 MoMA

Add. 11 West, 53rd St., New York, NY 10019
Open 월·수·일요일 10:30~17:30, 금요일 10:30~20:00(여름 목~금요일은 20:00까지)
Access B·D·M·F 라인 47-50th St. 역 또는 E·M 라인 5th Ave., - 53rd St. 역
Admission Fee 성인 $25, 학생 $14, 16세 미만 무료, 금요일 16:00~20:00 전체
무료 URL www.moma.org

★★★

뉴요커의 자부심, 세계 최대 현대 미술의 보고

근대와 현대 미술의 성지로 15만 점의 회화, 조각, 사진 등의 작품을 보유하고 있다. 20세기 초 막강한 경제력을 바탕으로 개인 수집가 5명이 힘을 모아 만든 이곳은 당시 빈센트 반 고흐 같은 유럽의 젊은 예술가를 미국에 소개하며 이름을 알렸다. 뉴욕의 미술관 중에서는 입장료가 가장 비싼 곳임에도 피카소, 마티스, 세잔을 비롯해 앤디 워홀, 잭슨 폴록 같은 미국 현대 미술 거장들의 위대한 작품을 볼 수 있기 때문에 연간 방문자가 250만 명에 달하는 뉴욕에서 꼭 가봐야 할 미술관이다. 전시 이외에도 지하 극장에서 역사적·예술적 가치가 있는 다양한 영화를 상영한다. 티켓은 극장으로 내려가기 전 오른쪽 인포메이션 센터에서 받으면 된다. 여름에는 야외 정원에서 연주 공연도 열려 가볍게 음료나 술을 마시며 여름밤의 낭만을 즐길 수 있다. 특히 이곳에서 빼놓을 수 없는 곳은 1층의 기념품 매장. 이곳의 기념품 매장은 독특하고 세련된 제품으로 워낙 유명한데, 이곳 외에도 소호에 별도의 매장이 있을 정도다. 뉴욕 방문 기념품 쇼핑을 위해서도 한번 들러볼 만하다.

Tip
- 현대카드를 가져가면 1층 멤버십 데스크에서 1인당 2장까지 입장권을 받을 수 있다.
- 무료 오디오 투어를 이용하는 게 좋다. 입장하기 전 오른쪽 데스크에서 도슨트를 빌릴 수 있다. 한국어 지원도 된다는 반가운 사실!

바에 앉으면 라면을 만드는
과정을 지켜볼 수 있어 재미
있다.

토토 라멘 Toto Ramen

Add. 248 East, 52nd St., New York, NY 10022
Tel. (212) 421-0052
Open 월~금요일 11:45~15:00, 17:30~23:30, 토요일 17:30~23:00
Close 일요일
Access 6 라인 51 St. 역
URL www.totoramen.com

2015 New Spot ▶

미드타운 동서를 평정한 베스트 일본 라멘

한동안 헬스 키친의 별관 격인 미드타운웨스트 지점의 토토 라멘은 기나긴 대기 시간으로 악명이 높았다. 1시간 이상 기다리는 건 기본이고 좌석도 몇 개 안되어 협소한 장소에서 먹는 것 자체가 전쟁이다. 그럼에도 많은 사람들이 기꺼이 그런 수고를 받아들일 만큼 뉴욕의 베스트 메뉴 중 하나다. 이 집은 뽀얗고 진한 사골 육수가 특징. 2014년 미드타운이스트점이 추가로 문을 열면서 많은 사람들이 즐길 수 있게 되었다.

미드타운웨스트점(366 West, 52nd St.)과 헬스 키친점 (464 West, 51st St.)도 있다. 2층은 이 건물 터줏대감인 히데찬 라멘Hide-Chan Ramen이 자리하고 있다.

1 작은 건물이 '토토'라는 이름과 잘 어울린다. 2 고명으로 쓰는 수육 3 오리지널 토토 라멘 4 인기 에피타이저 포크 번Pork Bun

언테임드 샌드위치 Untamed Sandwich

Map
P.481-G

secret

Add. 43 West, 39th St., New York, NY 10018
Tel. (646) 669-9397
Open 월~금요일 08:00~10:30 / 브런치 월~금요일 11:00~21:00,
토 · 일요일 12:00~19:00
Access B · D · M · F 라인 42nd St. 역
URL www.untamedsandwich.com

2015·New Spot

믿고 먹을 수 있는 샌드위치 전문점

패스트푸드, 프렌차이즈 집합소인 타임스 스퀘어 근방에 슬로 브레이징 미트Slow Brazing Meat를 전문으로 하는 제대로 된 샌드위치점이 오픈했다. 항생제를 사용하지 않은 질 좋은 풀로 키운 가축의 고기와 야채, 빵 등 모든 식재료와 커피, 맥주 같은 음료를 브루클린과 인근 뉴욕 주의 농장에서 조달한다. 덕분에 $10~15 정도의 비싼 가격이지만 믿을 수 있는 식재료를 사용하는 만큼 제값 주고 먹는다고 생각하자. 그래서인지 주중 점심 시간에는 정장 차림을 한 회사원들로 발 디딜 틈이 없을 정도다. 고기 속 재료는 오리, 양, 갈비, 닭, 돼지 등 다양하며 전 프랑스 영부인 카를라 부르니의 이름을 딴 베지테리언 샌드위치도 있다. 샌드위치점이지만 다양한 와인과 맥주도 구비되어 있어 저녁에는 사이드 메뉴를 안주 삼아 즐기기에도 좋다.

1 다운타운 느낌이 물씬 풍기는 외관 **2** 가게에서 직접 만든 각종 쿠키 **3** 고기 대신 달걀과 잼을 곁들인 아침 메뉴도 맛있다. **4** 샌드위치 작업대에 있는 신선한 식재료

마 페체 Ma Peche

Add. 15 West, 56th St., New York, NY 10019
Tel. (212) 757-5878
Open 아침 07:00~11:00 / 점심 11:30~14:30 / 저녁 17:00~23:00 / 바 11:30~24:00
Access F 라인 57th St. 역 또는 N·Q·R 라인 5th Ave. - 59th St. 역
URL www.momofuku.com/restaurants/ma-peche/

인기 셰프 데이비드 창의 고급 식당

지난 10년간 가장 성공한 스타 셰프로는 캐주얼 바 형태
의 레스토랑 시대를 개척한 한국계 데이비드 창을 꼽을
수 있다. 뉴욕에서 10년 넘게 자리를 지킨다는 것만도 쉽
지 않은데 그는 계속 발전하는 모습을 보여주고 있다. 현
재는 뉴욕뿐만 아니라 토론토, 시드니를 포함해 10여 개
나라에서 레스토랑을 운영한다. 데이비드 창이 계간지
로 발행하는 〈러키 피치 저널Lucky Peach Journal〉은 미식
가들의 열렬한 지지를 얻고 있다. 그의 특징은 한국을 비
롯한 아시아 요리의 기본 재료와 장점을 잘 활용해 창의
적인 요리를 선보이는 것. 마 페체는 그중에서도 프랑스
와 베트남 요리에 집중한다. 캐주얼한 다른 레스토랑과
달리 체임버스 호텔 안에 있는 고급 레스토랑이기 때문에
가격이 다소 비싼 게 흠이지만 명성 있는 그의 창의적인
요리를 맛보려는 사람들로 여전히 사랑받고 있다.

1 입구에 자리한 간이 레스토랑 '밀크'는 데이비드 창의 계열 브랜드로 이스트빌리지에 단독 매장이 있다. **2** 지하에 위치한 모던한 다이닝 레스토랑 **3** 우리 입맛에는 이가 얼얼할 정도로 단 애플 파이 케이크 **4** 피시 소스의 강한 맛이 느껴지는 오징어 샐러드

곳간 Gōg·gan

Add. 364 West 46th St., New York, NY 10036
Tel. (212) 315-2969
Open 점심 토 · 일요일 12:00~14:30, 저녁 화~금요일 17:00~22:00
Access N · Q · R 라인 49th St. 역
URL www.gogganrestaurant.com

2016 New Spot

로컬화된 한식의 맛과 멋을 즐길 수 있는 곳

뉴욕의 1세대 한식이 코리아타운 안에 그쳤다면, 2 · 3세
대는 요리를 전공한 셰프들의 손끝에서 업그레이드되어
맨해튼 곳곳으로 퍼져 나갔다. 맨해튼에서 정갈한 한식
의 맛과 멋을 빚어내고 있는 셰프 데이비드 역시 프랑스
요리학교를 졸업하고 맨해튼의 파인 다이닝 레스토랑에
서 경력을 쌓은 한국계 미국인이다. 다양한 국적의 식당
들이 치열한 경쟁을 펼치고 있는 브로드웨이 극장 주변
에서 붓글씨의 곳간 간판이 우리에겐 더욱 반갑게 느껴
진다. 플레이팅과 서비스는 현지화된 방식이지만 메뉴는
우리에게 친숙한 것들로 구성되어 있다. 보기에도 아름
다운 떡갈비와 간장새우장도 맛있지만 추천 메뉴는 성게
알비빔밥이다. 고운 김 가루와 성게알, 양념이 조화를 이
루어 그 맛이 일품이다.

1 뉴욕의 여느 레스토랑과 비슷한 분위기의 테이블 **2** 이 집의 인기 메뉴는 성게알비빔밥 **3** 단팥죽에 찍어 먹는 찹쌀 호떡 **4** 뉴욕에 불
고 있는 새로운 한류, 코리안 치킨 윙

고섬 웨스트 마켓 Gotham West Market

Add. 600 11th Ave., New York, NY 10036
Tel. (212) 582-7940
Open 입점한 벤더마다 영업시간이 다르다. 방문 전 홈페이지에서 확인할 것.
Access 버스 M 42번 11th Ave. 정류장
URL www.gothamwestmarket.com

secret

2015 New Spot

뉴욕 대표 맛집을 한자리에서 만나다

오랫동안 미드타운 남쪽은 뉴저지와 뉴욕을 오가는 링컨 터널 입구와 펜 스테이션 터미널 때문에 교통량만 엄청나던 별볼일 없는 동네였다. 하지만 하이라인 파크가 생긴 뒤 고급 콘도와 함께 그 지역 거주자들의 구매력과 취향을 고려한 식당과 숍이 들어서고 있다. 트라이베카 허드슨 이츠 푸드 홀의 미니미에 해당되는 이곳은 불모지였던 이 지역에서 보석처럼 반짝이는 존재다. 로어이스트의 유명 일본 라멘집인 이반 라멘을 비롯해 고깃집 카니발, 카페 블루 보틀, 제니스 아이스크림 같은 유명 로컬 식당 8곳이 모여 있다. 좌석 수도 넉넉해 기다리지 않고 맛있는 음식을 즐길 수 있는 것도 장점. 날씨 좋은 날은 아웃도어 테라스에 앉아 햇빛 아래서 여유로운 식사를 즐겨보는 것도 좋겠다.

1 햇빛 좋은 날 바에 앉아 식사를 즐기는 사람들 **2** 실내에도 테이블이 충분히 마련되어 있다. **3** 로어이스트 맛집 '이반 라멘'의 덮밥과 라멘 **4** 집집마다 다양한 음료도 판매한다.

펜시 | Pennsy

Add. 2 Pennsylvania Plaza, New York, NY 10121
Tel. (646) 850-3707
Open 매일 11:00~20:00
Access 1·2·3·A·C·E·B·D·F·M·N·Q·R 라인 34th St. 역
URL thepennsy.nyc

2016 New Spot ▶

마리오 바탈리의 하이엔드 푸드홀

스타 셰프이자 푸드 비즈니스의 거물 마리오 바탈리가
새롭게 오픈한 하이엔드 푸드홀로 매디슨 스퀘어 가든
바로 옆에 있다. 호텔 라운지 느낌의 고급스러운 좌석과
분위기, 최고 중의 최고만 뽑아 놓은 브랜드가 너무 많지
않은 것이 이곳의 매력이다. 이탈리아식 파니니를 선보이
는 마리오 바이 마리Mario by Maria, 글루텐 프리 음식만
취급하는 리틀 비트The Little Beet, 마크 포지오네의 랍스
터 프레스Lobster Press, 푸드 트럭으로 명성을 쌓은 시나
몬 스네일The Cinnamon Snail의 도넛과 햄버거 등을 맛볼
수 있는 매장이 있다.
입점 브랜드가 적어도 면면이 내공이 있는 까닭에 어느
집을 선택해도 후회가 없다.

1 눈에 띄는 화려한 입구 2 테이블 사이의 공간이 넉넉해 여유롭게 식사를 즐길 수 있다. 3, 4 샌드위치나 샐러드처럼 가벼운 테이크
아웃 메뉴가 대부분이지만 퀄리티가 아주 훌륭하다.

컬처 에스프레소 Culture Espresso

Add. 72 West, 38th St., New York, NY 10018
Tel. (212) 302-0200
Open 월~금요일 07:00~19:00, 토·일요일 08:00~19:00
Access B·D·F·M 라인 34th St. 역
URL www.cultureespresso.com

미드타운의 인디 커피 하우스

미드타운 한복판에 들어선 인디펜던트 커피 하우스. 인텔리젠시아 커피, 블루 스카이 머핀, 설리번 스트리트 베이커리의 빵으로 만든 샌드위치를 판매한다니, 그저 그런 가게는 아니라는 것을 알 수 있다. 역시나 오너가 브루클린의 힙스터 지역인 윌리엄스버그와 그린포인트에서 카페를 운영했던 경험자. 22개의 편안한 좌석, 샹들리에, 레트로풍 벽지로 꾸민 카페는 1920년대 스웨덴 분위기를 풍긴다. 무화과 페이스트, 염소 치즈, 프로슈토, 아르굴라를 넣은 바게트 샌드위치 피기Figgy, 로스트 레드 페퍼와 호박꽃, 모차렐라를 곁들인 샌드위치도 훌륭한데 이 모든 것이 $10 미만이다. 일찍 문을 닫는 것만 빼고는 아쉬울 게 없는 미드타운의 맛집이다.

1 미드타운 한복판에 있어 찾기 쉽다. **2** 자유로움이 느껴지는 카페 분위기 **3** 낡은 듯한 턴테이블과 꽃무늬 벽지가 멋스럽다. **4** 브루클린 느낌이 물씬 풍기는 새단된 음료 패키지

미드타운 코믹스 Midtown Comics

Map
P.480-F

secret

Add. 200 West, 40th St., New York, NY 10018
Tel. (212) 302-8192
Open 월~토요일 08:00~24:00, 일요일 12:00~20:00
Access 1·2·3·N·Q·R 라인 Time Sq. - 42nd St. 역
URL www.midtowncomics.com

2015 New Spot

피겨 컬렉터들의 성지

이런 곳이 누군가에게는 천국이라고 할까? 넓은 2층 매장을 가득 채운 것은 만화책. 그 만화책을 들고 서 있는 사람들은 대부분 어른이다. 아이보다 어른이 더 많은 만화 가게. 정장 차림의 나이 지긋한 신사부터 할머니까지 만화 삼매경에 빠져 있다. 이곳은 일본 망가를 비롯한 모든 만화책과 그와 관련된 피겨와 머천다이징, 비디오, DVD 등을 판매하는 곳으로 만화책만 50만 권이 넘는다 하니 그야말로 없는 게 없을 듯. 직원들은 만화에 관해서는 척척 박사니 궁금한 것이 있으면 물어보도록 하자. 만화를 잘 모르는 사람도 2층에 진열된 피겨를 보면 지갑을 열지 않을 수 없다. 그랜드 센트럴 터미널(459 Lexington Ave.)과 다운타운(64 Fulton St.)에도 지점이 있다.

1 만화 삼매경에 빠진 어른들 2 입구는 대로 안쪽 2층에 있다. 3 각종 상을 휩쓸고 있는 인기 만화 4 실물 크기에 가까운 대형 피겨들이 어른들을 유혹한다.

토이저러스 Toys R Us

Map
P.480-B

Add. 1514 Broadway at 44th St.
Tel. (646) 366-8800
Open 월~목요일 10:00~20:00, 금 · 토요일 10:00~23:00, 일요일 10:00~21:00
Access 1 · 2 · 3 · N · Q · R 라인 Times Sq. - 42nd St. 역
URL www.toysrus.com

놀이동산을 방불케 하는 장난감 가게

미국 아이들의 친구라 할 수 있는 장난감 가게로, 저렴하고 질 좋은 장난감이 가득하다. 특히 이곳은 세계적인 관광지 타임스 스퀘어에 위치해 있는 만큼 특별히 신경 쓴 인테리어가 볼만하다. 마치 놀이동산에 온 듯한 실제 3층 높이의 관람차 페리 힐Ferry Hill, 천장에 매달린 스파이더맨, 레고로 만든 엠파이어 스테이트 빌딩과 자유의 여신상, 영화 〈쥬라기 공원〉의 대형 티라노사우루스 모형까지 뉴욕적인 재미가 가득하다. 1층에서는 각종 뉴욕 캐릭터 인형과 머그잔, 티셔츠 등을 판매해 선물을 고르기도 좋다. 관람차 탑승장은 지하에 있는데 인기가 많아 장시간 기다려야 한다.

1 엄청난 규모임을 알 수 있는 매장 입구 **2** 회전 관람차를 타려면 지하로 내려가야 한다. **3** 레고LEGO와 바비Barbie's 브랜드는 별도 코너가 마련되어 있다.

뉴욕 내 한식당 가이드

P.474-K

뉴욕에 아무리 세계 각국의 맛있는 음식이 널려 있다고 해도 여행을 하다 보면 한국 음식이 생각나기 마련이다. 요즘은 코리아타운을 벗어나도 한식당이나 한국의 프렌차이즈를 만날 수 있을 만큼 한식의 위상이 많이 높아져 여기가 뉴욕인지 서울인지 헷갈릴 정도다. 하지만 메뉴별로 특화된 식당과 한국식 서비스를 기대하는 사람이라면 코리아타운을 찾아가는 것이 지름길. 요즘은 한국인 반, 외국인 반일 정도로 뉴요커나 타 지역 관광객도 많이 찾는 추세다.

Add. 5th Ave.와 Broadway 32가 Access B·D·F·M·N·Q·R 라인 34th St. - Herald Sq. 역

코리아타운의 주요 한식당

1. 델리 또는 푸드 몰 스타일
우리집 한식 뷔페와 포장 음식 판매
푸드 갤러리 32 분식, 한식, 국수, 중식, 일식, 디저트까지 한자리에서 골라 먹을 수 있는 푸드코트

2. 다양한 메뉴가 있는 한식당
마당쇠, 원조, 큰집, 초당골 순두부, 허 네임 이즈 한
코리아타운의 터줏대감이라 할 수 있는 식당들이다. 대부분 외국인들이 좋은 평가를 내린 곳.
이중 가장 유명한 초당골 순두부는 35가 5번가와 6번가 사이에 있다.

종로회관, 서울가든, 미스코리아 진선미, 가온누리
새로 생긴 만큼 더욱 쾌적한 공간과 깔끔한 음식 세팅을 선보이는 한식당들. 특히 우리은행이 들어선 건물 꼭대기 39층에 위치한 가온누리는 미드타운이 한눈에 내려다보여 손님 접대에 더욱 좋다.

3. 한국에서 상륙한 프렌차이즈
북창동 순두부, 동천홍, 감미옥, 교촌치킨
자본과 노하우를 바탕으로 한 한국 본토의 프렌차이즈가 속속 입성하면서 오랜 세월을 지켜온 감미옥, 금강산 같은 터줏대감들이 하나씩 사라지는 추세다. 코리아타운 골목도 새로운 시대를 맞이하고 있다.

반주
바를 겸한 레스토랑이라 인테리어가 멋지다. 한국 음식뿐만아니라 햄버거 등 서양 메뉴도 겸한다.
Add. 893 Broadway, New York, NY 10003
Tel. (646) 398-9663

트라이베카
정식
이름 그대로 고급 한정식집으로 〈미슐랭 가이드〉를 비롯해 여러 매체에서 큰 호평을 받은 곳.
Add. 2 Harrison St., New York, NY 10013
Tel. (212) 219-0900

4. 카페
카페베네, 파리바게트, 뚜레쥬르, 그레이스 스트리트
맨해튼 전역으로 확장하고 있는 한국 프렌차이즈 카페 3총사와 달리 그레이스 스트리트는 커피 맛을 내세운 곳답게 커피로 인기몰이 중이다. 넓은 공간과 많은 좌석으로 유학생들에게 인기다.

코리아타운 이외 지역의 한식당

이스트빌리지
오이지
힙한 느낌의 한식지. 사이드 메뉴로 허니버터칩을 판매한다. 저녁 장사만 함.
Add. 119 1st Ave., New York, NY 10003
Tel. (646) 767-9050

매디슨 스퀘어 파크
한잔, 단지
데이비드 창 이후 주목받고 있는 한국계 셰프 후니 김Hunni Kim의 작은 한식당들.
한잔 Add. 36 West, 26th St., New York 10010
Tel. (212) 206-7226
단지 Add. 346 West, 52nd St., New York 10001
Tel. (212) 586-2880

뉴욕의 백화점

블루밍데일스 Bloomingdale's P.486-A

1872년에 개장한 유서 깊은 백화점으로 시트콤 〈프렌즈〉에서 제니퍼 애니스턴이 근무한 곳. 삭스와 메이시스의 중간 수준으로 뉴요커들이 가장 선호하는 백화점이라 할 수 있다. 얼마 전 160평에 달하는 여성 플러스 사이즈 섹션을 남성 트렌드와 데님 섹션으로 대대적인 교체를 단행했다. 고급 패션 브랜드 외에 식기, 인테리어 소품, 가전 제품, 조리 기구 등 홈·리빙 섹션도 충실하다. 무엇보다 연중 다양한 프로모션을 진행해 고객들에게 후한 점수를 얻고 있다. DKNY와 랄프로렌 코너는 백화점 매장 기준으로는 세계에서 가장 넓다.

Add. 1000 3rd Ave. Open 월~목·일요일 10:00~20:30, 금·토요일 10:00~22:00 Access F·N·R·W·4·5·6 라인 Lexington Ave. - 59th St. 역

바니스 뉴욕 Barney's New York
P.476-I

한국의 패셔니스타들이 제일 선호하는 백화점으로 트렌디한 브랜드가 다 모여 있다. 바니스의 기준에 맞는다면 신인 디자이너의 의류도 과감히 들여오는 것으로 잘 알려져 있어 최신 패션의 눈높이를 제대로 확인할 수 있다. 1층 입구 왼쪽에는 프랑스의 명품 백 브랜드 고야드Goyard가 입점해 있어 한국 여성들에게 특히 인기다. 1932년 처음 문을 열었으며 로스앤젤레스, 비벌리힐스, 도쿄의 신주쿠에도 지점이 있다. 건물이 남성관과 여성관으로 나뉘어 있지만 연결 통로가 있어 건물 밖으로 나가지 않고도 이동할 수 있다. 5층 구두 섹션에는 케이티 홈스와 딸 수리가 구두 쇼핑을 하러 들렀다가 파파라치의 눈에 띄기도 했을 만큼 모든 여성들의 잇 슈즈가 진열되어 있다. 7~8층은 젊은 여성들이 주로 이용하는 캐주얼 매장 코업이 위치해 있으며 이곳의 트렌디한 셀렉션으로 가득한 데님 코너는 꼭 들려봐야 한다.

9층에 있는 레스토랑 프레즈Fred's는 셀러브리티와 유명 디자이너들의 단골 레스토랑으로 피크 타임인 식사 시간만 피하면 이용하기 괜찮다.

Add. 660 Madison Ave. Open 월~금요일 10:00~20:00, 토요일 10:00~19:00, 일요일 10:00~18:00 Access N·R·W 라인 5th Ave. - 59th St. 역 URL www.barneys.com

메이시스 Macy's
P.480-J

공휴일이 다가오면 TV를 틀 때마다 튀어나오는 원 데이 세일 광고와 추수감사절 퍼레이드 덕분에 뉴욕의 상징처럼 느껴지는 백화점. 본점인 이곳은 한 블록에 걸쳐 있는 세계 최대 규모. 어느 시간에 가든 붐비는 데다 주말에는 북새통이 따로 없어 더 이상 백화점이 아니라 시장으로 불러야 할 지경. 명품 브랜드 위주의 다른 백화점과 달리 중저가 브랜드가 큰 비중을 차지해 그런 듯하다. 하지만 1924년부터 시작된 추수감사절 퍼레이드와 메이시스의 산타 할아버지는 다른 백화점이 넘볼 수 없을 만큼 독보적이다. 여기에 봄을 알리는 플라워 쇼까지 더해져 토박이 뉴요커들에게 메이시스의 존재는 백화점 그 이상일 수밖에 없다. 특히 나무로 제작한 예스러운 엘리베이터가 진정한 앤티크의 진수를 보여준다.

Add. 151 West, 34th St. Open 월~토요일 10:00~21:30, 일요일 11:00~20:30 Access 1·2·3 라인 34th St. - Penn St. 또는 N·Q·R 라인 34th St.-Herald Sq. 역 URL www.macys.com

버그도프 굿맨 Bergdorf Goodman
P.479-C

맨해튼 남단 5번가 쇼핑 거리 입구에 자리한 뉴욕 최고급 백화점으로, 여성관과 남성관이 큰길을 사이에 두고 나뉘어 있다. 뉴욕 최상류층이 주 이용객이라더니, 여느 일반 백화점과 달리 1층에는 뷰티 매장 대신 우아한 보석상처럼 꾸민 보석 진열대가 시선을 압도한다. 2층의 슈즈 살롱도 그야말로 별들의 잔치. 공주 소파에 앉아 럭셔리한 신발을 원 없이 신어보며 잠시 로열패밀리의 기분을 만끽할 수 있다. 대체적으로 자유롭고 편안한 분위기지만 아무래도 가격표의 압박이 부담스러운 사람이라면 5층으로 직행하자. 데님 코너를 비롯해 트렌디하고 비교적 가격대가 낮은 브랜드를 모아놓아 숨통이 트이는 기분. 특히 버그도프 굿맨은 시즌마다 놀라운 볼거리를 제공하는 윈도 디스플레이로 유명한데 상업 미술을 전공하는 사람들의 교과서로 불릴 만큼 표본이 되고 있다.

Add. 754 5th Ave. Open 월~금요일 10:00~20:00, 토요일 10:00~19:00, 일요일 12:00~18:00
Access N·R·W 라인 5th Ave. - 59th St. 역
URL www.bergdorfgoodman.com

삭스 피프스 애버뉴
Saks Fifth Avenue
P.479-K

5번가에 위치해 있어 관광객부터 업타운 사모님까지 다양한 고객들이 방문하는 고급 백화점. 만약 뉴욕에서 딱 한 곳만 가야 한다면 이곳을 추천하고 싶다. 1층은 화장품과 잡화 매장인데 원스톱으로 모든 브랜드의 가방을 비교해보고 싶은 사람들에게 최고의 장소다. 우리나라의 가방 브랜드 MCM도 있다. 최근 업그레이드된 8층의 슈즈 코너는 1.5배로 넓어진 데다 슈즈 진열대가 20미터나 된다. 달콤한 디저트가 회전대를 따라 끊임없이 돌아가는 초콜릿 바 샤보넬Chabonnel et Walker도 놓칠 수 없는 볼거리. 또 크리스마스 시즌에 펼쳐지는 눈꽃 조명 쇼에서는 15~30분 간격으로 50개의 눈꽃 송이가 '카드 오브 더 벨즈Card of the Bells' 음악에 맞춰 화려한 춤을 춘다. 건너편의 록펠러 센터와 함께 크리스마스 최고의 핫 스폿으로 각광받는 곳.

Add. 611 5th Ave. Open 월~수·금요일 10:00~20:00, 목요일 09:00~21:00, 토요일 10:00~19:00, 일요일 12:00~19:00
Access B·D·F 라인 47th - 50th St. - Rockefeller Center 역 URL www.saksfifthavenue.com

5번가의 주요 숍 Shops on the 5th Ave.

티파니 Tiffany
P.479-C

영원한 고전 영화, 오드리 헵번의 〈티파니에서 아침을〉로 기억되는 뉴욕의 명소이자 여성들의 로망이다. 1층 한쪽에는 가격을 매길 수 없는 티파니의 역사적인 보물들이 전시되어 있다. 매장 안쪽 엘리베이터 근처에는 비교적 저렴한 가격의 실버 코너가 있어 주머니가 가벼운 사람들이 이용해볼 만하다. 알파벳 시그너처 목걸이를 한국보다 싼 가격에 구입할 수 있다. 약혼반지만 판매하는 층에 가면 일명 티파니 커팅이라고 하는 수백 개의 다이아몬드 반지가 아름다운 프러포즈의 순간을 기다리는 여자의 마음을 사정없이 흔들어놓는다.

Add. 727 5th Ave., 56th~57th St.
Tel. (212) 755-8000 Open 월~금요일 10:00~19:00,
토요일 10:00~18:00, 일요일 12:00~17:00
Access N·R·Q 라인 5th Ave. - 59th St. 역
URL www.tiffany.com

헨리 벤델 Henri Bendel   P.479-G

이곳의 커피색과 흰색의 스트라이프 쇼핑백은 오랫동안 업타운 걸들의 상징으로 여겨졌다. 헨리 벤델의 스트라이프가 들어간 일기장이나 패션 소품 같은 다양한 시그너처 아이템이 사랑받는 이유이기도 하다. 1층에는 화장품과 액세서리, 가방 같은 잡화류, 2층에는 패션 소품과 보석 매장이 있다. 가벼운 파티를 빛내주는 특별한 헤어 액세서리를 구하기에 좋다. 5층에는 아기자기한 분위기의 초콜릿 바가 있어 쇼핑 중간에 쉬어 가기에 좋다.

Add. 712 5th Ave., 54th~55th St.
Tel. (212) 247-1100 Open 월~토요일 10:00~20:00, 일요일 12:00~19:00 Access E·M 라인 5th Ave. 역
URL www.henribendel.com

애버크롬비 Abercrombie   P.479-G

미국 고등학생들이 즐겨 입는 전형적인 아메리칸 스타일의 캐주얼 브랜드. 명품 숍 못지않은 인기로 언제나 긴 줄이 늘어선다. 정문에는 모델처럼 잘생긴 남자들이 웃통을 벗고 서 있는데 원하면 같이 사진을 찍을 수도 있다. 건물 안에는 클럽 음악이 울리고 애버크롬비의 향수 냄새가 진동한다. 다른 캐주얼 브랜드와 달리 아담한 여성들이 입기 좋게 사이즈가 작은 편. 로어맨해튼의 사우스 스트리트 시포트에도 매장이 있다.

Add. 720 5th Ave., 56th St.
Tel. (212) 674-2146 Open 월~토요일 10:00~20:00, 일요일 12:00~18:00 Access E·M 라인 5th Ave. 역
URL www.abercrombie.com

세포라 Sephora   P.480-B

세계 최대 럭셔리 그룹 LVMH의 뷰티 멀티 숍으로 1969년 프랑스에 처음 문을 열었다. 뉴욕에는 1998년에 들어와 지금은 동네마다 매장이 생겼을 정도. 250개 화장품 브랜드가 한곳에 모여 있어 여러 브랜드를 비교하고 구입할 수 있어 좋다. 기초화장, 헤어, 메이크업, 브러시, 헤어 커트 세트 등 1000여 점에 달하는 뷰티 제품이 모여 있고 화장품 테스트도 맘껏 할 수 있다. 특히 관광객이 많은 이곳은 트래블 키트가 잘 갖추어져 있어 선물용으로도 괜찮고 여행할 때 요긴하게 사용할 수 있는 물건이 많아 눈여겨볼 만하다.

Add. 597 West, 5th Ave.(48th~49th St.) Tel. (212) 980-6534
Open 월~토요일 10:00~20:00, 일요일 11:00~19:00
Access B·D·M·F 라인 42nd St. 역 또는 7 라인 5th Ave. 역
URL www.sephora.com

브로드웨이 뮤지컬 보기

타임스 스퀘어를 가로지르는 브로드웨이는 주변을 둘러싼 공연 광고판과 중심 광장의 TKTS 때문에 한 번쯤 브로드웨이 뮤지컬을 떠올리게 된다. 평소 공연을 즐기는 사람이 아니어도 뉴욕에 온 이상 오리지널 브로드웨이 뮤지컬을 볼 수 있는 기회를 놓치지 말자.

티켓 구입 방법

홈페이지(www.broadway.com)에 들어가 보고자 하는 뮤지컬을 자신이 원하는 날짜에 맞춰 티켓을 구매하면 된다. 보통 티켓은 전자 티켓으로 이메일로 받아 프린트해 가져가면 된다. 한편 많은 공연이 할인 티켓을 제공한다. 홈페이지(www.nytix.com/Broadway)에서 제공하는 할인 티켓을 알아보고 구매하자. 많은 사람이 선호하는 오케스트라 석이 $110~150, 좋은 좌석은 $200 정도에 구매할 수 있다.

저렴하게 구입하는 3가지 방법

러시 티켓Rush Ticket

러시 티켓은 공연 당일에 판매하지 못한 표를 판매하는 것으로 러시 티켓을 사려면 아침 일찍 해당 극장 앞으로 가야 한다. 티켓 판매 일정은 홈페이지에서 확인할 수 있다.
URL www.nytix.com

로터리 티켓Lottery Ticket

보통 공연 시작 2시간 30분 전에 일부 남겨놓은 좌석을 판매하는 티켓. 극장 앞에서 이름을 적어 추첨함에 넣으면 30분 뒤 발표한다. 한 사람당 2장까지 신청할 수 있으며 신분증과 현금 지참은 필수. 인기 공연인 경우 티켓 수가 많지 않고 당첨도 어렵다. 최고 70%까지 할인하며 티켓 판매 일정은 홈페이지에서 확인할 수 있다.
URL www.nytix.com

TKTS

그날그날 남는 티켓을 모아 최대 50%까지 할인해 판매하는 곳. 타임스 스퀘어, 다운타운, 브루클린에 지점이 있다. 위치와 시간, 어떤 티켓이 올라왔는지는 홈페이지에서 실시간으로 확인하는 것이 좋다.
URL www.tdf.org

지점

타임스 스퀘어
Add. 47th St., Broadway Open 10:00~15:00, 14:00~20:00 Access 7·N·Q·R 라인 42nd St. 역

다운타운
Add. South Street Seaport, Front & John St. Open 월~토요일 11:00~18:00, 일요일 11:00~16:00 Access 2·3·A·C·J·Z 라인 Fulton St. 역

브루클린
Add. 1 MetroTech Center Open 화~금요일 11:00~18:00 Close 월·일요일 Access A·C·F·R 라인 Jay St. - MetroTech Center 역 또는 2·3·4·5 라인 Court St. - Borough Hall 역

브로드웨이 인기 공연

라이언 킹Lion King
디즈니 만화 영화 원작을 뮤지컬로 각색하여 만들었다. 줄리 테이머의 화려한 무대와 의상, 다이내믹한 음악으로 청중을 사로잡는다. 원작 만화 못지않은 인기작으로 이제는 뉴욕 방문객의 필수 코스가 되었다. 할인 티켓이 거의 나오지 않는 부동의 인기작.

위키드Wicked
영화 〈오즈의 마법사〉에 나온 마녀 캐릭터에서 착안해 만든 뮤지컬. 〈아무에게도 들려주지 않은 오즈의 마법사 이야기The Untold Story of the Witches of Oz〉가 부제다. 무대에 올리자마자 수많은 찬사와 상을 휩쓸었다. 러시 티켓은 없고 로터리 티켓만 있으니 꼭 보고 싶은 사람이라면 여행 전 티켓을 예매하는 것이 안전하다.

시카고Chicago
관능적인 재즈 음악과 춤, 톡톡 튀는 대사, 탄탄한 스토리, 특히 연기자들의 춤과 노래가 인상적인 작품이다. 이미 영화로 명성이 자자하지만 여전히 관객을 끌어모으는 브로드웨이 롱런 작품 중 하나다.

레 미제라블Les Miserables
뮤지컬 원조로 추앙받는 작품으로 평생 한 번은 라이브로 봐야 하는 버킷 리스트 뮤지컬. 현재는 브로드웨이의 유서 깊은 임페리얼 시어터Imperial Theatre에서 절찬리 공연 중이다.

마틸다Matilda
유명 작가 로울드 달Roald Dahl의 원작 영화 〈찰리와 초콜릿 공장Charlie and Chocolate Factory〉을 각색한 뮤지컬로 출연자 대부분이 어린이다. 현대적이고 창의적인 무대와 연출로 그해 토니상을 휩쓸었다. 억압적인 어른들의 세계에 갇힌 천재 소녀의 활약이 주 내용.

맘마 미아Mama Mia
스웨덴 팝 그룹 아바ABBA의 노래를 사용해 만든 주크박스 뮤지컬로 1999년 런던에서 초연했다. 현재까지 브로드웨이에서 공연 중인 롱런 작품으로 관객의 인기가 가장 뜨거운 작품 중 하나.

Area 04
CHELSEA

첼시
CHELSEA

● 서쪽 허드슨 강변까지 차고와 창고가 늘어선 풍경은 황량하기 이를 데 없지만, 소호의 치솟는 땅값을 피해 이곳으로 이주해 온 갤러리 타운 덕에 현대 미술의 1번지로 자리매김했다. 다분히 자유롭고 아방가르드하며 지적인 분위기가 지배하는 이곳은 업타운의 과시적이고 도도한 부자들과 달리 의식 있는 신흥 부호들이 선호하는 곳으로 알려져 있다. 첼시가 이런 명성을 얻게 된 데는 한 세기에 걸친 첼시 호텔Chelsea Hotel의 미친 존재감을 무시할 수 없다. 23가, 7번가와 8번가 사이에 위치한 첼시 호텔은 세계적인 문인, 가수, 철학자, 화가 등 각계각층의 명사들이 머물며 교류하던 사교장 역할을 해왔다. 밥 딜런의 노래 '사라Sarah', 아서 클라크의 〈2001 스페이스 오디세이2001 Space Odyssey〉 같은 작품도 모두 이곳에서 쓰였으며 토머스 울프, 유진 오닐, 재니스 조플린, 빌럼 데 쿠닝 등 한 시대를 풍미한 예술가치고 이곳을 거쳐 가지 않은 이가 없을 정도다. 요즘은 서쪽 창고 부지에 초현대적인 건축물이 속속 들어서 동네 풍경도 급변하는 중이며, 첼시 마켓과 더불어 버려진 철길을 공원으로 바꾼 하이라인 파크Highline Park까지 보태지면서 찾는 이의 발길이 부쩍 늘었다.

Access
가는 방법

C·E 라인 23rd St. 역
방향 잡기 지하철 C·E 라인 23가 8번가 쪽으로 나와 9번가 쪽으로 방향을 잡고, 22가와 26가 사이의 갤러리 투어로 시작한다.

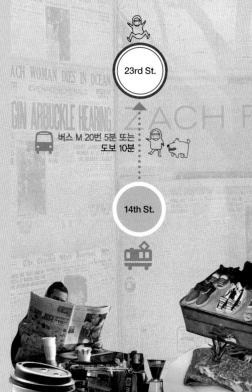

23rd St.

버스 M 20번 5분 또는
도보 10분

14th St.

Check Point
● 갤러리가 너무 많아 다 돌아보겠다는 욕심을 가지면 하루가 모자랄 지경. 가급적 꼭 보고 싶은 전시 중심으로 갤러리 동선을 잡는 것이 현명하다.
첼시 갤러리 정보 사이트 :
www.chelseaartgalleries.com

Plan
추천 루트

현대 미술의 1번지 첼시에서
떠나는 과거로의 여행

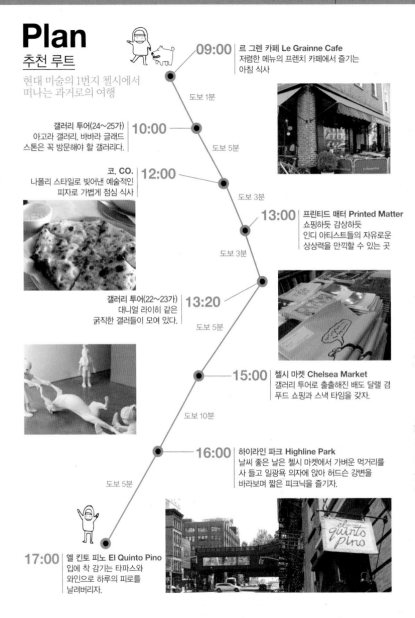

09:00 르 그렌 카페 Le Grainne Cafe
저렴한 메뉴의 프렌치 카페에서 즐기는
아침 식사

도보 1분

10:00 갤러리 투어(24~25가)
아고라 갤러리, 바바라 글래드
스톤은 꼭 방문해야 할 갤러리다.

도보 5분

12:00 코. CO.
나폴리 스타일로 빚어낸 예술적인
피자로 가볍게 점심 식사

도보 3분

13:00 프린티드 매터 Printed Matter
쇼핑하듯 감상하듯
인디 아티스트들의 자유로운
상상력을 만끽할 수 있는 곳

도보 3분

13:20 갤러리 투어(22~23가)
대니얼 라이히 같은
굵직한 갤러리들이 모여 있다.

도보 5분

15:00 첼시 마켓 Chelsea Market
갤러리 투어로 출출해진 배도 달랠 겸
푸드 쇼핑과 스낵 타임을 갖자.

도보 10분

16:00 하이라인 파크 Highline Park
날씨 좋은 날은 첼시 마켓에서 가벼운 먹거리를
사 들고 일광욕 의자에 앉아 허드슨 강변을
바라보며 짧은 피크닉을 즐기자.

도보 5분

17:00 엘 킨토 피노 El Quinto Pino
입에 착 감기는 타파스와
와인으로 하루의 피로를
날려버리자.

졸졸 흐르는 물에 발을 담그고 노는 아이들의 모습이 정겹다.

하이라인 파크 **Highline Park**

Add. 529 West, 20th St., New York, NY 11211
Tel. (212) 500-6035 **Open** 07:00~20:00(봄·가을은 22:00까지)
Access L·A·C·E 라인 14th St. - 8th Ave. / C·E 라인 23rd St.- 8th Ave. /
1·2·3 라인 14th St. - 7th Ave. / 1 라인 18th St. - 7th Ave. / 1 라인 23rd St. 역
※출입구는 Gansevroot St.·14th·16th·18th·20th St.에 있다. 14th·16th St.는
엘리베이터 이용 **URL** www.thehighline.org

★★★

버려진 철길이 멋진 공원으로 탈바꿈

2009년 개장해 햇수로 6년째를 맞이한 하이라인 파크는
그 짧은 시간 동안 뉴욕의 부동산과 문화 지형을 다 바꾸
어놓을 만큼 성공적인 도시 생태 공원이다. 원래 1930년
대까지 화물 운송을 위해 만든 철길이었는데 철거를 앞
두고 시민 모임을 통해 뉴욕 시의 지원을 받아 멋진 공원
으로 재탄생했다. 철길의 원형을 보존하면서 주변 환경
과 조화를 이루는 것은 물론 그 안에 자연스러운 생태 환
경을 담아낸 지상 공원은 이제 주민들의 휴식·문화 공
간을 넘어 뉴욕의 대표적인 관광지가 되었다. 시간이 갈
수록 무성해진 나무를 비롯한 식물의 향기에 취해 걸으
며 뉴욕의 스카이라인을 구경하는 재미와 함께 뉴욕의
맛난 로컬 먹거리가 모여 있는 쉼터에서 즐기는 가벼운
스낵 삼매경도 하이라인 파크 감상의 필수 코스.

1 거리의 번잡함을 벗어나 빌딩 숲을 산책해보자, **2, 3** 아래 유리 벽을 통해 지나가는 자동차를 구경하며 쏟아지는 햇살을 즐기는 젊은이들

첼시 호텔 Chelsea Hotel

Map
P.482-B

Add. 222 West, 23rd St., New York, NY 10011
Tel. (212) 243-3700
Access C·E 라인 23rd St. 역
URL www.hotelchealsea.com

★

첼시의 예술혼이 담긴 랜드마크 호텔

바닥은 군데군데 휘고 전망은 커녕 헤어드라이어도 없는
낡은 호텔이지만, 보헤미안 시절의 위대한 유산을 가장
많이 간직하고 있는 곳이다. 이곳을 거쳐 간 장기 투숙자
중에는 레너드 코헨, 재니스 조플린, 딜런 토머스, 아서
밀러와 〈2001 스페이스 오디세이〉의 저자 아서 C. 클라
크 등이 있으며 단골로는 스탠리 큐브릭에서 장 폴 사르
트르까지, 20세기 초반에 활약했던 예술인과 지식인들
의 사교장으로 한 시대를 풍미했다. 벽에는 투숙객들의
다양한 아트워크가 걸려 있어 웬만한 박물관 부럽지 않
다. 호텔 옆에는 호텔만큼 역사가 깊은 스페인 레스토랑
엘 키지토El Quijito가 자리해 있다. 서비스가 좋진 않지만
1955년도의 마드리드를 연상시키는 고풍스런 분위기에
서 과거를 추억하며 높게 쌓아 올린 랍스터와 시푸드 파
에야를 맛볼 수 있다.

1, 2 1층 로비를 장식한 예술품 3 베네치아를 연상시키는 이국적인 테라스가 눈길을 끄는 외관 4 호텔에 투숙하지 않아도 로비에 앉아 예술품을 감상해도 눈치가 안 보이는 친근한 분위기

엘 킨토 피노 El Quinto Pino

Add. 401 West, 24th St., New York, NY 10001
Tel. (212) 206-6900
Open 점심 화~금요일 12:00~15:00 / 브런치 토·일요일 11:00~15:30 /
저녁 17:00부터, 폐점은 유동적
Access C·E 라인 23rd St. 역
URL www.elquintopinonyc.com

입맛 당기는 메뉴로 소문난 타파스 바

2007년 문을 연 뒤 여러 미디어의 찬사를 받은 곳. 아주
작은 공간에 테이블 없이 바 좌석만 있어 친한 친구나 연
인끼리 오기에 좋다. 스페인 와인 한 잔 가격은 $12~16
로 조금 비싼 편이지만, 마셔보면 가격 부담을 조금이라
도 털어낼 만큼 매우 훌륭하다. 총 10여 가지로 구성된
타파스 메뉴도 한 접시 한 접시 다시 먹고 싶을 만큼 인상
적이다. '뉴욕에서 진정한 타파스 바'라는 극찬을 받기도
한 곳. 모든 메뉴가 스페인어로 적혀 있지만 직원들이 친
절하게 설명해준다. 특히 마늘과 할라페뇨로 맛을 낸 새
우 요리Gambas al Ajillo는 요즘 인기 있는 타파스 바 중 최
고다. 모두가 추천하는 성게 파니니 샌드위치도 장안의
화제인 만큼 꼭 맛보길 바란다.

1, 2 주택가에 위치한 아주 작은 가게로, 자칫 지나치기 쉽다. **3, 4** 타파스의 대표 메뉴인 마늘 양념한 새우와 매콤한 감자

티아 폴 Tia Pol

Add. 205 10th Ave., New York, NY 10011
Tel. (212) 675-8805
Open 점심 화~금요일 12:00~15:00 / 브런치 토·일요일 11:00~15:00 /
저녁 월~목요일 15:00~23:00, 금요일 13:00~24:00, 일요일 15:00~22:30
Access C·E 라인 23rd St. 역
URL www.tiapol.com

Map
P.482-A

뉴욕에 타파스 바 유행을 이끈 선두 주자

타파스는 스페인에서 메인 요리가 나오기 전에 먹는 소
량의 전채 또는 스낵이다. 양도 적고 짭조름해 와인에 곁
들여 이것저것 맛볼 수 있다. 티아 폴은 미국에서 요리를
공부하고 스페인에서 경력을 쌓은 부부가 2004년 첼시
에 오픈한 곳으로 평균 30분 이상은 기다려야 할 정도로
인기다. 가게 안쪽에는 파티를 위한 넉넉한 테이블도 마
련되어 있다. 와인은 한 잔에 $9~12이며 소량의 테이스팅
와인을 맛본 뒤 골라도 좋다. 타파스는 올리브, 안초비,
양꼬치, 구운 고추, 하몽(햄) 등 기본 메뉴로 구성되어 있
으며 점심은 주로 샌드위치 스타일로 제공한다.

Tip
2008년 문을 연 9번가의 치키토Txikito는 티아 폴에서 일하던 셰프가
낸 식당으로, 모던한 분위기에 스페인 바스키아 지방의 메뉴를 선보인
다. 점심 메뉴 엘 도블타 Doble 버거는 꼭 맛볼 것.

1 초저녁임에도 입구가 사람들로 가득 찰 만큼 이 동네의 인기 스폿 **2** 이 집 새우 요리는 생마늘을 그대로 사용해 입안이 얼얼할 정도
로 맵다. **3, 4** 부드러운 치즈와 감자로 속을 채운 크로켓

소카라트 파에야 바 Socarrat Paella Bar

Add. 259 West, 19th St., New York, NY 10011
Tel. (212) 462-1000
Open 점심·브런치 11:00~16:00 / 저녁 일~목요일 14:00~23:00,
금·토요일 16:00~23:30
Access C·E 라인 23rd St. 역
URL www.socarratrestaurants.com

스페인 음식인 파에야 전문 식당

파에야는 사프란으로 노랗게 물들인 밥에 각종 해산물
과 고기를 먹음직스럽게 올린 볶음밥이다. 스페인을 대
표하는 음식이기도 하지만 음식의 색을 볼 때마다 태양
의 나라 스페인을 닮았다는 생각이 든다. 2인 이상 주문
이 가능하며 1인당 가격은 $23~30. 결코 저렴한 가격은
아니지만 푸짐한 양과 재료를 생각하면 그다지 비싼 편
은 아닌 듯. 테이블 모두 바 형태이고 좁은 공동 테이블이
나름 오붓한 느낌을 준다. 널찍한 파에야 팬에 아래쪽이
가무잡잡하게 그을린 밥 위로 싱싱한 생선, 돼지고기, 닭
고기, 소시지, 머슬, 클램을 풍성하게 올린다. 단, 와인을
곁들여 안주 삼아 먹어야 할 정도로 상당히 짜다. 놀리타
(284 Mulberry St.)와 미드타운(935 2nd Ave.)에도 지
점이 있다.

1, 2 점심보다는 저녁에 더 분위기 있는 곳 **3** 그룹 손님을 위한 창가 쪽 둥근 테이블 자리 **4** 옆 손님과 팔꿈치가 닿고, 앞 손님과 코끝
이 닿을 만큼 친밀한 느낌을 주는 공동 테이블

미트볼 숍 Meatball Shop

Add. 200 9th Ave., New York, NY 10011
Tel. (212) 257-4363
Open 토~수요일 12:00~02:00, 목·금요일 12:00~04:00
Access 1 라인 23rd St. 역
URL www.themeatballshop.com

2015 New Spot ▶

소울 푸드 미트볼이 뉴욕 스타일과 만나다

로어이스트의 맛집 미트볼 숍은 2012년 오픈 후 지금까지 꾸준히 찬사받으며 요리책도 내고 맨해튼에 4곳, 브루클린에 1곳 지점을 낼 정도로 어엿한 규모가 되었다. 원래 미트볼은 미국인들의 소울 푸드에 해당하는 대표적인 가정식 메뉴로 아이들은 물론 어른들도 즐기는 우리나라의 떡볶이 정도로 볼 수 있다. 주문할 때 테이블에 놓여 있는 메뉴 코팅 받침에 마커로 미트볼 고기, 소스, 사이드 메뉴(파스타 포함)를 표시하면 된다. 파스타 대신 샌드위치처럼 빵 사이에 미트볼을 끼워 먹기도 하고 샐러드에 올려 먹어도 된다. 먹는 방법은 조합하는 방식에 따라 자유자재. 채식주의자를 위한 미트볼도 있으니 미트볼에 대한 광의적 의미로 즐겨봄직하다.

1 테라스 자리는 언제나 인기 있다. 2 칵테일 가격이 저렴해 저녁에는 청춘남녀가 많다. 3 잣이 듬뿍 들어간 고소한 페스토 소스
4 미트볼 고기, 소스, 파스타를 취향 것 골라 조합하면 된다.

쿡숍 Cookshop

Add. 156 10th Ave., New York, NY 10011
Tel. (212) 924-4440
Open 월~금요일 08:00~23:30, 토요일 10:30~23:00, 일요일 10:30~22:00
Access E·C 라인 23rd St. 역 또는 버스 M 23번 10th Ave. 정류장
URL www.cookshopny.com

브런치 명소로 사랑받는 고급 레스토랑

노호NoHo에서 유명한 파이브 포인츠Five Points의 주인 부부가 2008년 오픈한 식당. 그린 마켓의 신선한 식재료로 만드는 가정식 메뉴로 갤러리 호핑을 마친 여자들의 브런치 장소로 사랑받고 있다. 파이브 포인츠와 마찬가지로 방목한 소와 롱아일랜드에서 갓 잡아 올린 생선, 인근 지역에서 재배한 제철 채소를 이용하기 때문에 재료에 따라 매일매일 메뉴가 바뀐다. 넓은 통유리 창 건너편으로 첼시의 하이라인 파크와 파란 하늘을 볼 수 있어 음식을 기다리는 동안 마음이 탁 트이는 느낌이다. 좋은 재료에 대한 믿음 때문인지 음식이 모두 신선하게 느껴지고 맛있다. 바삭한 도와 야들야들한 속살의 버터밀크 프라이드치킨은 생각만 해도 침이 고인다. 하이라인 바로 건너편이라 날씨 좋은 날 식사를 마치고 산책하기 좋은 위치다.

1 넓고 쾌적한 다이닝 공간 **2** 브런치 타임 시작부터 엄청난 손님들이 대기 중이다. 예약 필수 **3** 음식만큼이나 식당 인테리어도 과하지 않으면서 정직한 느낌을 준다. **4** 따끈한 초콜릿과 부드러운 크루아상의 조화가 예술이다.

코. Co.(Company)

Map
P.482-A

Add. 230 9th Ave., New York, NY 10001
Tel. (212) 243-1105
Open 월요일 17:00~23:00, 화~토요일 11:30~23:00, 일요일 11:00~22:00
Access C·E 라인 23rd St. - 8th Ave. 역
URL www.co-pane.com

뉴욕에서 맛보는 오리지널 나폴리 피자

근처 갤러리 타운에 어울리는 미니멀한 인테리어 디자인
이 돋보이는 이곳에서 꼭 먹어봐야 할 음식은 $7짜리 피
자. 종류가 한 가지밖에 없고, 메인 접시 사이즈에 별다
른 소스와 토핑 없이 그저 쫄깃하고 적당히 부풀어 오
른 피자 빵을 리코타 치즈($3)와 곁들여 먹는다. 이 심플
한 음식이 피자의 본고장 나폴리 피자를 그대로 재현해
냈다는 평과 함께 미국 내 베스트 피자 중 하나로 추앙
받고 있다. 빵이 맛있기로 소문난 '설리번 스트리트 베이
커리Sullivan Street Bakery'의 설립자 짐 라헤이Jim Lahey가
빵을 구워낸다는 사실을 알고 나니 그럴 만하다는 생각
도 든다. 피자 외에 빵과 샐러드, 각종 재료로 속을 채운
파이류도 판매한다. 설리번 베이커리 카페 첼시점이 아
주 가까이 이웃해 있다.

1 이것이 바로 뉴욕을 대표하는 베스트 피자 **2, 3** 상업 건물로 느껴지는 미니멀한 디자인의 레스토랑 외관과 내부 **4** 타국에서 맛보는
엄마표 해장국 느낌의 '오늘의 수프'

포리저스 시티 테이블 Forager's City Table

Add. 300 West, 22nd St., New York, NY 10011
Tel. (212) 243-8888
Open 월~금요일 17:30~22:00, 토요일 10:30~14:30, 17:30~22:30,
일요일 10:30~14:30
Access E·C 라인 23rd St. 역
URL www.foragerscitygrocer.com

2015 New Spot

식재료의 진리를 그대로 보여주는 테이블

'식재료를 구하는 사람'이라는 뜻의 포리저. 보통 뉴욕의
고급 레스토랑은 자체 식재료를 공급하는 포리저 농장
을 따로 두고 있다. 이곳은 뉴욕 인근 허드슨 밸리에 채
소와 닭 농장을 운영하는 회사에서 직영하는 식료품점과
그에 딸린 식당이다. 원래 브루클린의 덤보Dumbo가 본
점이며, 2012년 첼시에도 문을 열었다. 매 계절마다 수확
한 재료로 만드는 아삭하고 싱싱한 샐러드, 폭신하고 부
드러운 달걀 요리, 목초지에서 방목해 키운 닭과 돼지고
기 요리 등 한번 맛본 사람은 극명한 재료 차이에 자극을
받게 된다. 셀러브리티를 비롯해 젊은 사람들의 핫 스폿
으로 등극한 것은 당연한 결과. 먹고 나서 바로 옆 가게
와 와인 숍에 들러 질 좋은 재료를 사 가는 즐거움도 빼
놓을 수 없다.

1 언제나 사람들로 가득 찬 테이블 **2** 어린이 메뉴도 알차다. **3, 4** 신선한 식재료로 가득한 접시

도넛 플랜트 Doughnut Plant

Add. 220 West, 23rd. St., New York, NY 10011
Tel. (212) 505-3700
Open 월~목요일 07:00~22:00, 금~일요일 07:00~24:00
Access 1 라인 23rd St. 역
URL www.donnutplant.com

2015 New Spot ▶

창의적인 도넛으로 제2의 전성기를 누리다

이곳은 뉴욕 전역의 수십 개 매장에 도넛을 공급하는 뉴욕 대표 도넛으로 유명 카페 진열장 도넛은 거의 이 집 도넛이라 할 수 있다. 첼시의 플래그십 매장은 도넛의 도넛 모양의 알록달록한 쿠션과 의자로 장식했다. 1994년 첫선을 보인 뒤 20년간 꾸준히 사랑받아온 비결은 쫀득하고 신선한 질감의 빵과 제철 과일을 이용, 그리고 시즌별로 맛볼 수 있는 다양한 글레이즈 코팅이라 할 수 있다. 방금 구워낸 도넛 위에 반지르르 윤기 나는 색색의 천연 글레이즈로 마무리한 도넛에 갓 뽑아낸 블랙커피를 곁들여 먹어보자. 도넛뿐만 아니라 고유의 잼과 수프레드, 티셔츠 같은 기념품도 구입할 수 있으며, 로컬 농장에서 가져온 우유와 신선한 커피 음료, 친절한 직원은 덤이다. 로어이스트(379 Grand St.)에도 지점이 있다.

1 컵케이크 판매점인데도 남자 손님이 많다. 2 시즌 별 재료에 따라 달라지는 도넛 3 스카프를 머리에 두른 듯 포장한 귀여운 도넛
4 꼭 먹어봐야 할 크렘블레 도넛

카페 그럼피 Café Grumpy

Add. 224 West, 20th St., New York, NY 10011
Tel. (212) 255-5511
Open 월~토요일 07:30~20:00, 일요일 07:30~19:30
Access 1 라인 23rd St. 역
URL www.cafegrumpy.com

브루클린을 넘어 맨해튼으로 진출한 커피

단조로운 선으로 그린 생뚱맞은 얼굴 모양 로고로 유명한 브루클린 태생의 아담한 커피 하우스. 에스프레소 커피 일변도의 카페 지형에 드립 커피의 부활을 외치며 샌프란시스코의 블루 보틀, 시카고의 인텔리젠시아와 함께 미국 커피에 새로운 바람을 일으키고 있는 곳이다. 뉴욕에 5대밖에 없는 고가의 드립 커피 추출기인 클로버를 2대나 보유할 정도로 커피 미학에 상당한 투자를 하고 있다. 커피 가격은 원두와 추출 방법에 따라 천차만별. 커피 외에 고급 홍차와 빈티지 차도 맛볼 수 있다. 로맨틱하고 사랑스러운 외관과 주황색의 밝고 활기찬 분위기 덕분에 여자들에게 특히 인기가 많다. 로어이스트(13 Essex St.)와 미드타운웨스트(200 West, 39th St.), 그랜드 센트럴 터미널(East, 42nd St.)에도 지점이 있다.

1 커피 전문가가 뽑아주는 맛있는 커피와 커피 이야기가 있는 곳 **2** 입구 쪽의 공부방 분위기가 나는 자리. 내부로 들어갈수록 더 오붓하다. **3, 4** 기념품으로 살 만한 머그잔과 소품

빌리스 베이커리 Billy's Bakery

Map
P.482-C

Add. 184 9th Ave., New York, NY 10011
Tel. (212) 647-9956
Open 월~목요일 08:30~23:00, 금 · 토요일 08:30~24:00, 일요일 09:00~21:00
Access C · E 라인 23rd St. 역
URL www.billysbakerynyc.com

옛 정취가 가득한 동네 사랑방

황량한 무채색 거리에서 도드라져 보이는 민트 컬러가
눈에 확 띄는 컵케이크 가게. 꽃무늬 벽지와 레트로풍 테
이블로 꾸민 실내는 무릎 아래까지 내려오는 플레어스커
트에 장갑을 끼고 외출했던 1940년대 요조숙녀들이 앉
아 있을 법한 분위기다. 매그놀리아 베이커리의 초창기
멤버인 빌리 리스가 이곳을 열었다고 하는데, 향수를 자
아내는 분위기는 비슷하지만 훨씬 밝고 여성스럽다.

이 집의 단골 중에는 젊은 여자 못지않게 중년의 남
자 손님도 많다는 점이 특이하다. 컵케이크는 $3,
바나나 · 당근 · 레드 벨벳 같은 스페셜 컵케이크는
$3.5다. 놀리타(268 Elizabeth St.)와 트라이베카
(75 Franklin St.)에도 지점이 있다.

---

1 멀리서도 한눈에 들어오는 빌리스 베이커리의 간판 **2** 방금 설탕을 입힌 컵케이크가 끝없이 포장되어 나가고 있다. **3** 레트로풍 카드
도 판매한다. **4** 적당히 달면서 폭신한 컵케이크

르 그렌 카페 Le Grainne Cafe

Add. 183 9th Ave., New York, NY 10011
Tel. (646) 486-3000
Open 08:00~12:00
Access C·E 라인 23rd St. 역
URL www.legrainnecafe.com

동네에 대한 애정이 느껴지는 프렌치 카페

파리 노천카페의 향수가 그대로 느껴지는 아담한 공간
과 합리적인 가격, 입에 살살 감기는 파리지앵 메뉴 때문
에 주말 브런치는 일찍부터 서두르지 않으면 자리 잡기
가 어렵다. 프랑스어로 반갑게 인사를 나누는 사람이 꽤
많은 걸 보면 무늬만 프렌치 스타일은 아닌 듯. 옆 테이블
의 이야기가 다 들릴 만큼 나란히 붙어 있는 테이블, 부담
없는 OST 음악, 훤히 들여다보이는 오픈된 주방에서 들
리는 지글거리는 소리와 식기 부딪치는 소리까지도 자연
스럽다. 추운 날에는 쭉 늘어나는 엄청난 두께의 치즈를
스푼에 감아가며 먹는 양파 수프가, 날씨 좋은 날은 직접
고른 재료를 기름기 없이 산뜻하게 부쳐낸 크레페 샌드
위치와 카페오레 한잔이 그럴싸하다.

1 세월의 느낌이 그대로 느껴지는 동네 카페 **2** 동네 주민이라면 기필코 단골이 됐을, 부담 없는 밥집이 아닐 수 없다. **3** 서빙하는 직원들이 친절해 기분 좋은 곳 **4** 커피도 음식도 두 끼로 거뜬할 만큼 푸짐하다.

옛 공장 분위기가 그대로
느껴지는 멋스러움

비 오는 날, 반나절 정도
구경도 하고 쉬엄쉬엄 군
것질하며 놀다 오기 좋다.

첼시 마켓 Chelsea Market

Add. 75 9th Ave., New York, NY 10011
Tel. (212) 645-0298
Open 월~토요일 07:00~21:00, 일요일 08:00~20:00
Access A·C·E·L 라인 14th St. 역
URL www.chelseamarket.com

secret

뉴욕식 고급 식재료 쇼핑몰

첼시 갤러리만큼이나 유명한 첼시 마켓. 1912년 오레오
쿠키, 리츠 크래커를 만드는 나비스코Nabisco 공장 건물
을 유명 레스토랑과 고급 식재료를 판매하는 푸드 몰로
재활용한 것이 시초다. 이웃한 미트패킹 지역이 트렌디
한 스폿으로 떠오르면서 이곳 역시 많은 변화가 생겼고
분위기가 확 달라졌다. 영화 세트처럼 높은 천장, 어두
컴컴한 지하 통로, 돌출된 파이프, 금방이라도 지하수가
뚝뚝 떨어질 것 같은 장소를 유명 맛집과 먹거리로 가득
채운다는 발상이 참 뉴욕스럽다. 빵과 케이크, 식료품,
잡화 매장 외에 카페, 레스토랑, 서점, 주방용품 매장,
푸드 네트워크Food Network 녹화 스튜디오 등 총 35개
숍이 입점해 있다.

Tip 첼시 마켓에서 꼭 들러야 할 맛집

랍스터 플레이스 Lobster Place 오이스터와 랍스터 찜을 합리적인 가
격에 맛볼 수 있다. 시푸드 식재료도 판매한다.
나인스 에스프레소9th Espresso 트리플 샷으로 유명한 이스트빌리지
태생의 에스프레소 바
팻 위치 베이커리 Fat Witch Bakery 촉촉한 브라우니로 유명한 첼시
마켓의 터줏대감
피플즈 팝 People's Pops 신선한 과일과 허브를 사용해 만
든 하드 아이스크림 가게
로스 타코스 넘버 원 Los Tacos No.1 뉴욕 베스트 타코 1위로
선정된 맛집

피핀 빈티지 주얼리 Pippin Vintage Jewelry

Add. 112 West, 17th St., New York, NY 10011
Tel. (212) 505-5159
Open 월~토요일 11:00~19:00, 일요일 12:00~18:00
Access A·C·E·L 라인 14th St. 역
URL www.pippinvintage.com

Map
P.482-D

secret

2015 New Spot

합리적인 가격대의 베스트 빈티지 주얼리 숍

아트 쇼핑과 함께 첼시에서 꼭 해봐야 하는 일이 바로 빈티지 쇼핑이다. 주말 벼룩시장 이외에 첼시에는 상설 빈티지 매장이 곳곳에 포진해 있는데 그중 꼭 방문해보기를 권하고 싶은 가장 보석 같은 곳이 피핀 빈티지 주얼리 매장이다.

아름답게 진열된 매장에 할머니의 보석 상자에 들어 있음직한 물건이 가득한데, 상태도 훌륭하지만 더욱 놀라운 건 생각보다 낮은 가격대다. 심지어 $10 이내에 구입할 수 있는 질 좋은 제품도 많으니 뉴욕의 기념품으로 이보다 좋은 게 있을까 싶다. 바로 옆에는 자매 가게인 피핀 홈 매장이 있다. 옷에서부터 장신구, 식기류, 장난감 소품 등 구경하는 재미가 크다.

1 빈티지 입문자에게 좋은 셀렉션들로 가득하다. **2** 엄마의 보석함에서 찾은 듯한 멋진 주얼리 **3** 상태 좋은 피터 래빗 찻잔 세트 **4** 뒤쪽 홈매장으로 이어지는 비밀 통로

프린티드 매터 Printed Matter

Add. 195 10th Ave., New York, NY 10011
Tel. (212) 925-0325
Open 월~수요일 11:00~19:00, 목·금요일 11:00~20:00, 토요일 11:00~19:00
Close 일요일
Access E·C 라인 23rd St. 역
URL www.printedmatter.org

secret

비영리 단체의 인디 잡지 판매점

트라이베카, 소호를 거쳐 2005년 첼시에 닻을 내린 이곳은 컨템퍼러리 아트의 연장선상에서 예술가들의 인디 잡지를 지원하고 판매, 전시하는 서점이다. 아마추어 예술가들이 대중과 소통할 수 있도록 이런 창구를 운영하는 비영리 단체 프린티드 매터의 역사는 1978년으로 거슬러 올라갈 만큼 탄탄하다.

서점 안에는 조그만 메모지 사이즈에서 신문 사이즈까지 크기도 다양하고 표현 방법이나 내용이 톡톡 튀는 1만 5000여 점의 인쇄물이 빼곡히 꽂혀 있어 아트 도서관을 방불케 한다. 이곳에서 인기를 얻으면 유명 문화·예술지로 평가받아 전국으로 유통된다고 한다.

1, 4 진열된 모든 인쇄물을 다 구경하려면 반나절도 부족할 만큼 방대한 양이다. **2, 3** 시간 가는 줄 모를 정도로 어디서도 보지 못한 독창적인 인쇄물이 많다.

네스트 Nest Interiors Ltd.

Add. 172 9th Ave., New York, NY 10011
Tel. (212) 337-3441
Open 월~토요일 11:00~19:00, 일요일 12:00~18:00
Access E·C 라인 23rd St. 역
URL www.nestinteriorsny.com

Map
P.482-C

첼시 주민들의 취향을 반영한 하이엔드 리빙 소품점

부부가 운영하는 인테리어 가게로, 전 세계에서 골라 온 소품들이 작은 가게 안을 가득 채우고 있다. 고급 유리 공예, 위트 넘치는 아트워크, 골드와 실버 계열의 쿠션과 테이블 액세서리, 고급 방향초 등 한눈에 보기에도 고급스러운 이 동네의 취향이 그대로 묻어난다.

상품 회전이 빨라 정기적으로 들르는 동네 단골도 많다고. 무엇보다 이 집이 인기를 끄는 건 고가의 물건은 물론 무난한 가격대의 소품까지 골고루 갖추고 있기 때문. 따라서 헛걸음하는 일 없이 천천히 구경하며 집들이나 특별한 선물을 고르기에 더할 나위 없다.

1 블랙과 마블, 골드 등 소재의 고급러움이 한눈에 느껴지는 소품들 2 이 동네에서 유독 더 정이 가는 가게 이름 3 위트 넘치는 예술 작품을 보는 재미가 쏠쏠하다. 4 집 안에 두면 분위기가 확 달라질 것 같은 황홀한 분위기의 향초

치솔름 라손 갤러리 **Chisholm Larsson Gallery**

Add. 145 8th Ave., New York, NY 10011
Tel. (212) 741-1703
Open 화~금요일 11:00~18:00, 토요일 11:00~17:00
Close 월·일요일
Access A·C·E·L 라인 14th St. 역
URL www.Chisholm-poster.com

2015 New Spot

빈티지 포스터 전문 히스토리컬 매장

예술 동네 첼시에 걸맞은 빈티지 포스터 전문 갤러리로 35년 역사를 자랑하는 곳이다. 1890년대 이후 전 세계에서 수집한 아름답고 독창적인 상업·영화 포스터 5만여 점을 보유하고 있다. 벽면 가득 채울 수 있는 대형 사이즈부터 엽서 크기까지 다양한 사이즈의 포스터가 여행, 자연, 패션, 음식 등 주제별로 분류되어 있다. 매장에서도 검색이 가능하지만 방문 직전 홈페이지에서 원하는 작품을 미리 선택하면 시간을 절약할 수 있다.

1 눈에 잘 띄지 않아 그냥 지나치기 쉽다. **2** 찾고 싶은 포스터가 있다면 검색용 컴퓨터를 사용하자. **3, 4, 5** 작품으로 손색없는 멋진 빈티지 포스터

레 투알 뒤 솔레유 Les Toiles Du Soleil

Map
P.482-C

Add. 261 West, 19th St., New York, NY 10011
Tel. (212) 299-4730
Open 월~토요일 11:00~20:00, 일요일 12:00~18:00
Access 1·2·3·F·M 라인 14th St. 역
URL www.lestoilesdusoleilnyc.com

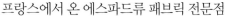

프랑스에서 온 에스파드류 패브릭 전문점

여름 인기 신발인 프랑스의 에스파드류는 삼베 바닥에 단단하게 직조한 면으로 만든 신발이다. 9년 전 미국에서는 처음으로 이곳 첼시에 문을 연 이 매장은 에스파드류를 만드는 데 사용하는 스트라이프 코튼 패브릭은 물론 가방과 쿠션 커버, 주방용 수건, 앞치마 등 다양한 액세서리를 매장에서 직접 만들어 판다. 가게 이름이 프랑스어로 '태양 옷'이라는 뜻인데, 알록달록한 원색의 줄무늬 원단을 보니 당장이라도 강렬한 태양이 넘실거리는 해변으로 떠나고 싶다. 이 원단은 프랑스에서 150년 전통을 자랑하는 명품 제품이라고.

신발은 완제품을 가져다 팔지만 액세서리는 맞춤 제작이 가능하다. 매장의 넘치는 수요를 감당할 수 없어 온라인 숍도 운영한다고.

1 트렁크 가방까지 탐이 날 만큼 매장의 모든 물건이 멋지다. **2** 프로방스 느낌이 나는 색색의 식기류 **3** 이 집에서 직접 만든 토트백과 쿠션, 타월 **4** 패브릭류는 주문 제작이 가능하다.

헬스 키친 벼룩시장 Hell's Kitchen Flea Market

Add. 34th St., 9th Ave.와 10th Ave. 사이
Open 토·일요일 09:00~17:00
Access A·C·E 라인 34th St. - Pen Station 역
URL www.hellskitchenfleamarket.com

주말이면 열리는 다채로운 벼룩시장

뉴욕에 살면서 가장 신기했던 것 중 하나가 벼룩시장의 활성화다. 주말이면 여기저기서 벼룩시장이 열리는데, 그중에서도 헬스 키친 벼룩시장은 〈내셔널 지오그래픽〉에서 세계 10대 쇼핑 스트리트에 선정할 만큼 꽤 괜찮은 곳이다.

날씨 좋은 날은 하루쯤 마음을 비우고 빈티지 옷과 신발, 보석, 테이블웨어, 음반, 책, 이국적인 장식물과 희귀한 아트워크 사이를 돌아다니며 자신의 심미안을 시험해보는 즐거움을 누려보자. 헬스 키친 벼룩시장은 2011년 봄부터 가을까지 매월 둘째 일요일에 트럭 음식 바자를 열어 벼룩시장 가는 일이 더 즐거워졌다.

1 물건 판매에 무심해 보이는 주인들 덕분에 꼼꼼하게 둘러보기 좋다. **2** 다른 곳에 비해 공간이 넓어 판매대 사이가 널찍널찍하다.
3 추억의 중고 음반 **4** 다른 사람에게는 필요 없는 물건이 자신을 알아줄 새 주인을 찾고 있다.

첼시 갤러리 산책

첼시의 갤러리 타운으로 알려진 서쪽 창고 지대는 처음 보는 사람에게는 아주 불쾌한 풍경이다. 구름이라도 낀 날에는 더 음침하고 더러운 거리에 각종 차고와 창고, 인쇄소, 공장이 늘어서 있어 과연 여기가 전 세계 현대 미술을 견인하는 곳이 맞나 의문이 들 정도도 한다. 그러나 그것도 잠시, 20가에서 26가에 걸쳐 촘촘히 늘어서 있는 200여 개의 갤러리를 호핑하는 체험은 무엇과도 비교할 수 없다. 워낙 갤러리가 많아 다 돌아보려면 하루가 모자랄 수 있으니 여유가 없는 사람이라면 매주 금요일 〈뉴욕 타임스〉에 실리는 '아트 가이드'를 참고해서 보고 싶은 갤러리만 둘러보는 방법도 나쁘지 않다. 각 갤러리에 비치된 무료 갤러리 가이드북을 참고해 발길 닿는 대로 가는 자유로운 투어를 계획하고 있다면 10번가에서 11번가 사이의 24가만큼은 빼놓지 말자. 바바라 글래드 스톤(515), 메트로 픽처스(519), 가고시안(522) 등 주요 갤러리들이 위치한 골목이다.

첼시 갤러리 Open 화~토요일 10:00~18:00
갤러리 위크 Gallery Week 매년 5월 맨해튼 전체 갤러리가 참여하는 오픈 하우스. 갤러리별로 특별 전시와 아트 퍼포먼스, 아티스트와의 대화 등 다양한 행사를 선보인다.

아고라 갤러리 Agora Gallery
뉴욕 신인 예술가들의 시장 진입을 위한 관문 같은 곳. 매년 첼시에서 열리는 '파인 아트 컴피티션'을 주관하고 예술 잡지 〈아트이즈스펙트럼 ARTisSPECTRUM〉을 발행한다.

Add. 530 West, 25th St.
URL www.agora-gallery.com

바바라 글래드 스톤 Babara Glad Stone
25년간 막강한 영향력을 행사하는 파워 갤러리로 Anish Kapoor, Sara Lucas 등 수많은 작가들이 이곳을 거쳐 갔으며 명성만큼이나 규모도 크다. 갤러리 타운에서 가장 유명한 곳.

Add. 515 West, 24th St. / 530 West, 21St St.
URL www.gladstonegallery.com

대니얼 라이히 Daniel Reich
뉴욕 비평가들이 적극 추천하는 곳. 팝 컬처와 포르노에서 영감을 받은 도발적인 작품 등 다양한 장르와 표현을 넘나드는 독창적인 작품을 만날 수 있다.

Add. 537 West, 23rd St.
URL www.danielreichgallery.com

데이비드 즈위너 David Zwiner
소호 갤러리의 트렌드를 주도한 곳으로 국제적인 인지도를 얻은 작가의 작품을 주로 취급한다. 코끼리 똥을 결합한 작품으로 유명한 크리스 오필리, 여성들의 육체를 주제로 한 리사 유스케비바게 등 급진적인 예술가를 많이 초대한다.

Add. 525 West, 19th St.
URL www.davidzwiner.com

가고시안 Gagotian
뉴욕에 셋, 런던에 둘, LA에 하나의 지점을 보유한 미술계의 거대 기업. 1980년대 바스키아, 로이 리히텐슈타인, 잭슨 폴록 등을 발굴해 미국 현대 미술에 지대한 영향을 미쳤다. 뮤지엄 못지않은 대규모 전시회를 개최한다.

Add. 522 West, 21st St. - 555 West, 24th St.
URL www.gagotian.com

해스테드 헌트 클라우에틀러 Hastend Hunt
사진에 관심 있는 사람이라면 들러볼 만하다. 장
폴 구드, 앨버트 왓슨 같은 혁신적인 사진작가의
작품을 볼 수 있다. 〈뉴요커〉, 〈뉴욕 타임스〉, 〈포
토그래프〉 등의 잡지에서 활동하는 현역들의 작품
도 많이 소개한다.

Add. 537 West, 24th St.
URL www.hastedhunt.com

메리앤 보에스키 Mari Anne Boesky
1990년 소호 시절 무라카미 다카시, 요시모토 나
라 같은 일본의 팝 아티스트를 소개한 곳으로 마
크 제이콥스가 무라카미 다카시와 루이 비통 백을
공동 작업하면서 대중적 명성을 얻었다.

Add. 509 West, 24th St.
URL www.marianneboeskygallery.com

매튜 막스 Mathew Marks
20여 년간 안드레 거스키, 낸 골딘, 빌럼 데 쿠닝
같은 미국과 유럽의 작가들을 소개해왔다. 현재도
기성 작가와 신진 작가의 작품을 골고루 선보이는
첼시의 3대 파워 갤러리.

Add. 523 West, 24th St.
URL www.mathewmarks.com

메트로 픽처스 Metro Pictures
사진작가 신디 셔먼을 발굴한 곳으로 유명하다.
이후에도 뉴욕 아방가르드를 대표하는 전시로 극
찬을 받고 있다.

Add. 549 West, 24th St.
URL www.metropicturesgaleery.com

자크 포이어 Zach Feuer
2000년대 초 데이나 슈츠, 줄스 드 발린 코트처럼
위험한 도발을 서슴지 않는 젊은 아티스트들을 발
굴하면서 첼시의 이슈 메이커로 떠올랐다.

Add. 530 West, 24th St.
URL www.zachfeuer.com

Area 05
MADISON & GRAMERCY PARK

매디슨 & 그래머시 파크
MADISON & GRAMERCY PARK

● 매디슨 스퀘어 파크와 그래머시 파크에 걸쳐 있는 미드타운 남단으로, 레이디스 마일이라 불리는 쇼핑 구역과 프라이빗 출입만 허용되는 그래머시 파크 주변의 오래된 고급 주택가로 나뉜다. 레이디스 마일 위쪽 미드타운 5번가와 아래쪽 유니언 스퀘어, 소호의 번잡함을 피해 쇼핑하고 싶어 하는 영리한 여성들이 애용하는 곳. H&M, 자라, 인터믹스, 앤트로폴리지, 제이크루 같은 브랜드가 나란히 있어 시간까지 절약된다. 뉴욕 쇼핑에서 빼놓을 수 없는 럭셔리 가구·인테리어 매장 ABC 카펫 & 홈과 마리오 바탈리의 유명 푸드 몰 이탈리Eataly까지 다녀오면 임무 완수다. 프라이빗 공원인 그래머시 파크 주변에는 럭셔리 호텔과 그래머시 태번, 매디슨 스퀘어 파크 같은 뉴욕의 전통적인 고급 식당이 즐비하다. 한편 아이비리그 같은 지적인 이미지가 풍기는 동네 어빙 플레이스에는 우마 서먼, 뉴스 앵커 등 유명 셀러브리티들이 많이 살고 있다.

Tip
레이디스 마일 Ladies Mile P.482-D
여성들이 좋아하는 메가 패션 브랜드가 몰려 있는 거리.
14th St.~23rd. St. - 5th~7th Ave.

Access
가는 방법

N·R 라인 23rd St. 역에서 도보 3분
방향 잡기 매디슨 스퀘어 파크 남서쪽 입구에 위치한 역에서 나오자마자 다리미 모양의 플랫아이언 빌딩이 보인다. 플랫아이언 빌딩을 끼고 오른쪽이 그래머시 파크 주변이다.

미드타운

버스 M 1·2·3·4·5번
15분

23rd St.   도보 5분

도보 5분   그래머시 파크

14th St.   도보 15분

Check Point

매디슨 스퀘어 파크는 볼거리와 먹거리 이벤트가 많은 공원이니 홈페이지에서 미리 행사를 체크해보자.

시어도어 루스벨트 생가를 구경할 경우 투어 시간을 고려해 동선을 짜도록 한다.

Plan
추천 루트

번잡함을 피해 조금은
럭셔리한 쇼핑과 식사로
하루 마무리

09:00 토비스 에스테이트 커피 Tobby's Estate Coffee
스트랜드 북스토어, 클럽 모나코 매장과 연결된
뉴욕의 핫 스폿 카페에서 모닝 커피로 시작해보자.

도보 2분

플랫아이언 빌딩 **10:00**
Flatiron Building
뉴욕에서 빼놓을 수 없는
뉴욕의 시그너처 빌딩

도보 2분

매디슨 스퀘어 파크 **11:00**
Madison Square Park
사시사철 즐거운 이벤트가 열리는
아름다운 공원

도보 5분

그래머시 파크 Gramercy Park **12:00**
주변에 있는 명사들의 예쁜 주택가를
걸어보는 가벼운 산책

도보 5분

13:00 이탈리 Eataly
다양한 이탈리아 식재료와
레스토랑을 즐기는 미식 여행.
이웃한 레고 매장을 구경하는 것도
좋겠다.

도보 10분

14:00 레이디스 마일 Ladies Maile
북적한 5번가. 아직 쇼핑을 하지 못했다면
이곳에서 해결하자.

도보 5분

15:30 아이들 와일드 북스
Idyl Wild Books
여행객을 위한 서점

도보 10분

18:00 브레슬린
The Breslin Bar & Dining
어디에서도 맛볼 수 없는 에이프릴
블룸필드의 판타스틱 램 버거를 맛보자.

시어도어 루스벨트 생가 Theodore Roosevelt Birthplace

Map P.482-D

Add. 28 East, 20th St., New York, NY 11211
Tel. (212) 260-1616
Open 화~토요일 09:00~17:00
Close 월·일요일
Access N·R 라인 23rd St. 역
URL www.nps.gov/thrb

★

미국 26대 대통령 루스벨트의 생가

그래머시 파크 주변의 멋진 옛날 주택가에 위치한 이곳은 시어도어 루스벨트 대통령이 어린 시절을 보낸 생가로, 그의 사후에 1800년대 빅토리아 양식 그대로 재현해 일반에 공개했다. 무료 투어에 참여해야만 입장할 수 있으며 루스벨트가 생전에 사용하던 가구와 당시 상류층의 생활 양식을 엿볼 수 있다. 지하의 작은 방에는 성경, 가운, 군복 등이 보관되어 있다. 무료 투어는 오전 10시·11시, 오후 1시·2시·3시·4시에 있으며 소요 시간은 30분. 2015년 현재 레노베이션으로 문을 닫았다. 2016년 봄에 새롭게 문을 열 예정.

LANDMARKS OF NEW YORK
THEODORE ROOSEVELT BIRTHPLACE
PRESIDENT THEODORE ROOSEVELT WAS BORN
HERE ON OCTOBER 27, 1858, AND LIVED
HERE UNTIL HE WAS 15. THE HOUSE, A
TYPICAL BROWNSTONE OF THE 1840'S, WAS
RESTORED IN 1923 AND OPENED AS A MUSEUM
THE NEW YORK COMMUNITY TRUST

1 계단 아래 입구로 들어가면 안내 데스크와 기념품 코너가 있다. **2** 당시 상류층의 라이프스타일을 엿볼 수 있다. **3** 루스벨트 가문의 이름에 담긴 장미 문양으로 가족 식기가 장식되어 있다. **4** 서재에 놓여 있는 멋진 책상

그래머시 파크 호텔 Gramercy Park Hotel

Add. 2 Lexington Ave., New York, NY 11211
Tel. (212) 920-3300
Access N·R 라인 23rd St. 역
URL www.gramercyparkhotel.com

★

그래머시 파크 앞에 위치한 럭셔리 호텔

1925년에 오픈한 역사적인 호텔로 아티스트, 작가, 뮤지션 등 하이 보헤미안들의 아지트 역할을 해왔다. 험프리 보가트의 옥상 결혼식이 열리기도 했으며, 전설적인 야구 선수 베이비 루스는 이곳의 바를 즐겨 찾았다고. 또 밥 말리와 밥 딜런이 노래한 곳이기도 하다.

2006년 새 주인인 이완 슈레거는 21세기형 보헤미안 스타일을 추구한 호텔 로비와 모로코풍의 이국적인 타일 바닥, 손으로 조각한 3미터 높이의 벽난로 그리고 베네치아 유리 샹들리에와 레드 벨벳 소파로 한껏 멋 부린 럭셔리 호텔을 새로 선보였다. 로비에는 앤디 워홀, 바스키아, 데미안 허스트 같은 유명 작가의 진품을 돌아가며 전시한다.

1 화려한 색상의 벨벳 스툴이 멋진 1층 바 **2** 로비에 장식한 예술 작품 **3** 로비 중앙 천장에 매달린 샹들리에의 위용에 절로 탄성이 나온다. **4** 화장실로 통하는 복도에 걸린 아티스트들의 사진

마이알리노 Maialino

Add. 2 Lexington Ave., New York, NY 10010
Tel. (212) 777-2410
Open 월~목요일 07:30~10:00, 12:00~14:00, 17:30~24:00,
금요일 07:30~10:00, 12:00~14:00, 17:30~24:00,
토요일 10:00~14:00, 17:30~23:00, 일요일 10:00~14:00, 17:30~24:00
Access 6 라인 23rd St. 역 URL www.maialinonyc.com

Map
P.484-E

대니 메이어의 로마 스타일 트라토리아

뉴욕의 대표적인 레스토랑 경영자 대니 메이어의 레스토랑으로 〈포브스〉를 포함, 각종 권위 있는 미디어에 베스트 레스토랑으로 선정됐다.

그래머시 파크가 보이는 위치에 타일 바닥과 레트로풍 테이블보를 활용해 활기찬 로마 시내의 식당 분위기를 연출했다. 식당 안에는 베이커리와 햄 작업대가 있어 마켓에 와 있는 듯한 느낌도 든다. '작은 돼지'라는 뜻의 식당 이름에 걸맞게 돼지 요리가 전문으로, 통돼지 구이(2인 이상 주문 가능)나 족발 요리 등이 좋은 평가를 얻고 있다. 음식도 맛있고 분위기도 좋은 반면 양이 적고 가격이 비싼 게 흠이다. 이탈리아 식당이지만 피자는 메뉴에 없다.

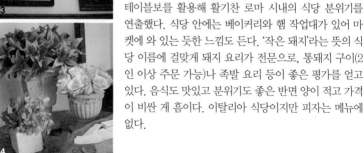

1 촉촉한 육즙의 돼지 라구 소스 파스타 **2** 식당 안에 있는 베이커리에서 갓 구워 내오는 빵 맛이 예술 **3, 4** 입구가 호텔 로비와도 연결되어 있다.

렉스프레스 L'express

Add. 249 Park Ave. South, New York, NY 10003
Tel. (212) 254-5858
Open 24시간
Access 6 라인 23rd St. 역
URL www.lexpressnyc.com

24시간 오픈하는 착한 가격의 프렌치 비스트로

길가에 위치한, 한눈에 들어오는 노란색 문이 예쁜 프렌치 대중식당으로 24시간 문을 연다. 와인과 대중적인 각종 프렌치 메뉴를 맛볼 수 있다. 저렴한 가격대의 맛있는 와인이 많아 가벼운 식전 메뉴에 곁들이기 좋다. 프렌치 식당답게 와인 전문지에서도 높은 평가를 받았으니 와인 만큼은 믿고 주문해도 좋을 듯하다.

뉴욕에서 보기 드문 24시간 영업하는 클럽에서 밤늦게까지 놀다 들르는 집으로도 명성이 높다. 이럴 땐 치즈가 두툼한 양파 수프가 제격. 동네 사람들 말에 따르면 모델 같은 여성들이 많이 찾아온다고.

1 프렌치 요리의 대표 메뉴인 달팽이 요리. 커다란 골뱅이를 먹는 기분이다. **2** 널찍한 바 다이닝 스타일의 실내 **3** 멀리서도 한눈에 들어오는 식당 간판 **4** 24시간 문이 열기 때문에 새벽에는 클러버들의 해장 식당으로 인기가 있다.

피자는 테이크아웃 주문
이 가능하지만 역시 현장
에서 먹어야 제맛!

이탈리 Eataly

Add. 200 5th Ave., New York, NY 10010
Tel. (646) 398-5100
Open 10:00~23:00
Access N·R 라인 23rd St. 역
URL www.eatalyny.com

secret

이탈리아 마켓 그대로,
마리오 바탈리의 푸드 몰

한동안 뉴욕 사람들의 인사말 중 "이탈리에 가봤어?" 라는 말이 유행할 정도로 뉴요커들에게 엄청난 화제가 된 셀러브리티 요리사 마리오 바탈리Mario Batali의 푸드 몰. 4만 2500제곱미터에 달하는 엄청난 면적을 가득 채우고 있는 것은 이탈리아 각 산지별로 수입해 온 식재료와 9개의 이탈리아 레스토랑. 와인, 올리브 오일, 각종 저장 식품, 치즈, 특선 요리, 건조 파스타, 부엌용품, 그리고 이탈리아 밀가루로 즉석에서 만들어내는 파스타와 빵 코너까지 이탈리아 먹거리에 관한 한 만물상인 셈. 로컬 마켓에서 최상품만 선별해 오는 채소와 해산물을 비롯해 매장 대부분이 이탈리아에서 직수입한 물건으로 채워져 있다. 그야말로 이곳을 나오는 순간까지 정신 차릴 수 없게 만드는 먹거리의 천국. 밤늦은 시간에 여유롭게 구경하는 게 좋다.

Tip 푸드코트
Manzo(최고 육질의 고기 요리를 선보이는 포멀 레스토랑), La Piazza(햄, 치즈, 와인을 맛볼 수 있는 스탠딩 테이블), Il Pesec(해산물 식당), Le Verdure(로컬 식재료를 사용하는 식당), La Pizza & Pasta, Birreria(맥주), Rosticcesia(정육점), Panninoteca(샌드위치), Foccacia(베이커리), Pasticcera(디저트 베이커리), Gelateria(젤라토 아이스크림), Café Lavazza(커피)

1 마리오 바탈리의 토마토소스 **2** 해산물을 갓 잡아 올린 수산 시장 느낌의 마켓 **3** 이탈리아 시장을 그대로 옮겨놓은 듯 없는 게 없다.

ABC 키친 ABC Kitchen

Add. 35 East, 18th St., New York, NY 10003
Tel. (212) 475-5829
Open 월~수요일 12:00~15:00, 17:30~22:30, 목요일 17:30~23:00, 금요일
17:30~23:30, 토·일요일 11:00~15:00, 17:30~22:00(토요일은 23:30까지)
Access N·R 라인 14th St. - Union Sq. 역
URL www.abckitchennyc.com

셰프 장 조지의
햄프턴 스타일 레스토랑

뉴욕에서 가장 화려한 인테리어 가구점 1층에 자리한 장
조지의 햄프턴 스타일 레스토랑 겸 카페. 넓은 공간에 화
이트와 원목을 세련되게 구사한 시원한 디자인과 캔버스
화를 신은 캐주얼 복장의 직원들이 쇼핑의 피로를 말끔
히 씻어주는 곳이다. 겉으로 보이는 모습뿐만 아니라 추
구하는 모토도 공정 무역과 리사이클,
육류가 아닌 콩을 기본으로 하는
레스토랑 운영이다. 오픈 이후
일관된 호평 속에서 요즘은 긴
줄 서기는 기본이고 예약 역시
한 달 전에도 어려울 정도로
레스토랑의 인기가 식을 모
른다.

1 식당 바깥 로비 쪽의 다이닝 공간 **2** 점심시간이 지나도 바에서는 가벼운 커피와 쿠키, 스낵을 주문할 수 있다 **3** 높은 천장과 탁 트
인 공간 때문에 더욱 편안한 분위기에서 식사할 수 있다 **4** 쇼핑 중에 가볍게 즐기는 맥주와 핑거 푸드

브레슬린 The Breslin

Add. 16 West, 29th St., New York, NY 10001
Tel. (212) 679-1939
Open 월~금요일 07:00~11:00, 11:30~16:00, 17:30~24:00,
토·일요일 07:00~16:00, 17:30~24:00
Access N·R 라인 28th St. 역
URL www.thebreslin.com

secret

하이엔드 스타일의 영국 개스트로펍

미국의 베스트 뉴 셰프이자 그리니치빌리지의 펍 스포
티드 피그Spotted Pig의 오너인 에이프릴 블룸필드April
Bloomfield의 화려한 미드타운 진출 교두보. 돼지를 소재
로 한 실내 장식과 메뉴까지 이전 매장과 비슷한 느낌이
다. 블룸필드는 뉴욕에 영국식 개스트로펍을 최초로 알
린 인물인 만큼 메뉴부터 인테리어까지 다분히 영국적이
다. 에이스 호텔Ace Hotel 로비와 연결된 탓인지 평일 저
녁은 인파를 헤치고 나가야 할 정도로 멋쟁이 미식가들
로 붐빈다. 이를 두고 〈뉴욕 타임스〉가 '힙스터들의 호그
와트'라 평했을 정도. 어수선한 저녁시간과 달리 상대적
으로 차분한 점심시간을 이용해 커리 마요네즈 소스와
페타 치즈를 곁들인 램 버거Lamb Buger를 맛보자. 탱탱
한 패티를 누르는 순간 터지는 육즙, 놀라울 만큼 부드러
운 속살은 왜 '블룸필드'인지를 확인시킨다.

1 바 좌석을 이용할 경우 주문 시 바텐더에게 신용카드를 맡겨야 한다. **2, 3** 블룸필드의 유명 레스토랑 '스포티드 피그'가 연상되는 외관과 돼지 장식 **4** 이 집의 상징인 램 버거의 두툼한 패티

넘버 7 서브 No.7 Sub

Map
P.484-B

Add. 1188 Broadway, New York, NY 10001
Tel. (212) 532-1680
Open 월~금요일 11:00~19:00, 토요일 11:00~16:00
Close 일요일
Access N·R 라인 28th St. 역
URL www.no7sub.com

2015 New Spot

창의적인 맛과 식감을 자랑하는
샌드위치 맛집

자칫하면 그냥 지나칠 수 있는 에이스 호텔Ace Hotel 코너에 자리 잡은 작은 샌드위치 가게. 맛집으로 유명한 브루클린 포트 그린Fort Green의 넘버 7No 7. 레스토랑 셰프 타일러 코드와 브레드 메이커인 아만다 클라크의 합작품이다. 이 집 샌드위치의 특징은 사용하는 재료와 질감, 소스의 독특한 콤비네이션에 있다. 브로콜리 마요네즈 두부 샌드위치, 바삭한 식감의 감자칩과 바비큐 소스를 곁들인 호박 샌드위치, 무 피클을 넣은 터키 쿠바노 등 어디서도 맛볼 수 없는 특별한 샌드위치에 호기심 많은 미식가라면 열광하지 않을 수 없다. 그 자리에서 바로 먹는 샌드위치 한 입은 정말 맛이 끝내준다. 고급 푸드 몰인 플라자 호텔 지하에도 입점했을 만큼 인정받는 맛집.

1 매디슨 스퀘어 파크 주변에서 흔히 볼 수 없는 인디 느낌의 가게 **2** 유명인의 사인도 걸려 있다. **3** 시그너처 샌드위치 **4** 가게 밖 투데이 스페셜 메뉴판

스위트 그린 Sweet Green

Add. 1164 Broadway 17th St., New York, NY 10001
Tel. (646) 449-8884
Open 10:30~22:00
Access N·R 라인 28th St. 역
URL www.sweetgreen.com

2015 New Spot

진화된 샐러드 바의 정석

워싱턴에서 시작되어 미국 전역으로 매장을 넓히고 있는 세련된 샐러드 바 & 카페로 점심시간이 되면 긴 줄이 매장 밖 빌딩 코너를 돌 정도로 인기몰이 중이다.

단품 메뉴도 있지만 기본 베이스인 잎채소와 각종 토핑과 소스를 골라 원하는 방식대로 만들어 먹을 수 있다. 특히 한쪽에 그날그날 여러 가지 신선한 콜드 프레스드 디톡스 주스를 준비해놓아 건강식을 선호하는 젊은 직장 여성들에게 인기다. 줄이 너무 길다고 해서 지레 포기할 필요는 없다. 테이크아웃인 경우도 많아서 보통 20분 안에는 매장 안으로 들어갈 수 있다. 놀리타(100 Kenmare St.)와 트라이베카(413 Greenwitch St.)에도 지점도 있다.

1 모던하고 세련된 느낌의 외관 2 테이크아웃을 하는 사람이 더 많다. 3 탄산 소다 대신 건강 주스 셀프 코너가 마련되어 있다. 4 사이드 빵은 무료로 제공한다.

토비스 에스테이트 커피 Tobby's Estate Coffee

Map
P.484-C

secret

Add. 160 5th Ave., New York, NY 10010
Tel. (646) 559-0161
Open 월~금요일 07:30~21:00, 토요일 09:30~21:00, 일요일 09:30~20:00
Access N·R 라인 E 23th St. 역
URL www.tobysestate.com

2015 New Spot

스트랜드 북스토어와 이어진
유명 로스터 카페

커피 애호가 사이에 소문난 브루클린의 로컬 커피 로스터 토비스 에스테이드 커피. 커피 원두 구매에서부터 제조 교육까지 커피에 대한 남다른 철학을 실천하는 작지만 강한 뉴욕의 로컬 브랜드다. 특히 화이트 대리석을 이용한 인테리어로 고급스러운 분위기를 풍기는 이곳은 시크한 뉴욕 멋쟁이들이 즐겨 찾는다. 게다가 매장 안쪽으로 스트랜드 북스토어, 클럽 모나코 매장과 바로 연결되어 일석삼조. 커피를 마시기 전이나 후에 어느 저택의 서재처럼 꾸며놓은 서점까지 덤으로 구경할 수 있다.

나에게 맨해튼에서 제일 멋진 커피숍을 꼽으라면 주저 없이 이 집을 선택하겠다.

1 벽면을 장식한 하얀 도자기가 멋스럽다. **2** 비좁은 카페 대신 벤치에서 담소를 나누는 사람들 **3** 정성이 가득한 한잔의 카페라테
4 커피에 관심이 있다면 다양한 프로그램을 체크해보자.

스텀프타운 커피 Stumptown Coffee

Add. 18 West, 29th St., New York, NY 10001
Open 월~금요일 06:00~20:00, 토 · 일요일 07:00~20:00
Access N · R 라인 28th St. 역
URL www.stumptowncoffee.com

secret

브루클린 스텀프타운 커피의 맨해튼 지점

스타벅스가 커피 맛과 카페 문화의 패러다임을 바꾼 지 20여 년이 지난 지금, 뉴욕에 새롭게 등장한 카페 문화가 있으니 바로 공정 무역과 고급 원두를 바탕으로 한 에스프레소 바다. 부르클린 태생인 스텀프타운 커피는 그 선봉 격으로 자타가 공인하는 커피 맛뿐만 아니라 브루클린 힙스터풍의 시크한 멋 덕분에 뉴욕 멋쟁이들을 불러 모은다. 현재 뉴욕의 2곳 이외에 포틀랜드, 시애틀, 로스앤젤레스까지 진출했으며 빈티지한 갈색 병에 든 냉각 드립식 아이스커피는 자연식품 매장에서도 쉽게 구입할 수 있다. 바로 몇 년 전까지만 해도 이 커피 맛을 보기 위해 기꺼이 시간을 들였던 사람들에게는 꽤 여건이 좋아진 셈이다. 워싱턴 스퀘어 파크 지점(30 West, 8th St.)은 매일 오후 2시 테이스팅 타임을 갖는다.

1 뉴욕의 바리스타 가운데 가장 돋보였던 스텀프타운 커피의 얼굴들 **2** 장식용으로도 멋진 스텀프타운 커피의 원두병 **3** 커피와 카카오의 완벽한 호흡이 느껴지는 카페모카 **4** 커피 실험실에 어울리는 멋진 금속 장신구

71 어빙플레이스 커피 & 티 바 71 Irving Place Coffee & Tea bar

Add. 71 Irving Pl., New York, NY 10003
Tel. (212) 995-5252
Open 월~금요일 07:00~22:00, 토·일요일 08:00~22:00
Access 4·5·6 라인 14th St. - Union Sq. 역
URL www.irvingfarm.com

커피 마니아들이 즐겨 찾던 고풍스러운 카페

예쁜 주택가인 어빙플레이스에 위치한 작은 카페. 언제가도 자리가 없을 정도로 성황이다. 뉴욕 인근의 커피 농장 어빙 팜Irving Farm에서 운영하는 카페여서 커피 맛은 기본 이상. 바로 아래 동네 대학가에 있는 자유로운 분위기의 카페들과 달리 단정하고, 아이비리그 대학 카페 같은 아카데미컬한 분위기를 풍긴다. 밤이면 주택가에서 새어 나오는 불빛에 커피 향이 배기라도 한 듯 차 한잔의 유혹을 떨쳐내기 어렵다. 이곳의 상징인 어빙 블렌드 이외에 매일 2종류의 자체 블렌딩 커피를 뽑아내 날마다 색다른 커피를 맛볼 수 있다. 이곳 이외에 그랜드 센트럴 터미널(89 East, 42nd St.), 로어이스트(88 Orchard St.), 어퍼웨스트(224 West, 79th St.)에도 분점이 있다.

1 늦은 밤이 되자 잠시 한기해진 카페 **2** 언제나 담소가 끊이지 않는 카페 앞 벤치에는 언제쯤 앉아볼 수 있을까? **3** 밤에는 와인과 맥주 같은 알코올 음료도 마실 수 있다. **4** 그날그날 자체 블렌딩 커피와 갓 구운 모닝 빵은 최고!

ABC 카펫 & 홈 ABC Carpet & Home

Add. 888 Boradway #4, New York, NY 10003
Tel. (212) 473-3000
Open 월·수·금·토요일 10:00~19:00, 목요일 10:00~20:00, 일요일 12:00~18:00
Access N·R 라인 23rd St. 역
URL www.abchome.com

뉴욕의 최고급 가구·생활용품점

1897년 문을 연 뉴욕의 대표적인 고급 인테리어 숍으로 업타운의 예비 며느리들이 시어머니와 함께 혼수를 장만하는 곳으로 알려져 있다. 높은 천장의 보자르 양식 건물 6층까지 전 세계 각지에서 공수한 멋진 가구, 진귀한 인테리어 소품, 리넨, 램프, 가전, 생활용품이 가득하다. 가구도 덴마크의 모던 가구에서 18세기 프랑스, 아시아 전통 가구까지 갖추고 있으며 베네치아 샹들리에, 무라노 글라스, 인도네시아산 웨딩 침대, 오가닉 타월, 다양한 사이즈와 컬러·패턴의 카펫까지, 그야말로 호사스러운 만국 박람회가 따로 없다. 아이쇼핑에 지치면 1층의 프렌차이즈 카페 르 팽 코티디앵이나 장 조지의 ABC 키친 & 카페에서 가벼운 디저트와 커피 한잔은 어떨까.

1 요즘 인기몰이 중인 내추럴 핸드메이드 식기 **2** 오랜 세월 뉴욕 부유층의 라이프스타일을 이끌어온 탄탄한 숍 **3, 4** 6층까지 꼼꼼히 돌아보려면 2~3시간은 족히 걸린다.

메이드웰 **Madewell**

Map
P.484-E

Add. 115 5th Ave., New York, NY 10003
Tel. (212) 228-5172
Open 월~토요일 10:00~22:00, 일요일 11:00~19:00
Access N·R 라인 23th St. 역
URL www.madewell.com

2015 New Spot

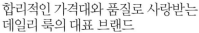

합리적인 가격대와 품질로 사랑받는
데일리 룩의 대표 브랜드

명품이나 인터내셔널 프렌차이즈 브랜드 소개는 가급적
제외하는 것을 원칙으로 했지만 메이드웰은 국내 미유통
브랜드라 소개해봄직하다. 미셸 오바마 덕분에 이제는
중산층의 대표 브랜드가 된 제이크루J Crew의 자매 브랜
드로 1930년대 데님 메이커로 출발했지만 5년 전 패셔니
스타 알렉사 청과 컬래버레이션을 시작, 현재는 젊고 트
렌디한 뉴욕 여성들이 선호하는 브랜드로 자리매김했다.
특히 이 브랜드의 가장 큰 장점은 빈티지를 현대적으로
재해석해 내놓는 탁월한 감각에 좋은 품질, 착한 가격까
지 두루 갖췄다는 것이다. 옷은 물론 구두와 가방, 액세
서리, 속옷까지 취급해 원스톱 쇼핑이 가능한데, 특히 데
님과 셔츠, 가방이 훌륭하다. 지금 당장 뉴욕의 핫 스타
일을 따라 하고 싶은 사람이라면 메이드웰로 가볼 것.

1 합리적인 가격대의 멋진 가죽 소품들 **2** 레이디스 마일에 있는 매장 **3** 선물용으로 좋은 질 좋은 양말 **4** 속옷부터 액세서리까지 토탈 쇼핑이 가능하다.

도버 스트리트 마켓 뉴욕 Dover Street Market New York

secret

Add. 160 Lexington Ave., New York, NY 10016
Tel. (646) 837-7750
Open 월~토요일 11:00~19:00, 일요일 12:00~18:00
Access 6 라인 28th St. 역
URL www.doverstreetmarket.com

2015 New Spot

꼼데가르송의 3번째 스토어

런던, 도쿄에 이은 꼼데가르송 디자이너 레이 가와쿠보의 3번째 콘셉트 스토어. 뉴욕 상륙이라 명명될 만큼 패션 피플들의 열렬한 환영을 받았다. 총 7층으로 구성되어 있으며 꼼데가르송의 15개 전 라인을 만나볼 수 있다. 그 외에 루이 비통, 생 로랑 같은 하이엔드 브랜드와 실험적인 디자인을 선보이는 신진 디자이너의 컬렉션, 리미티드 에디션 등으로 구성되어 있다. 패션 매장이라기보다는 아트 갤러리를 떠올리게 만드는 독특한 오브제, 컬러풀한 생활용품, 음반, 향수, 소품, 쇼핑 동선 등 어느 것 하나 평범한 것이 없어 구경하는 재미가 쏠쏠하다. 특히 1층에 자리한 카페, 로즈 베이커리 역시 까다로운 패션 피플들의 쇼핑 공간에 걸맞게 스타일이나 맛에서 높은 평가를 받는 곳이니만큼 꼭 확인해보시길.

1 패션 갤러리가 따로 없는 디스플레이 **2** 흔히 볼 수 없는 아방가르드한 디자인의 옷들 **3** 위에서 내려다 본 로즈 베이커리 **4** 샌드위치 하나에도 감탄사가 절로 나온다.

피시스 에디 Fishs Eddy

Add. 889 Broadway Ave., NY 10003
Tel. (212) 420-9020
Open 월~목요일 09:00~21:00, 금·토요일 09:00~22:00, 일요일 10:00~20:00
Access N·R 라인 23rd St. 역
URL www.fishseddy.com

아기자기한 아이템이 가득한 키친웨어 할인점

원래는 식당에서 사용하던 식기를 되파는 곳으로 시작했지만 현재는 사용하지 않은 빈티지 식기를 판매한다. 그렇다고 구닥다리일 거라 생각하지는 말 것. 아기자기하고 예쁜 식기는 물론 주방의 액세서리나 선물용으로 손색없는 멋진 아이디어 용품도 가득하다. 게다가 가격이 놀랄 정도로 저렴한 데다 $1 미만 코너도 수두룩하다. 특히 뉴욕 스카이라인이 그려진 리넨($10.95), 뉴요커 잡지 삽화가 그려진 머그잔($13.95), 브루클린 브리지가 그려진 토트백($6.5) 등 선물할 만한 아이템이 많아 뉴욕 기념품을 원하는 사람에게도 인기 만점이다.

1, 2 레스토랑이라도 차리고 싶을 만큼 저렴하고 예쁜 식기가 가득하다. **3** 럭셔리 쇼핑몰 ABC 카펫 & 홈과 마주하고 있어 극과 극을 체험하는 기분이다. **4** 왠지 무서워 보이는 핸드 장식

북스 오브 원더 **Books of Wonder**

Add. 18 West, 18th St., New York, NY 10011
Tel. (212) 989-3270
Open 월~토요일 10:00~19:00, 일요일 11:00~18:00
Access 1 라인 18th St. 역
URL www.booksofwonder.com

뉴욕에서 가장 유서 깊은
아동 문학 독립 서점

20여 년간 뉴욕 아이들에게 문학적 자양분이 되어준 유서 깊은 아동 전문 서점. 현재 출판하는 책은 물론 어린 시절 우리가 읽은 클래식, 절판본, 희귀본 등을 보유하고 있어 동심의 세계를 소장하고 싶은 어른들의 보물 창고이기도 하다. 서점 안에 알록달록한 꽃 모양의 버터크림 아이싱으로 유명한 컵케이크 카페가 있어 아이들 생일 파티 장소로도 인기다. 무엇보다 이곳의 직원들이 아동 문학 전문가라 최신 인기 시리즈부터 아이들이 좋아할 만한 그림책을 줄줄 꿰고 있어 책을 고를 때 많은 도움이 된다.

1 이곳의 존재감을 느끼게 해주는 기념비적인 아동 서적 삽화 **2** 아이가 있는 부모라면 꼭 한 번은 들러야 할 원더랜드 **3** 주제별로 잘 정리되어 있는 선반 **4** 아이들 서점과 컵케이크는 악어와 악어새처럼 공생 관계인 것 같다.

정 리 Jung Lee

Add. 25 West, 29th St., New York, NY 10001
Tel. (212) 559-0161
Open 11:00~19:00
Close 일요일
Access N·R 라인 28th St. 역
URL www.junglee.com

2015 New Spot ▶

상류층의 엔터테이닝 스타일을 엿볼 수 있는 홈 & 라이프 매장

상위 1%의 웨딩 플래너와 이벤트 프로듀서로 잘 알려진 정 리의 홈 & 라이프 매장이다. 한국에서도 웨스틴 조선 호텔의 웨딩 플래닝을 담당한 그녀는 웨딩 컨설팅 페트 Fete의 대표이기도 하다. 그래서인지 이곳은 결혼 집들이 선물을 고르는 데 최적의 장소라 할 수 있다.

친절한 직원에 럭셔리한 매장 분위기와 달리 합리적인 가격대의 소품도 많아 부담 없이 둘러보기도 좋다. 무엇보다 아름다운 매장 안에 감각적으로 연출되어 있는 엔터테이닝 테이블을 눈여겨보는 것은 쇼핑의 덤이라 할 수 있을 듯.

1 고급스러운 매장이 눈에 띈다. **2** 식탁을 아름답게 연출해 놓았다. **3** 결혼 선물로 좋은 향초 **4** 뜯어 쓸 수 있는 세련된 색상의 패브릭 냅킨

아메 아메 Ame Ame

Add. 17 West, 29th St., New York, NY 10001
Tel. (646) 867-2342
Open 월~토요일 12:00~19:00, 일요일 12:00~18:00
Access N·R 라인 28th St. 역
URL www.amerain.com

2015 New Spot

전 세계에서 수집한 레인기어 전문점

비가 내리는 날씨를 좋아하는 사람이라면 한 번쯤 관심
가져볼 만한 가게다. 이곳에서 판매하는 주된 품목이 비
와 관련된 우산, 장화, 레인코트이기 때문. 뉴욕은 빌딩
사이에서 부는 바람이 악명 높기 때문에 튼튼한 우산이
살림의 밑천이라는 말이 있을 정도여서 이런 숍 하나쯤
은 알고 있는 것이 좋다.

독일 명품 우산이라 알려진 크닙스, 영국 왕실에서 사용
하는 우산 풀턴, 핀란드의 유명 브랜드 마리메꼬 등 모두
가 훌륭한 브랜드의 제품을 판매한다. 그 외에 방수 재
킷, 모자, 장갑, 가방, 트렁크 등 여행에 필요한 물건도
많아서 여행자나 여행을 계획하는 사람에게 요긴한 곳.
입구 쪽에는 젤리와 캔디, 초콜릿을 파는 코너도 있다.

1 천장에 매달려 있는 탐나는 우산들 **2** 가게 사인이라 하기에는 난해한 입구 간판 **3, 4** 대부분이 유럽에서 가져온 물건들이다.

뉴욕의 시그너처 빌딩

뉴욕의 상징적인 건물을 찾아보는 것도 내가 지금 뉴욕에 있음을 상기시키는 사소한 증거다. 뉴욕의 이정표 역할을 하는 가장 높은 빌딩, 세계에서 가장 우아한 빌딩, 피사의 사탑만큼 기이한 모양의 빌딩이 무엇인지 찾아보자.

'다리미 빌딩'으로 불리는 특이한 빌딩
플랫아이언 빌딩 Flatiron Building

P.484-B

브로드웨이와 5번가가 교차하는 지점에 위치한 건물로, 건축가 데이비드 버넘이 1902년 완성했다. 당시에는 세계에서 가장 높은 건물로 기록됐으며 세계 최초로 철제 골조를 사용했다. 건물 양쪽이 손바닥으로 누른 것처럼 삼각형 모양을 하고 있어 보는 방향에 따라 느낌이 다르다. 건물 안에 있는 사람들도 모두 삼각형으로 생긴 게 아닐까 하는 재미난 상상을 하게 만드는, 뉴욕에서 가장 특이한 빌딩이다. 이 건물이 일으키는 거센 바람 때문에 여성들의 스커트가 올라가자 많은 남성들이 몰려들어 경찰이 진압에 나서는 소동이 벌어졌다고 하는 믿거나 말거나 이야기가 있다.

Add. 175 5th Ave., New York, NY 10010
Access N·R 라인 23rd St. 역

아르데코 양식으로 지은 가장 아름다운 건물
크라이슬러 빌딩 Chrysler Building

P.474-E

자동차 회사인 크라이슬러 소유의 건물로, 독창적인 첨탑은 자동차의 라디에이터 그릴을 본떠 만들었으며 모두 스테인리스 스틸로 제작했다. 녹이 슬거나 부식되지 않아 변하지 않는 아름다움을 과시한다. 모든 재료를 자사의 자동차 공장에서 조달했으며 세세한 부분에 자동차 부품이 들어가 있다고. 일반 방문자는 로비까지만 들어갈 수 있는데 1층에는 대리석으로 만든 벽과 화려한 엘리베이터, 빌딩의 모습이 그려진 천장, 빌딩을 지을 당시의 건축 자료를 볼 수 있다. 42가 브라이언트 파크에서 그랜드 센트럴 터미널, 유엔 본부가 있는 1번가로 갈수록 가깝게 볼 수 있다.

Add. 405 Lexington Ave., New York, NY 11211
Open 월~금요일 08:00~18:00 Close 토·일요일
Access 4·5·6·7 라인 Grand Central - 42nd St. 역

뉴욕의 이정표라고 할 수 있는 초고층 건물
엠파이어 스테이트 빌딩
Empire State Building　　　P.481-K

뉴욕 어디에서든 보이는 102층 높이의 초고층 빌딩으로 1931년 지을 당시에는 높이 443미터, 102층으로 세계 최고 높이였다. 1929년 대공황 때 단시간에 완공해 화제가 되기도 했으며 6만 톤의 강철과 외벽에 1000만 개의 벽돌을 사용했다. 특히 1945년 제2차 세계대전 당시 폭격기가 빌딩 79층을 들이받고 추락했으나 빌딩은 아무런 피해를 입지 않았다는 일화가 있다. 〈러브 어페어〉, 〈시애틀의 잠 못 이루는 밤〉, 〈킹콩〉 같은 영화의 배경으로 등장하면서 연인들의 로맨틱한 미팅 장소로 인기가 많아졌으며 밤이 되면 빌딩 30층에 조명이 켜져 더욱더 환상적인 분위기를 연출한다. 조명 색깔은 공휴일이나 계절에 따라 달라지는데 독립기념일에는 성조기 색인 빨강·파랑·하양, 추수감사절에는 호박 색인 주황, 크리스마스에는 초록·빨강으로 계절감을 더한다. 86층, 102층 두 곳에 전망대가 있는데 102층은 유리창으로 막혀 있고 입장료 외에 $15의 추가 요금을 내야 한다.

전망대 이용하기
1. 티켓은 2층 매표소나 인터넷으로 구입할 수 있다. 시티 패스 소지자는 전용 매표소가 따로 있다.
2. 보안 검사가 까다롭기 때문에 여유 있게 시간을 잡는 게 좋다.
3. 80층까지 올라간 후 86층까지 운행하는 엘리베이터로 갈아타야 한다.

Add. 350 5th Ave., New York, NY 11211
Open 08:00~02:00(엘리베이터 01:15까지 운행)
Admission Fee 성인 $22(62세 이상 $20), 6~12세 $16 Access B·D·F·V·N·Q·R·W 라인 34th St.-Herald Sq. 역 URL www.esbnyc.com

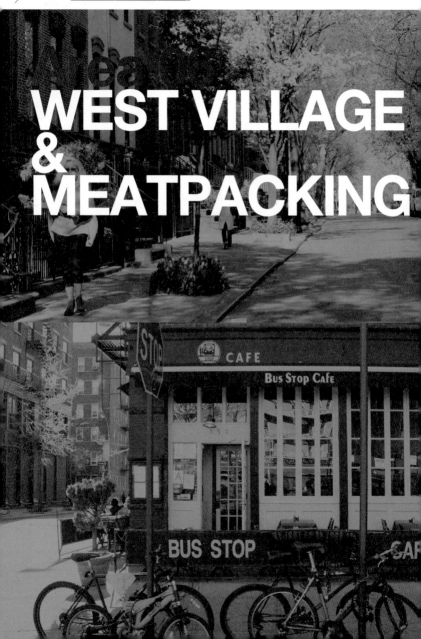

WEST VILLAGE & MEATPACKING

웨스트빌리지 & 미트패킹
WEST VILLAGE & MEATPACKING

● 　　　미트패킹의 번화가에서 조금만 아래로 내려가면 뉴욕에서 가장 아름다운 타운 하우스가 모여 있는 고급 주거지 웨스트빌리지가 시작된다. 미디어 관련 업종에 종사하는 상업 작가들과 출판업에 종사하는 사람이 많이 살고 있으며, 아름다운 동네 풍경 덕분에 봄과 가을에는 영화 촬영지의 단골 무대가 된다. 명품 브랜드 거리로 탈바꿈한 이 지역의 메인 쇼핑가인 블리커 스트리트에는 매그놀리아 컵케이크, 마크 제이콥스 등의 명품 숍이 끝없이 이어진다. 또 길 끝에는 리틀이탈리아보다 더 유명한 이탈리아 식료품점과 머레이즈 치즈, 에이미스 브레드 같은 오랜 명성의 맛집이 즐비하다. 최근 들어 블리커 스트리트 오른쪽에 위치한 허드슨 스트리트에 좋은 숍이 속속 들어서고 있다.

낮보다 밤이 아름다운 미트패킹은 에지 있는 브랜드 숍, 물 좋은 카페와 클럽, 레스토랑, 호텔이 모여 있어 패셔니스타들이 가장 선호하는 구역. 10여 년 전만 해도 이름에서 알 수 있듯이 뉴욕에서 소비되는 모든 고기가 총집결하는 허드슨 강가의 허름한 정육 창고에 불과했다. 하지만 지금은 핫 피플들의 집결지로 패션과 이슈의 중심에 있다. 주말 브런치 타임이나 밤에는 동네 전체에 감도는 최고조의 엔도르핀을 느낄 수 있다. 하이라인 파크가 들어선 뒤로는 어린아이를 동반한 주말 산책객과 관광객이 늘어 훨씬 북적인다.

Access
가는 방법

1 라인 Christopher St. - Sheridan Sq. 역에서 5분
방향 잡기 큰길인 7번가가 대각선으로 웨스트빌리지를 관통하기 때문에 웨스트빌리지에서 방향 감각을 잡기란 여간해서 쉽지 않다는 것을 명심하자. 일단 역에서 나오면 큰길인 7번가를 찾을 것. 크리스토퍼 파크가 큰길 바로 옆에 있어 쉽게 찾을 수 있다.

8th Ave. -
14th St.
미트패킹

도보 10분

Christopher St. -
Sheridan Sq.
웨스트빌리지

도보 5분

도보 20분

도보 10분

West,
4th St.

Houston St.

Check Point

●뉴욕의 여느 동네와 달리 동네 사람들도 번번이 길을 헤매는 미로 같은 곳이니 지도를 갖고 가는 게 좋다. 아니면 한두 번 길을 잃는다 해도 당황하지 말고 헤매다 보면 큰길이 나오기 마련이니 그냥 동네 여기저기를 길 따라 다녀보는 것도 나쁘지 않다. 의외의 장소에서 내가 원하는 숍이나 레스토랑을 찾아내면 더 반갑지 않을까.

Plan
추천 루트
고급 하우스 타운을 거닐며
명품 쇼핑과 맛집 여행

09:30 | 카바 카페 Kava Café
미트패킹의 고급스러움이
느껴지는 커피 바

도보 5분

10:30 휘트니 미술관
Whitney Museum
2015년 5월 오픈한
미트패킹의 새 명소

도보 10분

스포티드 피그
The Spotted Pig **13:00**
에이프릴 블룸필드의 영국식 펍.
락커포트 치즈가 들어간 버거를 맛보자.

도보 10분

메도우
The Medow **14:30**
전세계 진귀한 소금과 초콜릿이 모인 곳.
미식가라면 놓칠 수 없다.

도보 5분

큐어리어스 캔디 바이 신시아 롤리
Curious Candy by Cynthia Rowley **15:00**
아름답고 재미있는 모양의 젤리 찾기

도보 5분

빅 게이 아이스크림 숍
Big Gay Ice Cream Shop **16:00**
이름뿐만 아니라 맛도 기발한
소프트 아이스크림 숍

도보 5분

16:30 | 크리스토퍼 파크
Christopher Park
게이의 최초 인권선언이 있었던
역사적 장소

도보 2분

17:30 | 조셉 레너드 Joseph Leonardo
아침부터 새벽까지 영업하는
펍 겸 레스토랑. 동네의 느낌과
맛을 고스란히 담은 집 중 하나

새 건물로 이사온
자랑스런 백남준의
비디오 아트

휘트니 미술관 Whitney Museum

Add. 99 Gansevoort St., New York, NY 10014 **Tel.** (212) 570-3600
Open 월·수·일요일 10:30~18:00, 목~토요일 10:30~22:00 **Close** 화요일
Access L 라인 8th Ave. 역
Admission Fee 성인 $22, 학생·65세 이상 $18, 18세 미만 무료, 금요일
19:00~22:00 전체 무료
URL www.whitney.org

★ ★ ★
2015 New Spot

미국 현대 미술의 요람

2015년 봄을 뜨겁게 달구었던 뉴욕의 이벤트는 당연 휘트니 미술관의 개관. 작년까지 어퍼웨스트에 있었던 휘트니 미술관은 철도 왕 벤더빌트의 손녀 거투르드가 설립했다. 원래는 자신의 컬렉션을 메트로폴리탄 박물관에 기증하려 했으나 작품의 질이 떨어진다는 이유로 거부당하자 직접 미술관을 세웠다는 일화에서 알 수 있듯 그녀의 미국 현대 미술에 대한 사랑과 후원은 대단하다. 지금은 거장 반열에 오른 에드워드 호퍼, 조지아 오키프, 윌리엄 드 쿠닝, 앤디 워홀, 마크 로스코 등의 대표작을 볼 수 있다. 특히 이곳은 뛰어난 기획전으로 유명한데 2년에 한 번씩 열리는 휘트니 비엔날레를 빼놓을 수 없다.

전통적인 뮤지엄 마일을 떠나 뉴욕에서 가장 핫한 지역으로 손꼽히는 미트패킹, 하이라인 파크 시작점에 둥지를 틀었다는 점만 봐도 그녀의 감각을 알 수 있다. 새 건물은 모건 도서관 & 박물관을 설계한 세계적인 건축가 엔초 피아노가 맡았다. 각 층의 통창으로 허드슨 강변이 보이며, 5층부터 8층까지의 전시실은 밖으로 난 테라스 계단을 이용해야 한다. 테라스 계단에서는 미트패킹은 물론 엠파이어 스테이트 빌딩까지 한눈에 들어온다.

오픈 열기로 방문객이 상당히 많으며 방문 전날까지 온라인으로 티켓 구매가 가능하다. 도슨트 대여는 $6.

1 테라스에서 감상하는 미드타운 전경 **2** 작품과 관객의 위치가 가깝게 느껴진다. **3** 5층 계단에서 지상까지 이어지는 전구 아트

크리스토퍼 파크 Christopher Park

Add. Grove St. and Christopher St., New York, NY 10014
Access 1 라인 Christopher St. - Sheridan Sq. 역
URL www.nycgovparks.org/parks/M012/highlights/7714

★

게이들의 인권 선언을 기념하는 공원

스톤월 사건은 게이들의 인권을 주창하는 시발점이 된 사건으로, 스톤월 인Stonewall Inn 건물 앞에 위치한 작은 공원인 크리스토퍼 파크에는 그날을 기념해 만든 조지 시걸의 유명한 조각 '게이 해방'이 세워져 있다. 이후 이 공원은 남남녀녀 커플을 상징하는 4명의 하얀 석고상이 세워져 유명해진 것은 물론 동성애자들의 성지가 됐다. 매년 6월 말에 열리는 유명한 게이 퍼레이드도 이곳에서 출발한다.

Tip 스톤월 사건
동성애자들의 사랑을 받아온 가수 주디 갈런드의 장례식 날. 그녀를 추모하기 위해 스톤월 바에 모인 게이들을 경찰이 급습하면서 그동안 억눌렸던 동성애자들의 인권 운동을 촉발하는 계기가 됐다. 현재 동성애를 상징하는 레인보 깃발도 주디 갈런드가 〈오즈의 마법사〉에서 부른 '무지개 너머 어딘가Somewhere Over The Rainbow'에서 유래됐다.

1 조지 시걸의 작품 '게이 해방'. 2011년 뉴욕 주는 동성 결혼을 합법화했다. **2, 3** 공원 내에는 유난히 사람 조각상이 많다.

허드슨 스트리트 온 허드슨 Hudson Street on Hudson

Add. 637 Hudson St., New York, NY 10036
Tel. (917) 388-3944
Open 아침 월~금요일 08:00~11:30, 토·일요일 08:00~14:30, 점심 월~금요일
11:30~15:00, 토·일요일 11:30~14:30, 저녁 수~월요일 17:30부터, 폐점은 유동적
Access A·C·E 라인 14th St. 역
URL www.highstreetonhudson.com

2016 New Spot ▶

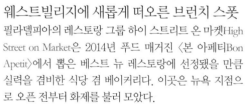

웨스트빌리지에 새롭게 떠오른 브런치 스폿

필라델피아의 레스토랑 그룹 하이 스트리트 온 마켓High
Street on Market은 2014년 푸드 매거진 〈본 아페티Bon
Apetit〉에서 뽑은 베스트 뉴 레스토랑에 선정됐을 만큼
실력을 겸비한 식당 겸 베이커리다. 이곳은 뉴욕 지점으
로 오픈 전부터 화제를 불러 모았다.

식당 입구에는 베이커리 카페, 안쪽 오픈 키친에는 미국
산 와인과 크래프트 맥주, 칵테일을 서비스하는 풀 바가
마련되어 있다. 아침부터 저녁까지 시간대별로 제공하는
메뉴가 다르다. 블랙페퍼 비스킷에 소시지, 달걀, 치즈를
층층이 쌓은 보데가Bodega 샌드위치, 오븐에 구운 브리
오쉬에 파스트라미 살라미 등을 넣은 파스트라미 & 해시
Pastrami & Hash 샌드위치를 추천한다.

1 레스토랑 입구에 자리한 카페 겸 베이커리 **2** 특별 제작한 멋스러운 벽 장식이 걸린 테이블 **3** 뉴욕 지점을 위해 개발했다는 오징어
먹물 피시 브레드 **4** 샌드위치와 함께 나오는 구운 고추. 엄청 맵지만 곁들여 먹으면 맛있다.

친구들과 여유롭게
식사를 즐길 수 있는 곳

갱스부르트 마켓 Gansevoort Market

Add. 52 Gansevoort St., New York, NY 10014
Open 08:00~21:00
Access L 라인 8th Ave. 역
URL www.gansmarket.com

2015 New Spot ▶

인디 푸드 벤더들로 구성된
미트패킹의 새 명소

뉴욕 푸드 몰의 인기로 2014년에 문을 연 미트패킹의 새로운 명소. 다른 푸드 몰과 비교해 좀더 인디스러운 벤더들로 구성되어 있다. 반가운 얼굴로는 놀리타의 타콤비타코, 루크즈 랍스터, 카포네 살루메리 정도가 있다. 아무래도 인근 첼시 마켓과 비교될 수밖에 없는데 가격이 $1~2 정도 더 비싼 듯하다.

음식은 각 벤더의 바 테이블을 이용해 먹어도 되지만, 푸드코트처럼 안쪽으로 들어가면 천장 유리창 아래에 테이블 좌석이 모여 있어 쉬어가기 좋다. 아무래도 올 초 휘트니 미술관이 새롭게 오픈해 더 많은 사람이 찾는다.

1, 2 인디 분위기가 물씬 풍기는 벤더가 많다. 3 다양한 건강 주스도 판매한다. 4 문을 연지 얼마 되지 않아 깨끗한 외관

프랭키 570 Frankies 570

Map
P.483-E

Add. 570 Hudson St., New York, NY 10014
Tel. (212) 924-0818
Open 일~목요일 11:00~23:00, 금 · 토요일 11:00~24:00, 브런치 토 · 일요일
11:00~15:00
Access 1 라인 Christopher-Sheridan sq. 역
URL www.frankiesspuntino.com

2016 New Spot ▶

이탈리아 가정식을 요리하는 맛집

브루클린 캐롤 가든Carroll Garden의 유명 레스토랑 '프랭키 스푼티노 457'의 맨해튼 지점이다. 스푼티노가 이탈리아어로 캐주얼한 식사를 의미하는 것처럼 이곳은 오픈 후 십여 년 동안 브루클린에 사는 이탈리아인들의 소셜 클럽 역할을 해오며 한결 같은 음식 맛을 선보이고 있다. 이곳은 프랭크라는 똑같은 이름을 가진 두 친구의 동업으로 시작되었다. 이들 모두 음식과 영양에 대한 컨설팅을 업으로 하고 있었던 만큼 놀라운 결과를 만들어 냈다. 음식의 특징은 집밥처럼 캐주얼하지만 비범한 맛에 있다. 무엇보다 우리에게 생소한 콜드 컷 스테이크는 꼭 맛보길 권한다. 살짝 익힌 스테이크를 냉장고에서 장시간 숙성시킨 것으로 육질의 부드러움과 씹을수록 고소한 맛은 그릴 스테이크에서 느껴보지 못한 색다른 경험이 될 것이다.

1 가정집 분위기가 물씬 풍기는 외관 **2** 다소 어두운 실내와 대조되는 거리의 햇살이 비춰 정겨운 곳 **3** 강력한 추천 메뉴인 콜드 컷 스테이크 **4** 할머니 손맛 느낌의 토마토 파스타

고티노 Gottino

Add. 52 Greenwich Ave., New York, NY 10011
Tel. (212) 633-2590
Open 월~금요일 08:00~02:00, 토·일요일 10:00~02:00
Access 1 라인 Christopher St. - Sheridan Sq. 역
URL www.ilmiogottino.com

보기에도 멋있고 먹음직스러운 에노테카

스페인의 타파스와 대비되는 이탈리아의 에노테카. 햄, 올리브, 치즈 같은 질 좋은 먹거리와 와인 리스트에 분위기까지 훌륭하다. 하지만 이곳이 인정받는 가장 큰 이유는 평범한 음식도 예술적인 먹거리로 탈바꿈시키는 유명 셰프 조디 윌리엄스Jody Williams의 실력 때문이다. 그녀의 재능은 자신이 원하는 최고의 재료를 구해 조화를 이루는 것. 이탈리아의 피스타치오 치즈, 필라델피아의 유명한 젤라티 카포지리Capogiri처럼 자신이 원하는 재료를 위해 전방위로 손을 뻗는 그녀의 열정 덕분에 이런 맛난 음식을 먹을 수 있다니 고맙기만 하다. 심지어 공짜로 제공하는 테이블 위의 너트 비스킷조차 그냥 먹기에는 미안할 정도로 질 좋은 호두와 마카다미아가 가득 담겨 있다.

1 실내 분위기는 어둡다. **2** 공짜로 제공하는 베스트 품질의 마카다미아. 눈치 없이 다 먹고 싶다. **3** 접시를 활용한 심플한 벽 장식 **4** 각종 잡지의 찬사에 어울리는 최고의 음식을 맛볼 수 있다.

조셉 레너드 **Joseph Leonard**

Add. 170 Waverly Pl., New York, NY 10014
Tel. (646) 429-8383
Open 월요일 10:30~24:00, 화~금요일 08:00~24:00, 토·일요일 09:00~24:00 /
자정 이후 스낵 화~토요일 24:00~02:00
Access 1 라인 Christopher St. - Sheridan Sq. 역
URL www.josephleonard.com

secret

로컬들에게 인기 많은 브런치 스폿

웨이벌리 플레이스 길 끝자락 코너에 자리한 자그마한
식당. 중앙의 바 테이블 이외에 좌석이 6개밖에 없는 데
다 예약을 받지 않아 이곳의 음식을 맛보려면 무조건 서
두르는 수밖에 없다.
메뉴를 줄인 대신 요리 하나하나에 정성을 다하는데, 꼭
맛봐야 하는 문어 샐러드를 포함해 오이스터, 클램, 폴록
(대구), 홍합 등 시푸드 메뉴가 다양하다. 감자 퓌레에 볶
은 브뤼셀 스트라우트를 올리고 프라이드치킨에 화이트
소스를 올리는 등 뻔한 레스토랑 메뉴의 공식에서 벗어
나 접시마다 기대감을 갖게 한다. 자리 경쟁에서만 자유
로울 수 있다면 매일 가서 질리도록 먹어보고 싶은 집이
다.

1 창가 쪽 양지바른 자리 **2** 지나가기만 해도 식욕을 자극하는 레스토랑 입구 **3** 방금 만든 듯 신선하고 맛있는 잼과 고소한 토스트

메리스 피시 캠프 Mary's Fish Camp

Add. 64 Charles St., New York, NY 10014
Tel. (646) 486-2185
Open 월~토요일 12:00~15:00, 18:00~23:00, 일요일 12:00~16:00
Access 1 라인 Christopher St. - Sheridan Sq. 역
URL www.marysfishcamp.com

실속 있는 시푸드 다이닝 바

시푸드 요리가 비싼 뉴욕에서 보기 드물게 상대적으로 저렴한 가격에 맛있는 시푸드를 실컷 먹을 수 있는 곳. 이웃한 유명 시푸드 레스토랑 펄 오이스터 바Pearl Oyster Bar(18 Cornelia St.)에서 일했던 메리 레딩Mary Redding 이 독립해 2000년 오픈한 곳으로 오리지널 가게 못지않은 인기로 여름에는 오픈 전부터 기다려야 할 정도다. 매년 여름 뉴욕 최고의 랍스터 롤에 선정될 만큼 감자 튀김을 곁들인 랍스터 롤은 이 집의 상징. 바닷가 항구 옆에 자리 잡은 식당 분위기에 방금 잡아 올린 생선을 대령한 듯 모든 음식이 신선함 그 자체다. 마요네즈 소스를 듬뿍 넣어 버무린 랍스터 롤뿐만 아니라 굴, 조개, 생선 튀김 요리도 침이 꼴깍 넘어가게 한다. 예약은 받지 않는다.

1 글자가 빼곡히 들어찬 오픈 바 위의 메뉴판 **2** 창가에서 먹는 사람들의 풍경만 봐도 식욕을 자극한다. **3** 이 집의 스파이시한 특제 소스가 인상적이다. **4** 놀랍도록 싱싱한 날것 그대로의 조개

뷔베트 **Buvette**

Map
P.483-F

secret

Add. 42 Grove St., New York, NY 10014
Tel. (212) 255-3590
Open 월~금요일 08:00~02:00, 토 · 일요일 09:00~02:00
Access 1 라인 Christopher St. - Sheridan Sq. 역
URL www.ilovebuvette.com

모녀의 외출을 빛내주는
사랑스러운 와인 비스트로

2010년 오픈, 현재 명실상부 웨스트빌리지 멋쟁이들의
참새 방앗간이 된 곳으로 2014년 파리에도 지점을 오픈
할 만큼 인정받는 프렌치 비스트로다. 실제 파리에 와 있
는 듯한 분위기와 세심한 인테리어, 요리, 그리고 서비스
를 책임지는 사람은 마리오 바탈리도 인정하는 여자 셰
프 조디 윌리엄스다. 와인 한잔 시켜놓고 방금 전 지나온
거리의 잔상을 말끔히 걷어내고 식당 안 풍경 속으로 빠
져들기 딱 좋은 배경 음악에, 상냥한 프랑스인 웨이터들
의 미소도 손님을 기분 좋게 해준다. 식사 시간이 아니더
라도 지친 다리를 쉬기에 좋고, 엄마와 딸이 차와 간단한
디저트를 나눠 먹기에도 좋다. 나 홀로 여행자에게도 아
주 작은 2인용 테이블에 앉아 와인 한잔 마시며 다음 목
적지를 확인하기에 완벽한 장소다.

1 빨간 옷을 입은 여주인 **2** 이 집에서 유일하게 안 어울리는 미국 대통령 초상화 **3** 사랑스러운 카페 이름 **4** 때로는 커피에 페이스트리
대신 와인과 치즈가 어울리는 오후가 있다.

테임 Taim : Falafel & Smoothie Bar

Add. 222 Waverly Pl., New York, NY 10014
Tel. (212) 691-1287
Open 11:00~22:00
Access 1·2·3 라인 14th St. 역
URL www.taimfalafel.com

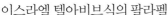

이스라엘 텔아비브식의 팔라펠

팔라펠(피타 빵에 고기와 야채, 타히티, 요구르트 소스를 넣은 중동 지역의 거리 음식)은 값싸고 실속 있는 먹거리 중 하나다. 주로 길거리에서 사 먹다가 이렇게 앉아서 먹을 수 있는 곳이 생기니 팔라펠의 이미지가 한층 고급스러워진 느낌. 커리어 우먼이던 이스라엘 아줌마가 유명한 프랑스 요리사 남편과 함께 제대로 된 팔라펠을 알리고 싶어 가게를 열었다고. 3가지 맛으로 즐길 수 있으며 그 중 매운맛의 하리사Harrisa가 가장 인기 있다. 다 먹어보고 싶으면 3가지 팔라펠에 퀴노아 샐러드를 곁들인 플래터를 주문하면 된다. '테임'은 헤브루어로 '맛있는'이라는 뜻이다. 놀리타 지점(45 Spring St.)도 있으며, 현재 놀리타에서 맛집으로 꼽히는 고급 브런치 식당 발라부스타 Balaboosta도 이들 부부의 레스토랑이다.

1, 2 사람들의 발길이 끊이지 않는 아담한 팔라펠 가게 **3** 분주하게 팔라펠을 만들어내는 손놀림 **4** 팔라펠은 성인 남자 한 사람이 먹기에도 넉넉한 크기로 속이 꽉 차 있다.

조스 피자 Joe's Pizza

Map
P.483-F

Add. 7 Carmine St., New York, NY 10014
Tel. (212) 366-1182
Open 월~금요일 10:00~04:00, 토·일요일 10:00~05:00
Access 1 라인 Houston St. 역 또는 A·B·C·D·E·F·M 라인 W 4th St. 역
URL www.joespizzanyc.com

35년 역사의 뉴욕 스타일 슬라이스 피자점

영화 〈스파이더맨〉과 드라마 〈섹스 앤 더 시티〉에 나와 한국에 꽤 많이 알려진, 소호와 웨스트빌리지의 경계에 위치한 조각 피자집. 뉴욕은 동네마다 베스트 피자집이 많아 웬만한 동네 피자집은 명함도 못 내밀지만 이곳은 지역 주민뿐만 아니라 뉴요커 누구에게나 인정받는 맛집이다. 뉴욕 피자의 특징은 종이처럼 얇고, 경수 수질 특유의 질긴 도의 식감으로 요약된다.

토마토소스에 치즈만 올린 일명 플레인 피자가 최고 인기다. 가격은 기본 $2.75에 토핑 수에 따라 ¢75씩 추가. 유니언 스퀘어 이스트빌리지 지점 (150 East, 14th St.)도 있다.

1 정겨운 피자집 앞 거리 풍경 **2** 이 동네 각종 투어 프로그램의 코스가 될 만큼 명물로 인정받고 있다. **3** 출출한 늦은 오후에 어김없이 피자집을 찾는 사람들 **4** 이걸 맛봐야 진정한 뉴요커!

스포티드 피그 **The Spotted Pig**

Add. 314 West, 11th St. #1, New York, NY 10014
Tel. (212) 620-0393
Open 월~금요일 12:00~02:00, 토 · 일요일 11:00~17:00, 17:30~02:00
Access 1 라인 Christopher St. - Sheridan Sq. 역
URL www.thespottedpig.com

초절정 인기의 미식 펍

이제는 셀러브리티 셰프 반열에 오른 에이프릴 블룸필드의 영국식 개스트로펍. 2004년부터 지금까지 식을 줄 모르는 인기를 자랑한다. 브런치 타임에도 1시간 대기는 기본. 이 집의 인기 메뉴는 그릴에 구운 송아지 간 요리와 로크포르 치즈를 넣은 햄버거, 이탈리아 베이컨 판체타를 넣은 클램 차우더 수프 등이다. 블룸필드는 영국식 개스트로펍의 인기를 뉴욕으로 끌어들인 최초의 인물로 그녀의 2번째 레스토랑인 미드타운 에이스 호텔의 브레슬린Breslin 역시 초절정의 인기를 누리고 있다. 심플하면서 블룸필드만의 스타일이 가미된 펍 메뉴와 100여 종의 와인, 아일랜드 스타우트와 맥주로 하루쯤은 칼로리 걱정 접어두고 맘껏 즐겨보자.

1 이것이 유명한 로크포르 치즈 햄버거와 슈스트링 감자 튀김 **2** 입구 간판에 걸린 돼지가 인상적이다. **3** 날씨가 화창한 주말에는 이곳에서 브런치를 즐겨보자. **4** 셰프의 명성에 어울리는 맛있는 음식

빅 게이 아이스크림 숍 Big Gay Icecreme Shop

Map
P.483-F

secret

Add. 61 Grove St., New York, NY 10014
Tel. (212) 414-0222
Open 일~목요일 13:00~22:00, 금 · 토요일 13:00~23:00
Access 1 라인 Christopher - Sheridan Sq. 역
URL www.biggayicecreme.com

2015 New Spot

이름만큼이나 독특한 아이스크림

과거에는 봄 · 여름에만 한시적으로 맛볼 수 있었던, 이름만큼이나 특별한 아이스크림이었다. 처음에는 재미로 선보인 아이스크림 트럭이 등장과 함께 입소문이 나면서 뉴요커들의 폭발적인 사랑을 받자 창업자 더글러스 퀸트와 브라이언 페트로프가 2009년 숍을 내고 현재는 뉴욕뿐만 아니라 로스엔젤레스, 필라델피아까지 매장을 늘렸다. 소프트 아이스크림 위에 올리는 코코넛, 커리, 솔트 등 독창적인 토핑이 특징인 이곳 아이스크림은 2012년에는 미국 내 베스트 아이스크림 10위, 2013년에는 세계 베스트 아이스크림 5위라는 기록을 세웠다. 덕분에 이를 맛보려는 전 세계 관광객의 방문이 끊이지 않는 뉴욕의 시그너처 아이스크림 숍이 되었다. 이스트빌리지점(125 East, 7th St.)과 아이스 호텔 업스테어스 바에도 지점이 있다.

1 이름처럼 유쾌한 그래피티가 시선을 사로 잡는다. **2** 로컬 손님보다 해외에서 온 손님이 더 많다. **3** 시 솔트를 뿌린 초코 아이스크림 **4** 머천다이징 아이템도 판매한다.

카바 카페 **Kava Cafe**

Add. 803 Washington St., New York, NY 10014
Tel. (212) 255-7494
Open 월~금요일 07:00~22:00, 토 · 일요일 08:00~22:00
Access L 라인 8th Ave. 역 또는 A · C · E 라인 14th St. 역
URL www.kavanyc.com

미트패킹에 어울리는 세련된 커피 바

힙스터들이 좋아하는 에이스 호텔의 디자이너 로만 & 윌
리엄스가 인테리어를 맡아 비슷한 분위기를 풍긴다. 오
픈하자마자 미트패킹의 핫한 카페로 입소문이 나더니 금
세 42가 10번가 헬스 키친에도 지점을 냈다.

1970년대 밀라노의 커피 하우스 분위기로, 광택 나는 블
랙 페인트와 구릿빛 거울, 붉은 색조의 문과 모던 분할의
바닥까지 감각적인 디자인이 눈길을 끈다. 차세대 에스
프레소 머신 스트라다Strada에서 뽑은 커피 맛은 예술이
다. 스텀프타운의 로스팅 원두를 사용하는 에스프레소
중심의 카페지만 프렌치 프레스 커피도 주문 가능하다.
미드타운(470 West, 42nd St.)에도 지점이 있다.

1 유독 애연가들이 많이 찾는 카페 앞 벤치 **2** 카페 안쪽의 빨간 문을 열면 아늑한 정원으로 이어져 야외 테이블을 이용할 수 있다.
3 황금 크레마의 유혹 **4** 세련되고 고급스러운 바 분위기

이 동네 카페 대부분은
작업실 풍경이다.

조 디 아트 오브 커피 Joe the Art of Coffee

Add. 141 Waverly Pl., New York, NY
Tel. (212) 924-6750
Open 월~금요일 07:00~20:00, 토 · 일요일 08:00~20:00
Access 1 라인 Christopher - Sheridan Sq. 역
URL www.joetheartofcoffee.com

웨스트빌리지발 커피

웨스트빌리지 게이 스트리트Gay St. 끝자락에 위치한 일
명 조씨네 커피. 지금은 맨해튼에만 8곳의 체인을 거느리
고 있지만 오픈 당시만 해도 이곳의 커피 맛을 보기 위해
엄청난 인파가 몰렸다.

뉴욕의 커피는 조 디 아트 오브 커피 이전과 이후로 나뉜
다. 사실 뉴욕은 그전까지 카페는 많았지만 커피로 내세
울 수 있는 곳은 없었기 때문이다. 오죽하면 뉴욕 커피가
세계인의 유머에 오르내리는 조롱거리였을까. 그러니 거
창한 이름만큼이나 이곳 커피는 뉴요커의 자부심이라 할
만하다. 웨스트빌리지점은 동네 위치 때문에 더 사랑스
러운 분위기가 난다.

1 카페 앞 벤치는 언제나 자리 경쟁이 치열하다. **2** 입구 앞 스탠드 간판도 아기자기하다. **3** 주전자 아트가 인상적이다. **4** 테이크아웃 잔에도 예쁜 라테 아트를 선보인다.

스위트 리벤지 **Sweet Revenge**

Add. 62 Carmine St., New York, NY 10014
Tel. (212) 242-2240
Open 월~목요일 07:00~23:00, 금요일 07:00~24:30, 토요일 10:30~24:30,
일요일 10:30~22:00
Access 1 라인 Houston St. 역
URL www.sweetrevengenyc.com

맥주 & 와인에 곁들이는 수제 컵케이크

뉴요커들이 해장으로 컵케이크를 먹는다는 이야기를 듣기는 했지만 맥주 & 와인 바에서 컵케이크를 파는 걸 보니 틀린 말이 아닌가 보다. 알코올과 설탕의 상관관계가 궁금한 사람이라면 이곳에 들러 와인 & 맥주와 컵케이크의 세트 메뉴를 시도해보자. 피스타치오, 카다몬, 에스프레소, 아르헨티나 캐러멜, 말레이시아 코코넛, 플뢰르 드 셀(바다 소금) 등 전 세계의 다양한 향료로 만든 케이크에 어울리는 다양한 맛의 버터크림과 크림치즈를 바른다. 이름도 '순수', '더티', '천국의 새' 등 다분히 시적이다. 그중 백미는 이 집의 상징인 스위트 리벤지. 피넛 버터를 주재료로 해 아주 고소하면서 이름처럼 무섭게 달다. 2009년 '잇아웃Eatout'에 선정되기도 했다.

1 주변에 별다른 카페가 없어 더욱 눈에 띄는 멋진 통유리창의 카페 **2** 내부는 생각보다 넓지 않다. **3** 의외로 남자 손님이 많다.
4 그야말로 이제껏 참아온 칼로리에 대해 복수를 하게 만드는 엄청난 양의 프로스팅

매그놀리아 베이커리 | Magnolia Bakery

Add. 401 Bleecker St., New York, NY 10014
Tel. (212) 462-2572
Open 월~목 · 일요일 09:00~23:30, 금 · 토요일 09:00~24:30
Access 1 라인 Christopher - Sheridan Sq. 역
URL www.magnoliabakery.com

뉴욕을 대표하는 컵케이크

〈섹스 앤 더 시티〉가 만들어낸 여러 가지 히트 상품 중 하나. 웨스트빌리지 블리커 스트리트의 조그맣던 컵케이크 가게가 5년 만에 어퍼웨스트에 이어 주요 관광지인 록펠러 센터와 그랜드 센트럴 터미널, 블루밍데일스, 로스앤젤레스, 심지어 중동의 두바이에도 지점을 냈다. 컵케이크 가게가 많아졌음에도 매그놀리아 베이커리에 대한 충성은 변하지 않는 듯하다.

아직도 어느 지점을 가든 줄을 서야 할 때가 많다. 이 집의 촉촉하고 보송보송한 케이크와 아이싱의 완벽한 궁합은 어느 누구도 따라오지 못한다. 〈섹스 앤 더 시티〉의 극 중 캐릭터 미란다가 스트레스 아웃을 외치며 컵케이크에 화풀이하던 장면을 상기하며 여성들은 지금도 기꺼이 공감의 한 표를 던진다.

1 영원히 줄 것 같지 않은 매그놀리아 베이커리의 기나긴 줄 **2** 이 집 컵케이크는 은은한 파스텔 색조의 프로스팅이 특징이다. 상당히 여성스럽다. **3** 미드타운에 위치한 매그놀리아 베이커리 내부 **4** 내가 바로 뉴욕 컵케이크의 지존!

그리니치 레터프레스 Greenwich Letterpress

Map
P.483-F

Add. 39 Christopher St., New York, NY 10014
Tel. (212) 989-7464
Open 월요일 12:00~18:00, 화~금요일 11:00~19:00, 토 · 일요일 12:00~18:00
Access 1 라인 Christopher St. - Sheridan Sq. 역
URL www.greenwichletterpress.com

동화 속 보물 창고, 카드 하우스

스마트폰이 생활화된 지금도 뉴요커에겐 카드를 주고
받는 일이 일상인 듯하다. 그러다 보니 멋진 카드를 고르
는 일은 상대방에 대한 배려인 동시에 자신의 취향을 뽐
낼 수 있는 모처럼의 기회이기도 하다. 맨해튼의 수많은
카드 가게 중에서 이곳은 로컬들이 추천하는 베스트 숍.
2006년 문을 연 뒤 〈보그〉, 〈마사 스튜어트 리빙〉과 〈타
셴〉 같은 굴지의 미디어 에디터들로부터 전폭적인 지지
를 얻고 있다. 아담하고 사랑스러운 가게 안에는 오너 자
매가 직접 디자인하고 손으로 작업한 예쁜 카드와 편지
지, 선물용 소품으로 가득하다. 구경하는 재미는 물론
특별한 선물을 고르기에 안성맞춤인 곳. 일반 가게들과
떨어져 있어 지도를 잘 보고 찾아가야 한다.

1 쿠키 봉지나 선물 묶는 데 이용하는 사랑스러운 색실 **2, 3, 4** 차분하고 소녀 감성이 돋보이는 물건이 가득 차 있다.

북마크 Bookmarc

Add. 400 Bleecker St., New York, NY 10014
Tel. (212) 620-4021
Open 월~토요일 11:00~19:00, 일요일 12:00~18:00
Access 1 라인 Christopher St. - Sheridan Sq. 역
URL www.marcjacobs.com

마크 제이콥스의 서점이자 기념품 가게

블리커 스트리트의 초입은 마크의 거리라고 불러도 손색이 없을 정도로 거리 양쪽으로 마크 바이 마크 제이콥스, 리틀 마크 제이콥스, 그리고 북마크가 나란히 위치해 있다. 겉으로는 서점을 새로 단장한 것처럼 보이지만 마크 제이콥스의 각종 액세서리를 파는 기념품 숍의 역할이 더 크다. 마크 제이콥스 로고가 찍힌 열쇠고리와 연필, 지갑, 각종 여행 가방까지 다양한 가격대의 물건이 구비되어 있다. 때로는 책장에 〈모비 딕Moby's Dick('모비의 거시기'란 뜻)〉, 〈게이 개츠비Gay Gatsby〉처럼 문학 작품의 이름을 희화한 제목의 저널(일기장)이 진열되어 있어 장난기 넘치는 마크 제이콥스의 뉴 콘셉트 숍을 구경하는 기분이다.

1 비좁은 데다 사람이 많으니 상대적으로 한가한 주말이나 늦은 시간을 공략해보자. **2** 마크 제이콥스의 연장선상에 있는 로고체
3, 4 책뿐만 아니라 싸고 재미난 물건이 많아 기념품 고민에서 잠시 해방되는 기분!

유리창 너머로 보이는
아기자기한 소품들

메도 The Meadow

Add. 523 Hudson St., New York, NY 10014
Tel. (212) 645-4633
Open 일~목요일 13:00~21:00, 금·토요일 11:00~22:00
Access 1 라인 Christopher St. - Sheridan Sq. 역
URL www.stthemeadow.com

secret

2015 New Spot

미식가들의 보물창고

세상에 이렇게 멋진 가게가 또 있을까? 미식가 많기로 유명한 오리건 주 포틀랜드의 3번째 매장으로 전 세계의 진귀한 소금을 모아놓았다. 아이슬란드 온천수에서 거둬들인 하얀색 너깃 모양의 소금부터 일본에서 가져온 핑크 마보로시 플럼, 오리건 주 피노 누아 와인을 넣은 소금 등 그야말로 전 세계의 진귀한 소금으로 가게 안을 가득 채웠다. 선반에 쌓여 있는 각종 히말라얀 소금 블록은 그 위에 음식을 놓고 직접 가열해 조리할 수 있다고. 이 동네 토박이인 주인장 마크 비터맨은 소금 전문가로 〈솔티드Salted〉라는 책을 쓰기도 했다. 반대편 선반에는 전 세계의 초콜릿이 모여 있고, 실험실을 방불케 하는 칵테일 리큐어와 선반에 놓인 화분이 마음을 설레게 한다. 미식가가 아니더라도 특별한 선물을 찾는 사람이라면 꼭 한번 들러보기를 추천한다.

1, 2 전 세계에서 수집한 초콜릿들 **3** 색색의 꽃들이 비치되어 있어 더욱 활기가 넘친다. **4** 모두 맛보고 싶은 세상의 모든 소금들

사커빗 **Sockerbit**

Add. 89 Christopher St., New York, NY 10014
Tel. (212) 206-8170
Open 일~목요일 11:00~20:00, 금 · 토요일 11:00~21:00
Access 1 라인 Christopher St. - Sheridan Sq. 역
URL www.sockerbit.com

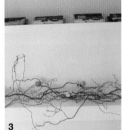

스웨덴 스타일의 딜럭스 캔디 바

새하얀 공간의 선반을 가득 채우고 있는 것은 스웨덴에서 공수해 온 140여 종의 알록달록한 사탕과 껌, 젤리다. 사탕으로 이루어진 설치 미술을 보는 듯 갤러리 느낌의 독특한 인테리어가 인상적이다.

스웨덴인 부부가 운영하며, 가게 이름인 사커빗은 주사위 모양의 설탕 과자를 뜻한다. 특히 과일 향이 나는 구미 젤리 종류가 많은데, 구미 젤리 애호가들은 평소 맛보지 못한 새로운 맛을 찾았다며 아주 신이 난 분위기다. 주머니에 담아 무게를 달아 계산하는데 파운드당 $12.99로 조금 비싼 편이다.

1 색색의 사탕을 이용한 예술 작품이 전시된 듯한 갤러리 분위기가 돋보인다. **2** 심플한 디자인이 돋보이는 사커빗 외관 **3** 유럽 분위기의 인테리어 소품과 상품들 **4** 사커빗에서 판매하는 상품

스틱 스톤 & 본 Stick Stone & Bone

Add. 111 Christopher St., New York, NY 10014
Tel. (212) 807-7024
Open 일~금요일 12:00~20:00, 토요일 12:00~21:00
Access 1 라인 Christopher St. - Sheridan Sq. 역
URL www.stickstoneandbone.com

초자연적인 물건을 파는 이색 가게

크리스토퍼 스트리트에서 마주친 독특한 분위기의 가게로, 초자연적인 모습의 돌과 액세서리, 책 등을 판매한다. 선반에는 각종 증상에 효험이 있다는 크리스털과 다양한 원석, 드림캐처, 깃털 등 흔히 볼 수 없는 물건으로 가득하다. 고객은 주로 요가나 뉴에이지를 추구하는 사람들이다.

이곳의 주인 욜란다는 물건의 쓰임새에 관해 엄청난 지식을 가지고 있으며 아주 친절히 설명해준다. 미신이라는 생각은 일단 접고 행운을 가져다준다는 이야기에 귀를 기울이는 마음으로 기념품을 둘러보는 재미가 쏠쏠하다.

1 진열된 물건에 대한 자세한 사용법과 설명이 곁들여져 있다. **2** 우연히 들른 사람보다는 일부러 찾아오는 고객과 단골이 많은 듯. **3, 4** 굳이 의미를 부여하지 않더라도 장식이나 선물로 적합한 물건이 많다.

워비 파커 **Warby Parker**

Map
P.483-C

secret

Add. 819 Washington St., New York, NY 10014
Tel. (646) 517-5227
Open 11:00~19:00
Access A·C·E 라인 14th St. 역
URL www.warbyparker.com

2016 New Spot ▶

시크한 디자인과 착한 가격으로
무장한 안경 브랜드

안경값이 비싼 미국에서 착한 가격의 안경을 선보여 단
기간 내 급성장한 신생 브랜드. 예쁜 디자인의 안경을 저
렴하게 공급하자는 취지로 3명의 MBA 졸업생들이 의기
투합해 회사를 차렸다고 한다. 보통 온라인으로 5개까지
샘플을 신청해 착용해본 뒤 검안 시력을 보내면 도수를
넣은 안경을 받아볼 수 있다.
오프라인 매장은 이곳 외에 소호와 어퍼이스트점이 있
다. 넓은 매장에는 안경과 선글라스로 나뉘어 진열되어
있으며 상품을 자유롭게 껴볼 수 있다. 매장 내에서 검안
과 주문도 가능하다.

1 자유롭게 착용해볼 수 있는 다양한 디자인의 안경들 **2** 워비 파커 주변의 상권을 소개해놓은 지도 **3** 좋은 품질에 가격 거품을 뺀 만
큼 소비자 만족도가 높다. **4** 패션 소품으로 손색없는 선글라스

잉크패드 **The Inkpad**

Add. 37 7th Ave., New York, NY 10011
Tel. (212) 463-9876
Open 월~토요일 11:00~19:00, 일요일 12:00~18:00
Access 1·2·3 라인 14th St. 역
URL www.theinkpadnyc.com

맨해튼 최고의 스탬프 가게

은퇴한 고등학교 선생님 2명이 운영하는 스탬프와 각종 문구류를 파는 맨해튼 최고의 스탬프 가게. 스탬프나 스텐실 카드에 관심 있는 사람이라면 주저 말고 이곳에 가 볼 것. 30제곱미터 면적의 작은 가게 안에 뉴욕의 각종 시그너처 문양은 물론 유명인의 얼굴, 남녀노소 누구나 좋아할 만한 캐릭터와 문구, 패턴 등 1만여 종의 문구류, 페이퍼 패턴, 스탬프가 사이즈별로 갖추어져 있다. 잉크도 250종에 달한다. 이 가게가 문을 열기 전까지 맨해튼의 전문 스탬프 가게는 1998년에 문을 연 이스트빌리지의 케이시 고무 도장집Casey's Rubber Stamp Shop뿐이었다. 이곳은 좀 더 트렌디한 컬렉션과 디스플레이 덕분에 전문가보다 일반인이 이용하기 더 편리하다. 도장 이외에 각종 펀치, 엠보싱 파우더, 스티커, 카드와 관련 잡지도 구비해놓았다.

1 흔한 문방구 규모의 작은 가게 **2** 벽 선반마다 가득한 온갖 종류의 스탬프 **3, 4** 개성 있는 문양이 많아 고르는 것도 쉽지 않다.

뉴욕의 스트리트에서 골라 먹는 유명 트럭 음식

뉴욕의 전통적인 거리 음식이라고 하면 굵은 소금을 뿌려 화덕에 구운 프레첼, 핫도그, 스위트 땅콩이 전부였다. 하지만 지난 2007년, 서브 프라임 모기지에서 촉발된 경기 침체는 스트리트 푸드에 일대 변화를 가져왔다. 주머니가 가벼운 초긴축 경제 시대에 걸맞게 셰프들이 레스토랑 퀄리티의 음식을 트럭에 싣고 $5 안팎의 저렴한 가격으로 판매하기 시작한 것. 이탈리아에 서 공수한 고급 재료로 만든 아이스크림, 고급 레스토랑에서나 맛볼 만한 디저트, 타코와 프 렌치 비스트로까지 종류도 다양하고 경쟁도 치열했다. 이제는 매년 까다로운 일반 평가단의 심사로 수상자를 결정하는 벤디 어워드Vendy Award가 제정될 만큼 뉴욕 맛집 지도에서 당당 하게 인정받고 있다.

URL www.streetvendor.org/vendy

할랄 가이스
Halal Guys
6번가 55가. 카트 주변에 늘어선 상 상 초월 인파로 쉽게 찾을 수 있 다. 뉴욕 스트리 트 푸드의 전설이 된 곳.

루크스 랍스터
Luke's lobster
첼시 마켓에 본점이 있는 유명 레스토랑. 매장의 인기에 힘입어 트럭으로 진출해 맨해튼을 누빈다. 촉촉한 랍스터 살로 가득 채운 랍스터 롤이 시그 너처 메뉴.

시나몬 스네일 Cinnamon Snail
뉴욕의 베스트 도넛이라 회자될 정도이며 비건을 위한 도넛으로 인기몰이. 도넛 이외에 다양한 식사 메뉴도 괜찮다.

슈니첼 & 싱스 Schnitzel & Things
오스트리아식 돈가스와 감자 튀김, 사이드 메뉴를 저렴한 가격에 즐길 수 있다.

나폴리 익스프레스 Neapolitan Express
피자의 본고장인 나폴리 피자 도의 쫀득함과 프레시한 소스와 토핑이 일품이다.

수블라키 Souvlaki
그리스 음식 피타Pitta를 파는 가게로 지속적인 호응에 힘입어 로어이스트에 매장 오픈

테임 Taim
웨스트빌리지에 위치한 테임에서 운영하는 푸드 트럭. 중동식 핫도그인 팔라펠을 판매한다. 〈뉴욕〉 매거진에서 '2011 베스트 뉴욕 트럭 음식'으로 선정됐다.
URL www.taimmobile.com

Tip **트럭 음식을 손쉽게 즐기는 방법**
트럭 집결지를 공략하자. 점심시간이면 주요 빌딩 가에 유명 푸드 트럭이 도열하니 오전 11시 30분에 파이낸셜 빌딩 부근이나 미드타운 브로드웨이 56가 근방에 줄을 서자.

Area 07
UNION SQUARE & GREENWICH

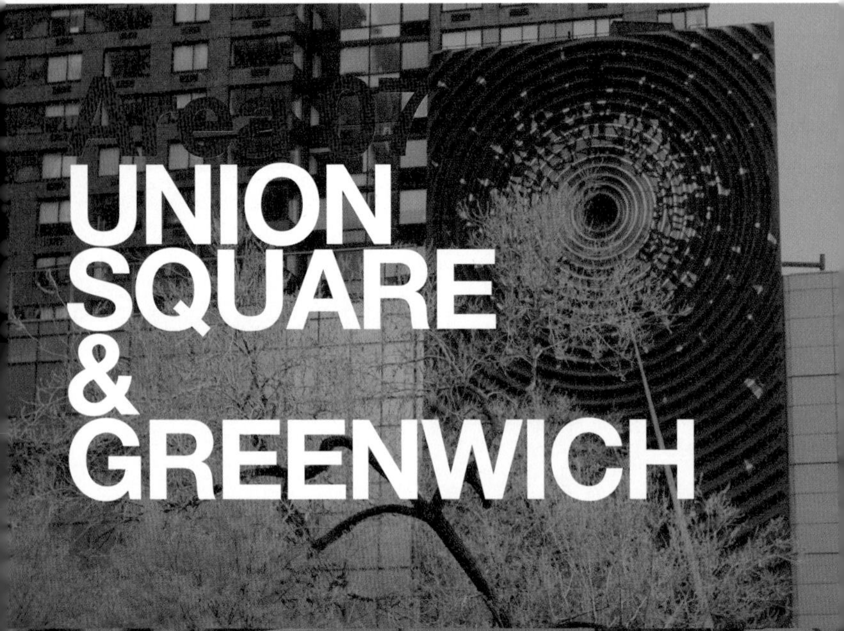

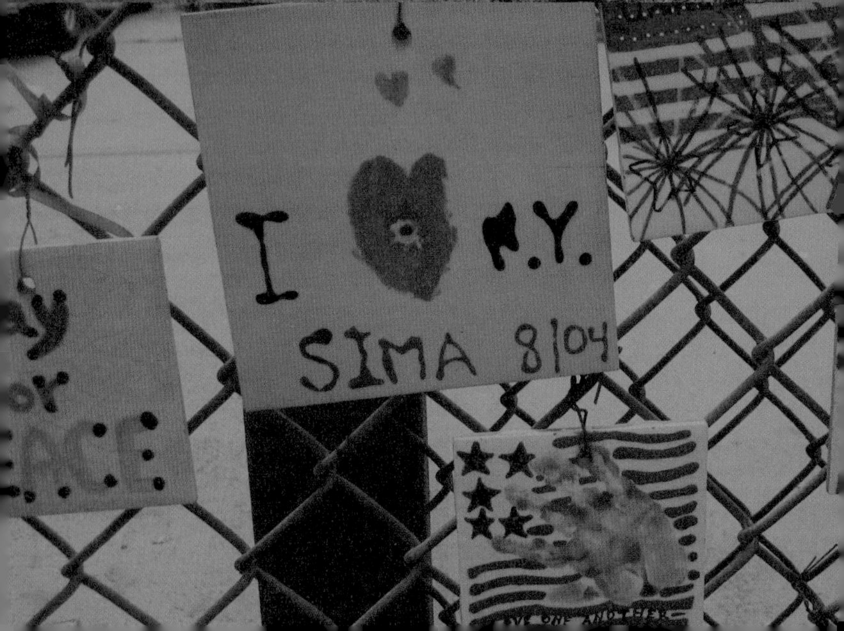

유니언 스퀘어 & 그리니치

UNION SQUARE & GREENWICH

● 소호의 시작점인 휴스턴 스트리트에서 북쪽 유니언 스퀘어 파크까지 이어지는 작은 구역이다. 종종 뉴욕 대학교의 캠퍼스 입구로 오해받는 개선문 아치의 워싱턴 스퀘어 파크와, 주변에 밀집된 뉴욕 대학교의 건물들이 어우러져 대학가 분위기가 풍긴다. 17세기 영국 이주민들이 들어와 살면서 런던 근교 마을의 이름을 따 그리니치라 부르게됐는데, 공원을 둘러싼 주택가에는 한때 미국 문단에 한 획을 그은 유명 문인이 많이 살았다. 1960년대 포크 뮤직 시대에는 밥 딜런, 제니스 조플린, 피터, 폴 & 메리 같은 보헤미안 음악가들의 아지트로 추억된다. 지금도 맥두걸Macdougal 스트리트에는 젊은 시인들과 음악가들이 즐겨 찾던 술집, 카페, 공연 클럽, 악기상이 그대로 남아 있어 그 시대의 흔적을 엿볼 수 있다. 젊은 예술가들이 많이 살던 당시에는 뉴욕 정보의 발신지였으며 1955년에는 〈빌리지 보이스〉 창간을 이끌기도 했다. 워싱턴 파크가 주택가에 둘러싸여 차분한 느낌을 준다면 유니언 스퀘어 파크는 활기 넘치는 광장에 가깝다. 근처 대학교에서 쏟아져 나온 학생들의 쉼터이자 뉴욕 최대의 직거래 장터인 그린 마켓을 이용하는 뉴요커와 주변 식당의 셰프들 덕분에 주말에는 타임스 스퀘어 다음으로 번화하다. 공원 주변에는 대형 서점과 학생들의 세미나가 열리는 카페, 젊은이들의 문화의 산실인 소극장 그리고 그린 마켓을 이용하는 고급 레스토랑과 학생들이 애용하는 저렴한 식당, 상점이 골고루 분포되어 있다.

Access
가는 방법

A·B·C·D·E·F·M 라인 **W 4th St.** 역

방향 잡기 6번가에 위치한 지하철역에서 나와 워싱턴 플레이스 길로 들어오면 바로 워싱턴 스퀘어 파크가 펼쳐진다. 파크 남단이 그리니치 빌리지에 해당하며 오른쪽으로 더 가면 '소호의 북쪽'이라는 뜻의 노호 NOHO까지 돌아볼 수 있다. 북쪽으로 방향을 잡으면 유니언 스퀘어에 다다른다.

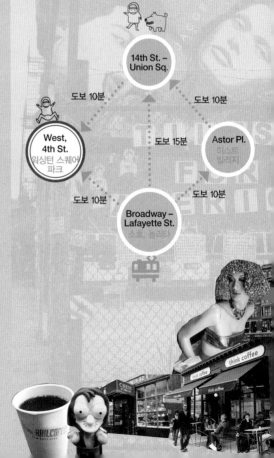

14th St. – Union Sq.

도보 10분

도보 10분

West, 4th St.
워싱턴 스퀘어 파크

Astor Pl.
이스트 빌리지

도보 15분

도보 10분

도보 10분

Broadway – Lafayette St.
소호, 놀리타

Check Point

● 특별한 관광 명소나 쇼핑 밀집 지역이 아니기 때문에 3시간 정도면 다 돌아볼 수 있다. 웨스트 빌리지나 그래머시 파크 주변을 묶어 돌아보면 좋다.

● 공연에 관심 있는 사람이라면 유니언 스퀘어 근처에 있는 다릴 로스Daryl Roth 극장에서 상설 공연하는 푸에르자 브루타 : 와이라Fuerza Bruta : Wayra를 추천한다. 한국에도 잘 알려진 델 라 구아다 퍼포먼스 팀의 새 프로그램으로 천장에서 날아다니고 물 위에서 미끄러지는 묘기를 보는 사이에 스트레스가 몽땅 날아갈 것이다.
www.fuerzabrutanyc.com

Plan
추천 루트

보헤미안 음악가들의
아지트에서
옛 흔적을 느껴보자.

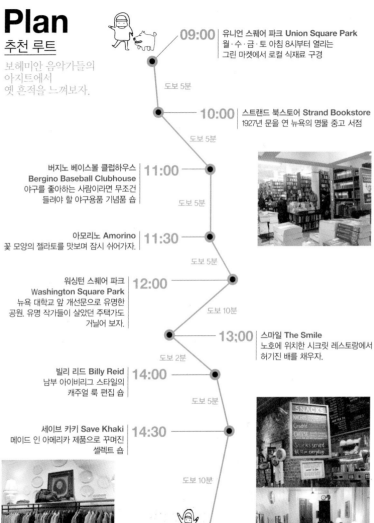

09:00 유니언 스퀘어 파크 Union Square Park
월·수·금·토 아침 8시부터 열리는
그린 마켓에서 로컬 식재료 구경

도보 5분

10:00 스트랜드 북스토어 Strand Bookstore
1927년 문을 연 뉴욕의 명물 중고 서점

도보 5분

버지노 베이스볼 클럽하우스
Bergino Baseball Clubhouse **11:00**
야구를 좋아하는 사람이라면 무조건
들려야 할 야구용품 기념품 숍

도보 5분

아모리노 Amorino **11:30**
꽃 모양의 젤라토를 맛보며 잠시 쉬어가자.

도보 5분

워싱턴 스퀘어 파크
Washington Square Park **12:00**
뉴욕 대학교 앞 개선문으로 유명한
공원. 유명 작가들이 살았던 주택가도
거닐어 보자.

도보 10분

13:00 스마일 The Smile
노호에 위치한 시크릿 레스토랑에서
허기진 배를 채우자.

도보 2분

빌리 리드 Billy Reid **14:00**
남부 아이비리그 스타일의
캐주얼 룩 편집 숍

도보 5분

세이브 카키 Save Khaki **14:30**
메이드 인 아메리카 제품으로 꾸며진
셀렉트 숍

도보 10분

체스 포럼 Chess Fourm **15:00**
체스 컬렉션도 구경하고 게임도 한판 구경하자.

굳이 장을 보지 않더라도 날
씨 좋은 토요일에 구경 나와
군것질하며 보내기 좋다.

유니언 스퀘어 파크 Union Square Park

Add. 201 Park Ave., South, New York, NY 10003
Access L 라인 14th St. 역
URL www.nycgovparks.org/parks/unionsquarepark

★★

그린 마켓으로 유명한 광장

타임스 스퀘어가 세계의 십자로라면 뉴요커들에게는 바로 이곳이 그렇다. 첼시, 그리니치, 그래머시, 이스트빌리지로 둘러싸여 있으며 뉴욕 대학교 건물이 있어 젊은이들로 붐비는 청춘의 광장이다.

무엇보다 유니언 스퀘어 파크를 특별하게 만드는 건 광장 전체가 거대한 장터로 변하는 그린 마켓Green Market. 그 역사는 1976년으로 거슬러 올라가며 월·수·금·토요일 주 4일 열린다. 뉴욕은 동네마다 인근 농장과 연계된 장터가 있지만 규모 면에서 그린 마켓이 독보적이며, 뉴요커의 식품 창고인 셈. 11월 말부터 크리스마스까지는 홀리데이 마켓Holliday Market이 열려 질 좋은 수공예 향초, 비누, 보석, 장난감, 장식품, 수예품, 아트워크를 구입할 수 있다.

1 평소의 유니언 스퀘어 파크 풍경 2 체스를 두는 남자들의 모습 3 공원 여기저기에 테이블이 놓여 있다.

워싱턴 스퀘어 파크 Washington Square Park

Add. 5th Ave., MacDougal St. / Waverly Pl. / West, 4th St., New York, NY 10003
Tel. (212) 387-7676
Open 06:00~01:00
Access A·B·C·D·E·F·M 라인 W 4th St. 역
URL www.nycgovparks.org/parks/washingtonsquarepark

★

포크 뮤직의 향기가 가득한 공원

워싱턴 스퀘어 파크는 프랑스의 개선문을 닮은 입구와 시원스럽게 뻗어 올라가는 분수대로 잘 알려져 있다. 근처에 뉴욕 대학교 캠퍼스가 있어 학구적인 분위기도 나고 고풍스러운 주택가에 둘러싸여 있어 운치가 있다. 주말 오후면 중앙의 분수대에 다양한 포크 아티스트들이 모여 연주를 한다. 또 7월에는 북동쪽 코너에서 클래식 연주가, 12월에는 아치 입구에서 캐롤링이 펼쳐지는 등 연중 다양한 음악을 들을 수 있다. 주말마다 열리는 체스 허슬러도 볼거리. 미식가들의 칭찬이 자자한 푸드 카트인 뉴욕 도사스NY Dosas도 경험해보자. 얇은 크레페에 인도 향신료로 고소하게 볶아낸 갖은 채소를 넣어 말아주는 건강 간식이다.

1 젊음의 이상과 자유가 충만한 워싱턴 스퀘어 파크 **2, 3** 워싱턴 스퀘어 파크의 관문. 뉴욕 대학교 정문으로 착각하는 사람이 의외로 많다. **4** 골동품 같은 피아노로 멋지게 연주하는 거리 음악가

스마일 The Smile

Add. 26 Bond St., New York, NY 10012
Tel. (646) 329-5836
Open 월~금요일 08:00~24:00, 토요일 10:00~24:00, 일요일 10:00~22:00
Access 6 라인 Bleecker St. 역 또는 L 라인 6th Ave. 역
URL www.thesmilenyc.com

secret

숍과 카페를 겸한 반지하의 콘셉트 스토어

낡은 타투 숍 같은 외관에다 반지하에 자리해 있어 마음 먹고 찾아가지 않는 이상 쉽게 마주칠 수 없는 비밀 공간. 베이커리를 겸한 카페이면서 포푸리, 모스코 안경, 마리아주 프레르 티, 뜨개질 도구 등을 파는 콘셉트 숍이기도 하다. 이 집의 오너는 청바지 편집 숍으로 유명한 어니스트 숀Earnest Sewn 출신. 그래서인지 이곳은 로어이스트에 있는 어니스트 숀 매장과 색조와 분위기가 비슷하다. 어둑한 실내에 산타 마리아 누벨 스타일의 양초와 전구가 그대로 드러난 중세 느낌의 천장 조명, 우드 프레임의 벽난로, 벽돌 벽이 고상한 분위기를 풍긴다. 한번 방문하면 자꾸 찾아가고 싶게 만드는 매력이 있다. 특히 입구 쪽 창가 테이블은 비 오는 날 분위기 있는 곳을 찾는 이에게 강력 추천한다.

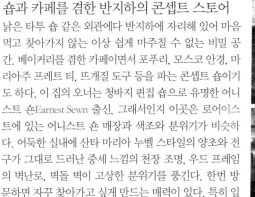

1 동굴 같은 곳에서 유일하게 햇볕이 드는 자리 2 너무 허름해서 과연 제대로 된 음식을 먹을 수 있을지 의심이 들게 하는 외관 3 음식이 나오는 동안 진열되어 있는 상품을 구경하기 좋다. 4 친구들과 아지트 삼기 적당한 곳이다.

도스 토로스 타케리아 Dos Toros Taqueria

Map
P.484-E

secret

Add. 137 4th Ave., New York, NY 10003
Tel. (212) 677-7300
Open 월요일 11:30~22:30, 화~금요일 11:30~23:00, 토요일 12:00~23:00,
일요일 12:00~22:30
Access N·Q·R 라인 14th St. – Union Sq. 역
URL www.dostoros.com

뉴욕 대학교를 강타한 버클리 타코

뉴욕에 제대로 된 타코 맛을 선보이겠다는 일념으로 멀리 캘리포니아 버클리에서 날아온 두 형제가 의기투합해 만든 아담한 타코집. 자신들이 숭배하는 샌프란시스코 베이 근처의 전설적인 타코집을 오마주해서 메뉴는 물론 두툼한 나무 테이블과 가죽 스툴의 인테리어까지 그 집 느낌 그대로 만들었다고. 타코, 부리토, 케사디야로 구성된 초간단 메뉴에 원하는 고기와 밥, 블랙 빈, 살사 소스를 선택하면 끝. 부드럽고 신선한 고기 맛도 일품이지만 아보카도에 소금으로만 간을 한 과카몰리의 절제된 균형감은 가히 예술이다. 곁들여 먹는 핫 소스도 이 집의 홈메이드 제품이다. 뉴욕 대학교 학생뿐만 아니라 소문난 타코 맛을 보기 위해 아이까지 데리고 오는 부모들로 주말이면 발 디딜 틈이 없다. 이곳 외에 맨해튼에 5곳, 윌리엄스버그에 1곳의 지점이 있다.

1 대학가의 에너지가 느껴지는 주문 카운터 **2** 자리가 좁지만 회전율이 빨라 조금만 기다리면 금세 자리가 난다. **3** 유명 푸드 잡지에도 소개된 타코의 정석 **4** 속이 꽉찬 이곳의 타코는 맛이 일품이다.

밥보 BaBBO

Add. 110 Waverly Pl. #A, New York, NY 10011
Tel. (212) 777-0303
Open 월요일 17:00~23:30, 화~토요일 11:30~23:30, 일요일 16:30~23:00
Access A·B·C·D·E·F·M 라인 W 4th St. 역
URL www.babbonyc.com

뉴욕에서 가장 예약하기 힘든 맛집 중 하나

한두 달 전에 예약해야 원하는 시간에 이용할 수 있다는 악명 높은 마리오 바탈리의 이탈리아 레스토랑. 10년이 지난 지금도 상황은 별로 달라지지 않은 듯하다. 〈뉴욕 타임스〉 기자 빌 버포드Bill Burford가 밥보의 주방에서 겪은 일을 묘사한 책 〈앗, 뜨거워Heat〉를 읽은 독자들처럼 많은 사람들이 천재 요리사의 열정을 맛보고 싶어 하기 때문은 아닐까. 뉴욕 레스토랑의 전설이 되고 있는 밥보에서 이탈리아 본토에서도 최고의 요리를 직접 맛보자. 파스타 테이스팅 메뉴(8코스) 가격은 $85.

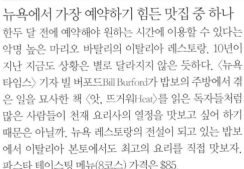

Tip
– 예약은 어렵지만 오픈 시간엔 바 테이블을 이용할 수도 있다.
– 〈앗, 뜨거워〉 : 마리오 바탈리의 광기 어린 천재성, 밥보의 흥미진진한 주방, 미국·영국·이탈리아를 옮겨 다니며 음식을 매개로 삶과 문화를 성찰한 〈뉴욕 타임스〉의 기자 빌 버포드의 베스트셀러.

1 화려한 명성과 달리 이탈리아 시골의 소박한 식당 같은 분위기의 레스토랑 입구 2 작지만 격조가 느껴지는 내부 3, 4 밥보에서 맛볼 수 있는 파스타의 향연

베트남 식당 같지 않은
외관이라지나치기 쉽다.

사이공 쉑 Saigon Shack

Add. 14 Macdougal St., New York, NY 10012
Tel. (212) 228-0588
Open 일~수요일 11:00~23:00, 목~토요일 11:00~다음 날 01:00
Access E·A·C·B·D·M·F 라인 W4th St. 역
URL www.saigonshack.squarespace.com

2016 New Spot

캐주얼한 분위기의 베트남 식당 겸 커피 바

아마도 맨해튼에서 대기 줄이 가장 긴 베트남 식당이 아닐까 싶다. 하지만 그럴만한 가치가 충분히 있는 집으로, 합리적인 가격대에 인기 메뉴만 제대로 보여주는 음식들이 그렇다. 어떤 메뉴나 푸짐한 양은 기본이고 신선한 채소, 음식과 조화로운 맛을 이루는 소스들이 정말 맛있다. 가볍게 먹고 싶은 날에는 사이드 메뉴로 고구마 튀김을 곁들인 베트남의 대표 샌드위치 반미Banh Mi가 제격이다. 여름에는 뜨거운 쌀국수 대신 구운 새우 또는 고기를 올린 비빔 쌀국수를 추천한다. 하지만 어떤 메뉴를 시켜도 실패할 확률은 거의 없다. 평일 늦은 점심을 제외하고는 대기 줄이 긴 만큼 기다릴 각오를 해야 한다. 뉴욕대학교 근처에 있어 젊은 분위기가 물씬 풍긴다.

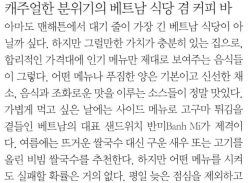

1 통창 바로 앞에 있는 테이블 2 붉은 벽이 인상적인 식당 내부 3 이 집의 인기 메뉴인 비빔 쌀국수 4 싱싱한 채소와 새우로 속을 채운 스프링롤

사이즈가 다양해 원하는 만큼 젤라토를 맛볼 수 있다.

다양한 종류의 젤라토를 맛보자.

아모리노 Amorino

Add. 60 University Pl., New York, NY 10003
Tel. (212) 253-5599
Open 일~목요일 11:00~23:00, 금·토요일 11:00~24:00
Access N·Q·R 라인 14th St. – Union Sq. 역 또는 6th 라인 Astor 역
URL www.amorino.com

secret

2015 New Spot

뉴욕의 베스트 젤라토 가게

유럽을 무대로 하는 이탈리아 태생의 젤라토 숍. 뉴욕 최고의 젤라토 가게 중 하나다. 원하는 맛을 고르면 장미꽃봉오리처럼 담아주는데 시각적으로 아름다울 뿐만 아니라 한 입 베어 물면 천국이 따로 없다. 그중 망고 맛은 꼭 한번 먹어보기를 강력 추천한다.

젤라토 이외에 가벼운 페이스트리와 음료도 판매하며 역시 맛이 훌륭하다. 또 마치 보석처럼 보이는 캔디 봉봉은 천연 원료의 맛과 색감이 뛰어나 선물용으로도 제격. 날씨 좋은 날은 언제나 가게 밖까지 줄이 늘어서 있지만 결코 포기할 수 없는 디저트다. 이곳은 젤라토 고객 위주인 반면 상대적으로 공간이 넓은 첼시점(162 18th Ave.)은 카페 메뉴를 즐기는 사람이 많다.

1 주말이면 줄이 밖까지 길게 늘어선다. 2, 3 다양한 맛을 테이스팅 해 볼 수 있다. 4 천연색이 아름다운 선물용 캔디 봉봉

서드 레일 커피 **Third Rail Coffee**

Add. 240 Sullivan St., New York, NY 10012
Open 월~금요일 07:00~20:00, 토·일요일 08:00~20:00
Access A·B·C·D·E·F·M 라인 W 4th St. 역
URL www.thirdrailcoffee.com

깔끔한 외관만큼 시크한 커피 맛

워싱턴 스퀘어 파크 아래쪽에 위치한 커피 하우스. 규모는 작지만 프렌치 프레스, 클로버 머신, 드립 바를 갖추고 있다. 커피는 스텀프타운Stumptown과 인텔리젠시아 Intelligentsia의 로스팅 원두커피를 사용한다.

벽을 따라 붙어 있는 벤치 테이블이어서 공간은 좁아도 방해되는 느낌이 없이 편안하다. 또한 세시셀라Ceci-Cela의 맛 좋은 페이스트리, 윌리엄스버그 바리스타 타운 출신의 친절한 직원 등 부족함이 없다. 이미 커피 마니아들에게는 눈도장이 찍힌 셈. 이스트빌리지 지점(159 2nd Ave.)도 있다.

1, 2 심플한 인테리어가 돋보이는 내부 3 날씨 좋은 날은 이곳에서 커피를 사 들고 바로 위쪽의 워싱턴 스퀘어 파크로 가보자.

키커랜드 **Kikkerland**

Add. 493 6th Ave., New York, NY 10011
Tel. (212) 262-5000
Open 월~수요일 11:00~19:00, 목~토요일 11:00~20:00, 일요일 11:00~18:00
Access M·F 라인 14th St. 역 또는 L 라인 6th Ave. 역
URL www.kikkerland.nyc.com

secret

2015 New Spot

실용과 디자인을 모두 겸비한
생활용품 매장

키커랜드는 실용적인 기능에 재미있고 감각적인 디자인
을 가미해 전 세계적으로 인기를 끌고 있는 생활용품 브
랜드다. 요즘 뉴욕의 웬만한 기프트 편집 매장치고 키커
랜드 제품이 깔리지 않은 곳이 없을 정도로 대세다.
원래 1992년 뉴욕 소호 태생으로 주로 편집 온·오프 매
장을 통해서만 판매하다가 2014년 드디어 이곳에 단독
매장을 오픈해 키커랜드의 전 제품을 만나볼 수 있게 되
었다. 매장 규모가 작다고 실망하지 말자. 입구에서부터
안쪽까지 사고 싶고 갖고 싶은 물건이 깨알같이 모여 있
으니 말이다.

1 단독 매장 치고는 소박한 외관 **2, 3** 아이들이 좋아하는 창의적인 장난감들 **4** 핼러윈에 사용하기 좋은 마스크들

브로드웨이 팬핸들러 Broadway Panhandler

Map P.484-H

Add. 65 East, 8th St., New York, NY 10003
Tel. (212) 966-3434
Open 월~수요일 11:00~19:00, 목요일 11:00~20:00, 일요일 11:00~18:00
Access N·R 라인 8th St. 역
URL www.broadwaypanhanler.com

2015 New Spot

폭넓은 가격대의 주방용품 전문점

남녀 불문 요리를 즐기는 많은 사람들 덕분에 뉴욕에는 좋은 주방용품 전문점이 많다. 그중에서도 뉴욕 대학교 근처 골목길에 자리 잡은 이곳은 전문적으로 요리를 해본 사람이라면 금세 알아차릴 만큼 질 좋은 고가의 물건부터 별볼일 없는 싸구려 물건까지 무심하게 섞여 있는 특이한 가게다. 그러다 보니 팬시한 고가의 리빙 숍에 비해 들고 나는 사람이 다양하고 문턱도 낮다. 다양한 할인 행사도 많아 자주 방문할수록 득템할 확률이 높다. 특히 주철 냄비로 유명한 르크루제Le Creuset 냄비는 온라인보다 저렴하게 구할 수 있으니 눈여겨볼 것. 직원들이 다소 무심한 편이라 찬찬히 둘러보기에 부담 없는 점도 이 집의 매력이다.

1 언제나 문이 활짝 열려 있다. **2** 아무렇게나 진열된 느낌이지만 알고 보면 훌륭한 제품이 많다. **3** 앙증맞은 크기의 계량 컵 **4** 곳곳에 마네킹이 서 있어 놀라기 일쑤다.

플라이트 클럽 Flight Club

Add. 812 Broadway, New York, NY 10003
Tel. (888) 937-8020
Open 12:00~18:00
Access N·Q·R 라인 14th St. – Union Sq. 역
URL www.flightclub.com

2015 New Spot

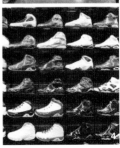

에어조던 마니아들을 위한 셀렉트 숍

'스트리트 패션' 하면 아무래도 뉴욕. 슈프림Supreme, 뉴에라New Era 같은 브랜드가 한정판만 내놓았다 하면 과열된 구매 인파로 경찰까지 출동할 지경이다. 플라이트 클럽은 특히 에어조던 마니아들이 꼭 들른다는, 리미티드 에디션 운동화와 스냅캡을 파는 셀렉트 숍이다. 가격은 희귀한 모델일수록, 신상일수록 수천 달러를 호가하기도 한다. 벽면에 진열된 운동화는 모두 플라스틱 포장이 되어 있어 꺼내 볼 수는 없다. 착용해 보고 싶다면 원하는 모델과 색상, 사이즈를 직원에게 말하면 카운터로 가져다준다. 카운터와 가까운 진열대일수록 비싼 가격대이며, 남성용 신발이 대부분이지만 매장 안쪽에 여성용 신발도 있다.

1, 2 이곳의 모든 상품은 벽에 걸어 전시한다. **3** 신발을 고르는 손님들 **4** 진열된 신발은 포장되어 있어 신어볼 수 없다.

버지노 베이스볼 클럽하우스 **Bergino Baseball Clubhouse**

Map
P.484-E

Add. 67 East, 11th St., New York, NY 10003
Tel. (212) 226-7150
Open 11:00~19:30
Close 일요일
Access N·Q·R 라인 14th St. – Union Sq. 역 또는 N·R 라인 8th St. 역
URL www.bergino.com

2015 New Spot ▶

야구팬이 아니어도 추천하고픈
야구 전문 기프트 숍

야구팬을 위한 부티크. 그야말로 뉴욕에서만 경험할 수 있는 시크릿 숍 중 하나다. 주인인 제이 골드버그는 로스쿨을 졸업하고 정치계와 스포츠 에이전시에서 활약하다 어린 시절부터의 팬심과 스포츠 분야에서의 15년 경력을 되살려 2010년 이 컬렉터 숍을 오픈했다. 하드우드 플로어의 높은 천장, 정갈하게 진열된 상품을 보고 있노라면 숍이라기보다 아담한 아트 갤러리에 들어온 듯한 느낌이 든다. 매장 안에는 야구팬이라면 누구나 갖고 싶어 하는 완소 컬렉션, 선물하기 좋은 물건들로 가득한데 그중에서도 벽면 한쪽은 이 가게의 토대가 된 주문 제작 야구공이 자리하고 있다. 굳이 야구팬이 아니어도 야구를 대하는 주인의 무한 애정이 느껴지는 멋진 숍을 구경하는 것만으로도 기분 좋아진다.

1 갤러리 분위기가 물씬 풍기는 외관 **2** 야구와 관련된 역사적 기념품들 **3** 귀여운 선물용 컬렉션 **4** 친절한 주인 아저씨를 닮은 숍

스트랜드 북스토어 Strand Bookstore

Add. 828 Broadway, New York, NY 10003
Tel. (212) 473-1452
Open 월~토요일 09:30~22:30, 일요일 11:00~22:30
Access N·Q·R 라인 14th St. - Union Sq. 역
URL www.strandbooks.com

유니언 스퀘어의 명물 서점

뉴욕에는 멋진 인디 서점이 많지만 그중에서 뉴요커들이 추천하는 최고의 서점 1위는 언제나 중고 서점인 이곳이 차지한다. 1927년에 문을 연 세계 최대의 중고 서점으로, 바닥부터 천장까지 빼곡히 쌓여 있는 책의 양은 웬만한 도서관 이상이다. 지금도 매일 수천 권의 책을 사들여 주인조차 정확한 양을 파악하지 못한다고. 신간은 25%, 재고는 50% 할인이다. 서점 밖에는 $1에 판매하는 코너도 있다. 비 오는 날 온종일 이곳에 파묻혀 대형 서점에서는 경험할 수 없는 북 헌팅에 나서보자. 독서가들에 의하면 초판본, 작가 사인이 있는 희귀본을 찾으려면 이곳이 최고라고. 21가 5번가에 위치한 매장은 클럽 모나코 매장과 연결되어 있다.

1 산더미처럼 쌓여 있는 중고 서적 사이에서 보물찾기를 하는 기분이다. **2** 유니언 스퀘어 랜드마크 중 하나로, 세계 최대 크기다.
3 서점 밖에 내놓은 $1짜리 책 판매대 **4** 쇼파에 앉아 여유롭게 책을 구경할 수 있다.

높은 천장과 넓은 공간이 도서관을 연상시킨다.

ARTISTS

리졸리 Rizzoli

Add. 1133 Broadway, New York, NY 10010
Tel. (212) 759-2424
Open 월~수·토요일 10:00~19:30, 목·금요일 10:30~21:00, 일요일 11:00~17:00
Access N·Q·R 라인 23rd St. 역
URL www.rizzoliusa.com

2016 New Spot ▶

아트 북 서점, 리졸리의 새 아지트

영화 〈폴링 인 러브〉의 무대로 센트럴 파크 남단에 있었던 리졸리. 2014년 오랜 팬들의 아쉬움을 뒤로하고 치솟는 임대료 때문에 문을 닫았다가 2016년 매디슨 파크 주변에 새롭게 문을 열었다.

이전한 새건물은 부호의 저택처럼 마호가니 원목의 계단을 타고 비밀의 공간으로 연결되던 옛날의 분위기와는 사뭇 다르다. 널찍한 1층 공간을 자로 잰 듯 구획을 나눠 딱딱한 느낌을 준다. 과거를 기억하는 고객들에게는 첫인상이 조금 실망스러울 수 있겠다. 그래도 리졸리의 멋진 책들을 다시 마주할 수 있으니 감사할 따름. 어린이 섹션과 요리 섹션이 통합되어 조금 줄어든 것 말고는 역시 다양한 예술서를 만나볼 수 있어 구경만으로도 눈이 즐거운 곳이다.

1, 2 이전과는 확연히 다른 느낌의 매장 전경 **3** 아름다운 화보집은 뉴요커의 필수 액세서리 **4** 덕후들을 위한 다양한 주제의 흥미로운 책이 많다.

줄리아 로버츠도 이곳의 단골로 유명하다.

살림의 여왕들이 선호하는 브랜드가 많이 보인다.

C.O 비글로 C.O Bigelow

Add. 414 6th Ave., New York, NY 10011
Tel. (212) 533-2700
Open 월~금요일 07:30~21:00, 토요일 09:30~19:00, 일요일 09:30~19:30
Access 1 라인 Christopher – Sheridan Sq. 역
URL www.bigelowchemists.com

2015 New Spot

역사와 자체 브랜드로 유명한 드러그스토어

100년도 대단한데 이 집의 역사는 무려 170년을 훌쩍 넘는다. 그야말로 뉴욕의 전설이라 불리는 드러그스토어. 투박한 나무 간판의 외관이나 퉁명스러운 점원들을 보면 섣부른 판단을 하고 돌아서기 십상인데 이 비싼 뉴욕 땅에서 이렇게 장수하는 데는 분명 이유가 있을 터. 저렴하고 대중적인 브랜드 사이에 런드레스, 올라 키엘리의 세탁 세제와 방향제, 이탈리아의 고급 치약과 셰이빙용품 등 생활용품에도 까다로운 사람들이 찾는 고급 브랜드가 무심히 섞여 있다. 게다가 캔들, 그루밍·보디의 같은 생활용품을 자체 브랜드로 갖추고 있으며 이 또한 고객층이 굳건할 만큼 좋은 평가를 받고 있다.

1 오랜 역사를 느낄 수 있는 촌스러운 외관 **2, 3** 이곳에서 자체 생산하는 브랜드 제품들 **4** 상점의 역사가 새겨진 동판이 자랑스럽게 붙어있다.

체스 포럼 Chess Forum

Add. 219 Thompson St., New York, NY 10012
Tel. (212) 475-2369
Open 11:00~23:30
Access A·B·C·D·E·F·M 라인 W 4th St. 역
URL www.chessforum.com

Map
P.484·H

secret

다양한 체스 컬렉션을 보유한 유니크 숍

우리나라 탑골 공원에서 할아버지들이 장기를 두는 것처럼 뉴욕의 공원에서는 체스를 두는 할아버지들을 흔히 볼 수 있다. 그런 할아버지들이 기원처럼 체스를 두는 곳이 바로 톰슨 스트리트, 체스 골목이다. 그중에서 이곳 체스 포럼은 매장 가득 다양한 체스가 깔끔하게 진열되어 있어 둘러보는 재미가 있다.

전 세계에서 수집한 희귀한 체스판부터 어린이 만화 캐릭터까지 아우르며, 가격도 $9부터 은금 도금에 손으로 세공한 $9000짜리 앤티크 체스까지 그야말로 박물관이 따로 없다. 매장 안쪽에는 체스 테이블이 마련되어 있는데 이용료는 1시간에 $1. 국제 체스 강사에게 강의를 받을 수도 있다.

1 진열장을 가득 채운 다양한 체스를 구경할 수 있다. **2** 런던 거리 같은 체스 포럼 입구 **3** 가게는 작아도 컬렉션의 다양함은 끝이 없는 듯 **4** 체스 삼매경에 빠져 있는 어린이들

빌리 리드 **Billy Reid**

Add. 54 Bond St., New York, NY 10012
Tel. (212) 598-9355
Open 월~토요일 11:00~20:00, 일요일 12:00~19:00
Access 6 라인 Bleecker St. 역 또는 B·D·F·M 라인 Broadway – Lafayette St. 역
URL www.billyreid.com

〈GQ〉선정 '뉴욕 최고의 멘즈웨어' 숍

앨라배마 남부에서 활동하던 디자이너 빌리 리드는 남성 잡지 〈GQ〉에서 수여하는 신인 디자이너상을 수상하며 입지를 넓혔다. 남부 엘리트 학생들의 보수적인 분위기가 물씬 풍기는 셔츠와 블레이저, 부츠가 낡은 다크 우드의 빈티지 캐비닛, 샹들리에, 빛바랜 소파로 꾸민 매장에 잘 정돈되어 있다. 특히 아래층에는 레이드의 리미티드 여성복 라인이 마련되어 있는데, 미시시피 강가의 분위기에 어울리는 편안한 와이셔츠 스타일의 면 셔츠 드레스가 눈길을 끈다.

철 지난 옷은 매장 한쪽의 75% 세일 코너에 모아놓고 판매하니 놓치지 말고 체크해보자. 웨스트빌리지(94 Charles St.)에도 지점이 있다.

1 아래층에 있는 여성복 코너 **2** 간판이 눈에 잘 띄지 않기 때문에 눈여겨봐야 그냥 지나치지 않게 된다. **3, 4** 남부 엘리트들이 입을 법한 분위기의 셔츠와 재킷류가 많다.

패트리샤 필드 Patricia Field

Add. 306 Bowery, New York, NY 10012
Tel. (212) 966-4066
Open 월~수요일 11:00~20:00, 목~토요일 11:00~21:00, 일요일 11:00~19:00
Access 6 라인 Bleecker St. 역 또는 B·D·F·M 라인 Broadway – Lafayette St. 역
URL www.patriciafield.com

유명 스타일리스트 필드의 스타일 룸

여성들의 발칙한 욕망을 다룬 드라마 〈섹스 앤 더 시티〉, 영화 〈악마는 프라다를 입는다〉, 〈쇼핑 중독자의 고백〉의 스타일리스트로 유명한 패트리샤 필드의 매장. 그녀가 만들어낸 믹스 & 매치 스타일은 뉴욕을 대표하는 패션 공식이 되었고, 세계 여성들에게 끝없는 상상력을 불러일으키는 도화선 역할을 했다. 드라마가 끝나도 여전히 그녀의 스타일링을 보고 싶어 하는 여성들을 위해 오픈한 이곳의 도발적이고 탐미적인 아이템은 섹시하다 못해 자못 무섭기까지하다. 진열된 아이템 모두 기발하고 재미있는 아이템이니 특이한 선물을 고르고 싶은 사람이라면 꼭 방문해보자.

1, 2 쇼윈도가 너무 강렬해 패트리샤 필드를 알아보기 전까지는 희한한 가게인 줄 알았다. 3 재미난 물건이 많아서 장난스러운 선물을 고르기 좋다. 4 남자들은 이해하기 어려운 여자들의 패션 놀이터

포비든 플래닛 Forbidden Planet

Add. 840 Broadway, New York, NY 10003
Tel. (212) 473-1576
Open 일~화요일 09:00~22:00, 수요일 08:00~24:00, 목~토요일 09:00~24:00
Access N·Q·R 라인 14th St. – Union Sq. 역 또는 N·R 라인 8th St. 역
URL www.fpnyc.com

피겨와 카툰이 총망라된 키덜트의 메카

다 큰 대학생들이 만화 영웅에 열광하며 만화책과 피겨를 사러 오는 곳. 아이언맨, 스파이더맨, 배트맨 등 마블 코믹스의 클래식부터 최신 시리즈까지 모두 모여 있다. 판타지 소설과 DVD, 일본 만화는 물론 중앙의 유리 진열장에는 심슨 시리즈부터 세일러문까지 다양한 피겨가 전시되어 있다.

별로 관심이 없는 사람까지 구매욕을 불러일으키니 각별히 지갑 단속을 해야 한다. 멀티 미디어나 영화를 전공하는 학생뿐만 아니라 아빠 손을 잡고 온 어린아이까지 사로잡는 만화 영웅은 세대를 이어가는 특별한 정서가 있는 것 같다.

1 진지하게 둘러보는 이 많은 책이 모두 만화책 **2** 이곳에선 키덜트 문화도 대형 스토어에서 운영할 만큼 당당한 자부심이 느껴진다. **3, 4** 수집가가 아니더라도 탐낼 만한 귀여운 피겨

햇살이 잘 들어 분위기 있는 매장 풍경

다양한 컬러의 남성용 바지가 많다.

세이브 카키 **Save Khaki**

Add. 317 Lafayette St., New York, NY 10012
Tel. (212) 925-0130
Open 화~토요일 12:00~19:00, 일요일 12:00~18:00
Close 월요일
Access B·D·F·M 라인 Broadway-Lafayette 역
URL www.savekhaki.com

2015 New Spot

1

2

3

메이드 인 아메리카를 내세운
캐주얼 셀렉트 숍

'미국인을 위한, 미국인에 의한, 미국인의 브랜드'라 할
만큼 미국인이 좋아하는 컬러에 미국에서 제작한 옷을
판매하는 지극히 '애국적'인 가게라 할 수 있다. 편안한
소재와 디자인, 품질 좋은 셔츠와 바지, 신발과 액세서리
모두 형식보다 자유를 추구하는 미국 스타일에 딱 어울
리는 듯하다. 특히 청바지에 잘 어울리는 블루 계열 티셔
츠와 셔츠, 카키색 면바지를 찾는다면 이곳으로 가는 게
정답. 단, 한 가지 아쉬운 점이 있다면 이 멋진 옷이 모두
남성을 위한 것이란 사실. 매장 중앙에는 남성들의 싱글
하우스에 어울릴 만한 생활용품이 진열되어 있다. 보기
만 해도 시원한 향기가 나는 건강한 미국 남자가 연상되
는 분위기 좋은 숍이다.

4

1 간판이 따로 없어 그냥 지나치기 쉽다. **2** 품목별 가격이 칠판에 정리되어 있다. **3** 베스트 셀러 코너에 걸린 바지들 **4** 뉴요커들의 인
기 아이템, 시솔트 비누

그리니치빌리지의 문학 여행

뉴욕은 직종에 따라 동네 분위기가 확연히 나뉜다. 이를테면 예술가 동네로 알려진 첼시는 화가·그래픽·사진 등의 시각 미술계 사람들이, 이스트빌리지는 인디 밴드와 같은 음악가들, 웨스트빌리지는 TV나 영화, 출판계 사람들이 많이 산다. 지금은 대학가로 명성이 높지만 과거 그리니치빌리지는 보헤미안과 지성인들의 거주지로 많은 문인들이 모여 살던 곳이다. 문학에 관심 있는 사람이라면 고색창연한 브라운 스톤 주택가에서 그들의 발자취를 따라가 보는 가벼운 산책을 하거나 전문가의 설명을 들을 수 있는 워킹 투어에 참여해보자.

그리니치 워킹 투어
Greenwich Village
Literary Pub Crawl

매주 토요일 로컬 배우들이 이끄는 워킹 투어로 그리니치빌리지의 유명 작가와 그들이 작품을 썼던 단골 술집을 돌아보는 프로그램.
Add. White Horse Tavern(567 Hudson St., at 11th St.) **Open** 토요일 13:00, 3시간 소요
Admission Fee 성인 $15(음료는 별도).
URL www.literarypubcrawl.com

작가들이 살았던 장소

10th St. and Ave. of America
일명 패친 플레이스Patchin Place. 많은 유명 작가들이 살았던 10채의 다가구 공동 주택. 1923~1962년 E. E. 커밍스를 필두로 T. S. 엘리어트, 에즈라 파운드, 딜런 토머스가 살았다.

---

50 West, 10th St.
퓰리처상 수상 작가 에드워드 올비Edward Albee가 살았다.

Bedford St.
그리니치 빌리지에서 가장 좁은 주택가로 시인 에드나 멀리Edna St Vincent Malley가 살았다. 그녀는 웨스트빌리지의 38 커머스 스트리트에 있는 아름다운 체리 레인 극장Cherry Lane Theatre의 설립자이기도 한데 이곳에서 사뮈엘 베케트의 연극 〈고도를 기다리며〉가 초연되었다.

No. 19, Washington Square North
헨리 제임스의 할머니 집으로, 그의 소설 〈워싱턴 스퀘어 파크〉의 무대가 된 곳이다.

130-132 MacDougal St.
1880년 〈작은 아씨들〉을 쓴 루이자 메이 올컷Luisa May Alcott이 살았던 집. 이 집 바로 맞은편에 있는 카페 레지오Café Reggio를 필두로 미네타 태번Mlnetta Tavern, 카페 단테Café Dante 등이 위치한 맥두걸 스트리트는 문인들의 카페 골목이다.

뉴욕의 독립 서점

독서가들의 도시라고 불릴 만큼 책 읽는 사람이 많은 뉴욕에는 크고 작은 서점이 많다. 동네마다 대형 유통 서점인 반스 & 노블Barnes & Noble과 보더스Borders, 뉴욕 시립 도서관이 있으며, 책을 늘어놓으면 지구 반 바퀴가 된다는 중고 책 서점 스트랜드 북스토어Strand Bookstore, 주말 장터마다 쏟아져 나오는 개인들의 중고 책 판매대까지 합치면 어마어마한 책이 유통되고 있다. 그중에서도 이 도시의 책 읽는 풍경을 더욱 다채롭게 해주는 것은 개성으로 똘똘 뭉친 인디 서점들이다. 책방 주인의 까다로운 안목으로 꾸려지는 독립 서점들은 대형 서점의 유통 논리에 휘둘리는 단순화된 밥상이 아니라 다양한 식단으로 독서가의 입맛을 살찌우고 있다. 제아무리 대형 서점이 자본의 힘으로 밀고 들어와도 결코 무너지지 않는 야무진 독립 서점들. 그중에서도 뉴요커들이 더욱 사랑하는 개성 있는 4곳을 뽑아봤다.

세계적인 도시에 어울리는 서점

아이들와일드 북스 Idlewild Books

P.484-D

유엔의 홍보 담당자이자 제트 세터Jet Setter로서 많은 나라를 여행한 데이비드 델 베키오David Del Vecchio가 퇴직 후 문을 연 꿈의 서점. 1880년대의 집을 사용해 멋스럽기도 하고, 2층 발코니 느낌의 통창에는 함께 여행을 꿈꿀 수 있는 공동 테이블과 아이 키 높이만 한 지구본이 놓여 있다. 재미난 건 이곳의 책이 주제별이 아닌 나라별로 구분되어 있다는 점. 예를 들어 이탈리아 구역은 이탈리아 가이드북뿐만 아니라 역사, 문학, 요리, 아동 도서가 함께 모여 있어 각각의 책장만 옮겨 다녀도 그 나라를 여행하는 기분이 든다. 또한 이곳에서는 어학 교실을 운영해 다른 나라의 언어를 배울 수 있는 기회도 제공한다.

Add. 12 West, 19th St. **Open** 월~목요일 12:00~19:30, 금~일요일 12:00~19:00
Access N·R 라인 23rd St. 역 **URL** www.idlewildbooks.com

뉴욕에서 가장 예쁜 서점
스리 라이브스 북 숍
Three Lives Book Shop
P.483-F

〈세월〉이라는 작품으로 퓰리처상을 수상한 작가 마이클 커닝햄이 '지구 상에서 가장 위대한 서점 중 하나'라고 칭송한 웨스트빌리지의 서점. 고전 희귀본과 여성 문학 셀렉션이 특히 훌륭하다. 영화 〈유브 갓 메일〉에서 멕 라이언이 운영한 서점이 어린이 대상이 아니라 어른 대상이었다면 단연 이곳이 모델이 됐을 거라고 굳게 믿어지는 곳. 책을 구입하지 않더라도 뉴욕 독립 서점 중 가장 멋스러운 곳이라는 평가를 받은 곳인 만큼 일단 한번 들러보자.

Add. 154 West, 10th St.
Open 월·화요일 12:00~20:00, 수~토요일 11:00~20:30, 일요일 12:00~19:00
Access 1 라인 Christopher – Sheridan Sq. 역
URL www.threelives.com

브로드웨이가 있기에 가능한 서점
드라마 북 숍 Drama Book Shop
P.480-E

영화, 뮤지컬, 연극 등 공연 예술과 관련된 모든 자료를 구할 수 있는 서점으로 총 3층으로 이루어져 있다. 상주 극단 '스트라이킹 바이킹 스토리 파이어러츠The Striking Viking Story Pirates'는 연기·극작 클래스를 운영하면서 공연도 한다. 지역 배우와 학교 선생님들은 자체 행사를 위해 이곳을 이용한다. 그리스 시대부터 현재의 빅 히트작에 이르기까지 수천 권의 희곡을 보유하고 있으며 관련 문학 작품과 극 연출, 교육법 등 공연에 관한 모든 분야를 망라한다. 작품 대본과 음악 악보까지 구할 수 있다.

Add. 250 West, 40th St. **Open** 월~수·금·토요일 11:00~19:00, 목요일 11:00~20:00
Access A·C·E 라인 42nd St. - Port Authority Bus Terminal 역 **URL** www.dramabookshop.com

동네 취향이 가장 잘 드러나는 서점
192 북스 192 Books
P.483-C

뉴욕의 베스트 독립 서점 리스트에 빠지지 않을 만큼 독서가들에게 좋은 평가를 받는 숍. 대형 서점의 상업적인 잣대로 선별된 베스트 셀러가 아니라 동네 성향에 기반을 두어 공감할 수 있는 셀렉션을 자랑한다. 예술의 향기가 물씬 풍기는 곳인 만큼 아트와 문학 분야의 셀렉션이 훌륭하다. 무엇보다 내가 이 집을 좋아하는 가장 큰 이유는 키즈 섹션 때문. 키즈 전문 서점에서도 쉽게 볼 수 없는 내공의 셀렉션이라 이곳에 가면 항상 예산 초과다. 작가 초청 행사와 관련된 알찬 아트 전시도 열리니 관심 있는 사람은 홈페이지의 이벤트 소식을 꼼꼼히 체크하도록.

Add. 192 10th Ave. **Open** 11:00~19:00 **Access** C·E 라인 23rd St. 역 **URL** www.192books.com

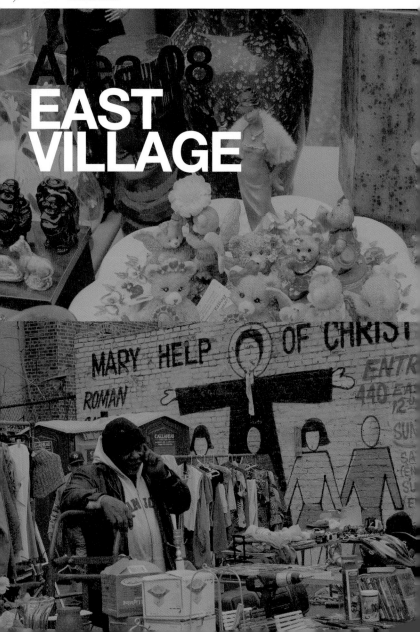

Area 08
EAST
VILLAGE

이스트빌리지
EAST VILLAGE

● 　　　　철저하게 언더그라운드 성향을 띤 동네로 예전부터 젊은 예술가와 청춘들의 터전으로 인기였다. 낙서 예술가로 불리는 바스키아가 이스트빌리지 출신이라는 건 잘 알려진 이야기. 지금도 여전히 그래피티로 뒤덮인 거리에서는 다른 동네에서 볼 수 없는 타투와 엽기적인 메이크업, 스킨헤드를 장식한 젊은이를 종종 볼 수 있다. 2000년대 중반 이후로는 인디 디자이너들의 패션 숍을 찾아오는 도시의 멋쟁이 여성과 주말 브런치를 위한 세련된 여피들의 발걸음이 낯설지 않을 만큼 분위기가 많이 달라졌다. 미식가들에게는 세계 각국의 마이너리티 요리를 맛볼 수 있는 곳으로 인기가 있다. 일본 선술집부터 인도, 베네수엘라, 아르헨티나, 우크라이나, 핀란드 등 쉽게 만나볼 수 없는 각국의 이색적인 서민 음식이 어깨를 나란히 하는 곳이다.

Access
가는 방법

6 라인 Astor Pl. 역에서 도보 5분
N·Q·R 라인 14th St. - Union Sq. 역에서 도보 10분
방향 잡기 지하철 6 라인 Astor Pl. 역이 이스트빌리지 서쪽 경계이자 이스트빌리지 남북 방향의 허리인 세인트 마크스 플레이스St. Marks Pl. 거리에 있다. 역에서 나와 동쪽으로 이동하면 이스트빌리지의 다운 타운인 셈이다.

1st Ave. - 14th St.

도보 20분   도보 20분

Astor Pl.   도보 20분   톰킨스 파크

도보 20분   도보 20분

2nd Ave. - Houston

FUNERAL NO PARKING

Check Point

● 이스트빌리지 본연의 개성 있는 사람들을 만나려면 주택가와 학교가 있는 톰킨스 파크 Tompkins Park 남단의 애버뉴 B와 C까지 들어가보자.

● 이스트빌리지의 이색 거리 : 9번가는 리틀 재팬, 세인트 마크스 플레이스 거리는 이자카야 거리, 6번가(1가와 2가 사이)는 인도 커리 거리.

Plan
추천 루트

그래피티의 거리에서 맛보는
세계 각국의 마이너리티 요리

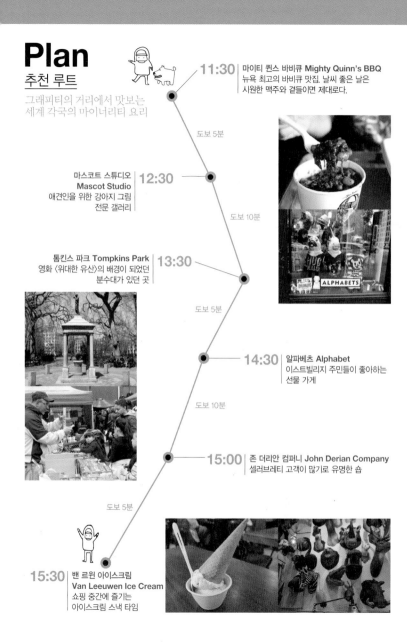

11:30 마이티 퀸스 바비큐 Mighty Quinn's BBQ
뉴욕 최고의 바비큐 맛집. 날씨 좋은 날은
시원한 맥주와 곁들이면 제대로다.

도보 5분

마스코트 스튜디오 **12:30**
Mascot Studio
애견인을 위한 강아지 그림
전문 갤러리

도보 10분

톰킨스 파크 Tompkins Park **13:30**
영화 〈위대한 유산〉의 배경이 되었던
분수대가 있던 곳

도보 5분

14:30 알파베츠 Alphabet
이스트빌리지 주민들이 좋아하는
선물 가게

도보 10분

15:00 존 더리안 컴퍼니 John Derian Company
셀러브레티 고객이 많기로 유명한 숍

도보 5분

15:30 밴 르윈 아이스크림
Van Leeuwen Ice Cream
쇼핑 중간에 즐기는
아이스크림 스낵 타임

톰킨스 파크 Tompkins Park

Map
P.485-I

Add. 529 West, 20th St., New York, NY 11211
Tel. (212) 500-6035
Open 봄·가을 07:00~22:00, 여름·겨울 07:00~20:00
Access L 라인 1st Ave. 역 또는 F 라인 2nd Ave. 역, 6 라인 Astor Pl. 역
Admission Fee 무료

★

이스트빌리지 커뮤니티의 위대한 유산

영화 〈위대한 유산〉에서 귀네스 펠트로와 에단 호크의 분수대 키스 장면으로, 우리에게는 로맨틱한 장소로 기억되는 공원. 그러나 실제로는 이스트빌리지의 가족 공원이라 불릴 만한 곳으로 아이들의 소란스러움이 끊이지 않는 대형 놀이터가 있다. 또 주말에는 장터가 열리고, 핼러윈 데이에는 개성 넘치는 젊은이들의 코스튬 파티로 유명하다.

1 영화 〈위대한 유산〉에 등장해 유명해진 분수대 **2** 나무가 울창하기보다는 넓고 한적해서 여유가 느껴지는 공원. 하지만 입구의 어린이 놀이터는 최고의 인구 밀도를 자랑한다.

루트 & 본 Root & Bone

Add. 200 East, 3rd St., New York, NY 10009
Tel. (646) 682-7076
Open 월·화요일 17:30~22:30, 수·목요일 11:30~22:30, 금요일 11:30~01:00,
토요일 10:30~01:00, 일요일 10:30~22:30
Access F 라인 2nd Ave. 역
URL www.rootnbone.com

secret

2015 New Spot

남부 스타일의 베스트 브런치 스폿

이스트빌리지에서 가장 활기찬 브런치 골목에 위치해
주말이면 바깥 테이블까지 손님들로 넘쳐나는 곳이다.
2014년 여름, 오픈과 함께 핫 스폿으로 떠오를 만큼 뉴
요커들의 인정을 받고 있으며 매거진 〈킨포크〉에 소개
되기도 했다. 호주와 마이애미 출신의 요리사들이 그릿
Grit, 프라이드치킨, 와플, 데블드 에그 등 대표적인 미국
남부 스타일의 음식을 표방한다.
두 공간으로 나뉜 다이닝, 빈티지한 느낌의 테이블과 의
자, 이름에 걸맞게 동물 뼈로 장식한 칵테일 바, 시원한
통창 등 분위기가 새롭다. 게다가 뉴욕의 베스트 프라이
드치킨이라 꼽힐 정도니 음식 맛은 기대해도 좋다.

1 넓은 창문 덕분에 화사한 분위기의 외관 **2** 베스트 브런치 스폿 답게 많은 손님들로 북적인다. **3** 대표 메뉴인 매콤한 슈림프 그릿. 그 릿은 옥수수 죽을 말한다. **4** 브런치 타임에도 빠질 수 없는 칵테일

후쿠 Fuku

Add. 163 1st Ave., New York, NY 10003
Tel. (212) 759-2424
Open 11:00~16:00, 18:00~23:00
Access L 라인 1st Ave. 역
URL http://fuku.momofuku.com

2016 New Spot

데이비드 창의 매운 치킨 샌드위치 전문점

치맥의 나라 한국만큼 미국인의 치킨 사랑도 각별하다. 지난해는 치킨 전문 패스트푸드점 칙필레Chik-fil-A가 뉴욕에 상륙했고, 셰이크 쉑 버거에서는 치킨 샌드위치를 출시했을 만큼 치킨 샌드위치의 전쟁이었다. 뉴욕에서 활동하는 한국계 미국인 셰프 데이비드 창David Chang 역시 치킨 샌드위치를 전문으로 하는 레스토랑 후쿠를 오픈했다. 메뉴는 3종류의 치킨 샌드위치와 2 종류의 샐러드로 단출하다. 작은 빵 안에 아주 매콤한 치킨과 피클만 들어있으며, 새콤한 무생채는 토핑으로 추가할 수 있다. 테이블에는 케첩 대신 자체 개발한 쌈 소스(고추장 소스)가 놓여있다. 현재 이스트빌리지 외에 매디슨 스퀘어 가든, 미드타운의 후쿠 플러스Fuku+에도 매장이 있다.

1 미드타운의 후쿠 플러스 매장 내부 2 우리에게 익숙한 치킨 무를 채 썰어 토핑했다. 3 매콤한 맛의 치킨 샌드위치 4 간단하게 즐길 수 있는 메뉴가 많다.

수피리어리티 버거 **Superiority Burger**

Add. 430 E 9th St., New York, NY 10009
Tel. (212) 256-1192
Open 11:30~22:00
Close 화요일
Access L 라인 1St Ave. 역
URL www.superiorityburger.com

2016 New Spot

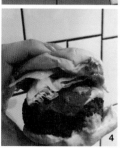

채식주의자를 위한 햄버거 가게

최근 뉴욕에서는 채식주의자를 선언하는 사람들이 증가하면서 채식 버거의 인기가 날로 높아지고 있다. 단순히 버거 가게의 옵션 메뉴가 아닌 채식 버거만을 전문으로 하는 매장이 생길 정도. 이스트빌리지에 위치한 이곳도 채식 버거 전문점이다. 채식주의자 커뮤니티에서 이곳을 모르면 간첩이라고 할 정도로 찬사를 받은 곳이다. 덕분에 저녁에만 영업하던 가게가 점심시간부터 오픈해 북적임이 덜해졌다.

채식 버거의 패티는 고기가 아닌 콩으로 만든다. 고기 패티와 모양뿐 아니라 식감도 비슷하다. 버거의 크기가 매우 작으니 포만감을 채우고 싶다면 매콤한 채소와 밥으로 속을 채운 부리토를 사이드 메뉴로 추천한다.

1 한눈에 봐도 작은 규모의 가게 **2** 단출한 메뉴판 **3** 그날그날 달라지는 시즈널 메뉴들도 있다. **4** 이것이 바로 뉴욕 최고맛을 자랑하는 채식 버거

포르케타 **Porchetta**

Add. 110 East, 7th St., New York, NY 10009
Tel. (212) 777-2151
Open 월~목·일요일 11:30~22:00, 금·토요일 11:30~23:00
Access 6 라인 Astor Pl. 역
URL www.porchettanyc.com

꼭 먹어봐야 할 유명한 포르케타 바

포르케타는 뼈를 걷어낸 통돼지를 엄청난 양의 소금과 후추, 향신 허브를 뿌린 후 껍질이 부서질 정도로 바삭하게 장시간 장작불에 구워낸 이탈리아 중부의 서민 요리다. 기름진 지방 부위와 연한 속살, 바삭한 껍질 등 3가지 맛을 골고루 먹어봐야 제맛을 느낄 수 있다고. 부위별로 잘라달라고 주문하거나 샌드위치로도 맛볼 수 있다. 고기가 매우 짜고 허브 향이 강해서 곁들여 나온 데친 채소와 콩 없이 그냥 먹으면 부담이 될 만큼 초보자에게는 난이도가 좀 높은 음식이다. 각종 미디어에서 스포트라이트를 받을 정도로 고기 마니아들에게 꽤 인정받는 곳이다.

1 돼지 전문점이라는 것을 한눈에 알 수 있게 해주는 돼지 그림 판화 **2** 커피점 '아브라코'만큼 작은 가게 **3** 의외로 칼로리에 민감할 것 같은 여성들이 즐긴다. **4** 보기만 해도 바삭거려 부서질 것 같은 돼지 껍질

지그문츠 Sigmund's

Add. 29 Ave. B, New York, NY 10009
Tel. (646) 410-0333
Open 화~금요일 17:00~23:00, 토·일요일 11:00~23:00
Close 월요일
Access F 라인 2nd Ave. 역
URL www.sigmundnyc.com

secret

`2015 New Spot`

프레첼의 화려한 변신, 프레첼 레스토랑

뉴욕의 대표적인 길거리 먹거리인 프레첼. 하지만 지그문츠는 프레첼을 변주가 가능한 독자적인 카테고리로 만들었다. 퍽퍽한 길거리표와 달리 쫀득쫀득 씹히는 맛이 특징으로 여기에 질 좋은 소금, 캐러웨이와 시나몬, 체다와 할라페뇨 등 다양한 맛을 더했다. 게다가 쓰임새도 다양해 술에 곁들이는 안주로, 때로는 초콜릿이나 캐러멜을 찍어 먹는 디저트로, 샌드위치나 브런치 대용 빵으로 이용된다. 매장 중앙이 바 형태인 이곳은 주말에는 브런치를, 평일 오후에는 맥주와 함께 프레첼을 즐기는 사람들의 풍경이 이스트빌리지를 더욱 뉴욕스럽게 만들어주는 듯하다. 이곳 외에도 봄·가을에는 매디슨 스퀘어 파크나 헤럴드 스퀘어에서 열리는 어번 스페이스Urban Space의 푸드 페스티벌을 통해서도 만날 수 있다.

1 바를 갖춘 레스토랑이어서 간단한 식사도 가능하다. **2** 장터에 끌고 다니는 귀여운 프레첼 카트 **3** 잼을 곁들인 브런치 메뉴 프레첼 바스켓 **4** 매콤한 양념부터 달콤한 양념까지 다양하게 준비되어 있다.

한 다이내스티 **Han Dynasty**

Map P.484-E

secret

Add. 90 3rd Ave., New York, NY 10003
Tel. (212) 390-8685
Open 일~수요일 11:30~23:00, 목~토요일 11:30~24:00
Access L 라인 3rd Ave. 역
URL www.handynasty.net

2015 New Spot ▶

뉴욕 베스트 사천 요리 전문점

평균적인 미국 사람들은 어떨지 모르겠지만, 대부분의 뉴욕 사람은 매운 것을 즐기는 것 같다. 우리 입맛에도 매운 중국의 사천 요리를 즐기는 뉴요커들의 극성을 보면 말이다. 이 집은 관광객이 아니라 로컬들이 줄을 서서 사 먹는 사천 요리 전문점이다. 서비스가 빠르며 가격은 착하고 양도 푸짐하다. 특히 이 집의 단단 누들은 뉴욕의 베스트로 꼽힌다. 별다른 고명 없이 그저 고추기름에 버무린 누들 접시를 보면 실망스럽기 그지없는데, 먹다 보면 은근 중독성이 생긴다. 사천 음식을 좀 먹는다는 사람들이 꼽는 데는 다 그만한 이유가 있는 듯. 인기 메뉴로는 단단 누들($7.98)과 고추 치킨 윙Dry Pepper Chichen($9.95)이 있다. 보통 저녁 7시가 지나면 빈자리가 없으니 일찍 가 자리를 잡아야 한다.

1 커다란 글자가 쓰여있는 간판은 어디서나 눈에 띈다. **2** 점심시간은 한가한 편이다. **3** 바삭바삭한 중국식 팬케이크 **4** 색깔부터 매운 맛이 느껴진다.

이푸도 Ippudo

Add. 65 4th Ave., New York, NY 10003
Tel. (212) 388-0088
Open 월~목요일 11:00~15:30, 17:00~23:30, 금·토요일 11:00~15:30,
17:00~00:30, 일요일 11:00~22:30
Access 6 라인 Astor Pl. 역
URL www.ippudo.com

기본 1시간은 기다려야 하는 일본 라멘집

2008년 초 문을 연 이래 날이 갈수록 찬사가 높아져 지금은 뉴욕에서 가장 성공한 일본 라멘집으로 부상했다. 날씨가 궂은 날도 오픈 전부터 줄이 늘어설 정도. 하지만 기다릴 만한 가치는 충분하다. 일본 라멘은 지방별로 국물 색깔이 다른데, 이 집은 다양한 맛의 라멘을 골고루 갖추고 있다. 맛도 좋지만 화려한 식기에 고명을 올리는 솜씨 또한 대단하다. 가격은 $14~18로 다른 집에 비해 좀 비싼 편으로 웬만한 메인 요리 값과 맞먹는다. 최근 미드타운웨스트점(321 West, 51th St.)도 오픈해 많은 사랑을 받고 있다.

Tip 그 외 이스트빌리지의 유명한 라멘 가게
민카 라멘 팩토리Mina Ramen Factory : 536 East, 5th St.
모모후쿠 누들 바Momofuku Noodle Bar : 171 1st Ave.

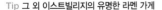

1 뉴욕의 라멘집은 동양인보다 서양인이 훨씬 많다. **2** 입구 바 자리는 기다리는 사람들로 가득 차 피크 타임에는 밖에까지 줄이 늘어선다. **3, 4** 음식을 돋보이게 하는 아름다운 그릇

마이티 퀸스 바비큐 Mighty Quinn's BBQ

Map
P.484-H

Add. 103 2nd Ave., New York, NY 10003
Tel. (212) 677-3733
Open 일~목요일 11:30~23:00, 금·토요일 11:30~24:00
Access F 라인 2nd Ave. 역 또는 6 라인 Astor Pl. 역
URL www.mightyquinnsbbq.com

secret

2015 New Spot

맨해튼에서 맛볼 수 있는 최고의 바비큐

뉴욕의 대표 음식 중 하나인 바비큐. 하지만 지난 몇 년간 베스트 바비큐를 먹으려면 브루클린으로 가야 할 정도로 맨해튼의 바비큐는 명성을 잃어가고 있었다. 그러던 중 2013년 오픈한 이곳은 단연코 맨해튼 최고의 바비큐집이라 할 수 있다. 방목해 키운 소와 옛 품종의 돼지고기를 장작불로 장시간 구워낸다. 윌리엄스버그의 푸드 벤더 축제인 스모개스버그Smorgasburg에서 첫선을 보였는데 당시 이걸 먹으려면 엄청난 줄을 서야 했다. 하지만 지금은 매장을 열어 편안하게 즐길 수 있게 되었다. 최근에는 웨스트빌리지, 파이낸셜 디스트릭트 허드슨 이츠 푸드 홀에도 지점이 생겨 접근성이 더 좋아졌다. 바비큐는 물론 사이드 메뉴도 훌륭하고 가격까지 착하다. 주인은 유명 요리사 장 조지 밑에서 일했던 사람이라고.

1 싱글 사이즈(1인분)는 1가지 고기와 2가지 채소 절임으로 구성된다. 2 바비큐의 짝궁. 레드빈 칠리 3 소스는 자신의 취향에 맞게 더 해 먹을 수 있다.

시안 페이머스 푸드 Xi'an Famous Foods

Add. 81 St. Marks Pl., New York, NY 10003
Tel. (212) 786-2068
Open 일~목요일 11:30~19:30, 금·토요일 11:30~22:30
Access 6 라인 Astor Pl. 역
URL www.xianfoods.com

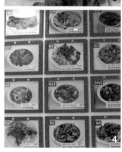

사천식 스트리트 푸드 맛집

서양 사람들이 매운 음식을 못 먹는다는 건 이제 옛말이
된 듯싶다. 한국 김치는 물론 매운 요리의 대명사라고 불
리는 중국 사천 요리까지 일부러 찾아와 먹는 걸 보니 말
이다. 이곳은 플러싱 차이나타운에서 꽤 유명한 중국집
의 분점으로, 거리를 걷다 보면 무슨 구경거리라도 난 듯
사람들이 몰려 있다.

가게 안이 너무 좁으니 음식을 주문해 밖에서 먹는 방
법을 택하는 게 훨씬 낫다. 스파이시 커민 램버거Spicy
Cumin Lamburger $3, 야들야들한 고기를 손으로 찢어 넣
은 각종 볶음 국수는 $7~10 정도다. 이곳 외에 차이나타
운, 미드타운, 어퍼웨스트, 어퍼이스트에도 5곳의 분점을
운영한다. 결제는 현금만 가능.

1 매운 정도에 따라 주문할 수 있는데 고기의 양이 엄청나게 푸짐하다. **2** 입구에 붙어 있는 수많은 리뷰 기사 **3** 워낙 '빨리빨리' 분위
기라 주문할 메뉴를 미리 정해두는 게 좋다. **4** 모든 메뉴가 기호로 되어 있다. 인기 메뉴는 A1, B2, N4 등이다.

오픈하자마자 많은 사람들로 북적이는 레스토랑

바부지 **Babuji**

Add. 175 Ave. B, New York, NY 10009
Tel. (212) 951-1082
Open 17:30~23:00
Access L 라인 1st Ave. 역
URL www.babujinyc.com

항상 긴 줄이 늘어서는 인도 요리 전문점

힌두어로 '바부지'는 골목에서 어른으로 불리며 어느 모임에서나 감초 역할을 하는 사람을 일컫는 말이라 한다. 우리나라 말로 옮기자면 '동네 터줏대감' 정도라 말할 수 있다. 매장 내에 범상치 않은 포스의 인도 할아버지의 초상화가 걸린 이곳은 호주에서 건너온 인도 레스토랑이다. 이스트빌리지의 커리 골목에 서로 어깨를 나란히 하는 다른 식당들과 멀찌감치 떨어져 있는 것처럼 이곳의 인도 음식은 파인 다이닝을 공부한 셰프처럼 도시적이고 실험적인 메뉴를 선보인다. 요리의 플레이팅을 중요시하거나 창의적인 인도 요리를 맛보고 싶은 사람들에게 추천한다. 아쉬운 점은 대부분의 다운타운 맛집들처럼 저녁 장사만 한다는 것이다. 문을 열기 전부터 줄을 서야 할 정도로 인기 스폿이다.

1 단촐한 테이블 세팅 **2** 오픈을 준비하는 바부지의 저녁 풍경 **3** 소량의 드레싱을 넣어 재료 본연의 맛을 살린 샐러드 **4** 다양한 맛의 커리가 준비되는 테이스팅 메뉴

사랑스러운 분위기의
중앙 테이블

미미 쳉즈 덤플링 Mimi Cheng's Dumpling

Add. 179 12nd Ave., New York, NY 10003
Tel. (212) 533-2007
Open 일~수요일 11:30~21:30, 목~토요일 11:30~22:00
Access 6 라인 Astor Pl. 역 또는 L 라인 3rd Ave. 역
URL www.mimichengs.com

2016 New Spot

엄마가 빚어주는 손만두

햄버거, 피자, 타코, 만두의 공통점은 테이크아웃하기 좋고 한 끼 식사는 물론 출출할때 먹기 좋은 간식이라는 점. 그래서인지 몇 년간 대세였던 타코를 넘기 위해 만두, 덤플링의 도전이 시작되고 있다. 특히 이스트빌리지에 만두 전문점이 속속 생겨나고 있다.

이곳은 여타의 차이나타운 스타일의 만둣가게와는 다르다. 20대의 두 딸이 엄마와 함께 운영하는 곳으로 예쁜 동네 카페 분위기다. 미미는 두 딸이 학교에서 돌아 오면 엄마가 빚어 준 만두의 별칭이라고. 고기와 호박, 양배추만으로 속을 채웠는데 향이 강하지 않고 맛도 깔끔하다. 만두는 삶거나 구운 것 중에 고를 수 있다. 이 집만의 특제 소스인 간장 페퍼에 찍어 먹으면 더욱 맛있다. 좋은 재료만을 사용하는 엄마의 마음이 느껴지는 맛과 정겨운 분위기가 눈에 띄는 곳이다.

1 카페 분위기의 외관 **2** 삼각형 모양의 채소 만두 **3** 만두는 역시 군만두가 최고! **4** 테이크아웃해 가는 손님들도 많다.

오스트 카페 OST Cafe

Map
P.485-F

Add. 441 East, 12th St., New York, NY 10009
Tel. (212) 477-5600
Open 월~금요일 07:30~22:00, 토·일요일 08:30~22:00
Access L 라인 1 St. Ave. 역
URL www.ostcafenyc.com

라테 아트를 즐길 수 있는 로컬 카페

한눈에 보기에도 이스트빌리지스러운 멋이 풍기는 동네
카페로 2009년에 오픈했다. 1940년대 상업 건물을 레노
베이션하면서 세월의 더께를 그대로 살린 듯 연노랑빛
나무 외관이 낡고 운치 있다. 가게 앞이 비교적 한산
한 거리라 볕 좋은 날 카페 앞 벤치에 앉아
커피 한잔 마시며 동네 친구와 수다 떨고
싶을 만큼 따뜻한 느낌.
커피와 페이스트리 외에 가벼운 카페 메뉴
와 와인, 치즈도 구비되어 있다. '오스트'는
독일어로 '동쪽'이라는 뜻. 무료 와이파이도
사용 가능하니 직원에게 아이디와 비밀번호를
물어보자.

1 벤치에 앉아 햇볕을 즐기는 멋쟁이 로컬 아저씨 2 투 고(음식을 사 가지고 가는 것)를 위한 윈도가 따로 있다. 3 일 또는 수다에 빠져 카페 타임을 즐기는 사람들 4 카페 바 좌석도 자리 잡기 어려울 정도다.

아브라코 Abraco

Add. 86 East, 7th St., New York, NY 10003
Tel. (212) 388-9731
Open 화~금요일 08:00~16:00, 토·일요일 09:00~16:00
Close 월요일
Access 6 라인 Astor Pl. 역
URL www.abraconyc.com

세련된 사람들이 찾는 작은 에스프레소 바

스타벅스 화장실보다 작다고 할 만큼 앉을 자리도 없이
아담한 곳이지만, 들고나는 다른 사람을 위해 벽이나 유
리문에 바싹 붙어 서는 손님들로 언제나 화기애애하다.
게다가 한눈에 봐도 고급 취향을 가진 듯한 중장년층과
젊은 예술가들이 많은 걸 보면 커피와 음식 맛이 만만치
않을 거라고 짐작할 수 있다. 사실 이집의 바리스타 매코
믹MacCormick은 유명한 샌프란시스코 커피 하우스 블루
보틀Blue Bottle 출신. 빵과 요리를 담당하는 셰프가 작은
가게 안의 주방에서 직접 만들어 제공한다. 일단 먹어보
면 이곳에 왜 그렇게 멋진 사람이 많은지 단번에 알 수 있
을 정도로 맛이 탁월하다.

1 언제나 활기차게 단골손님들과 수다를 떠는 주인 아저씨 **2** 가게 밖의 작은 벤치와 테이블을 이용할 수 있다. **3** 로즈메리 향이 향긋
한 쿠키와 진한 카푸치노 **4** 작은 음료수병이 작은 매장에 잘 어울린다.

나인스 스트리트 에스프레소의 이스트빌리지 1호점

나인스 스트리트 에스프레소 Ninth Street Espresso

Add. 700 East, 9th St., New York, NY 10003
Tel. (212) 358-9225
Open 07:00~20:00
Access L 라인 1st Ave. 역
URL www.ninthstreetespresso.com

이스트빌리지 태생의 미국 최고 에스프레소

미국 전체를 통틀어 '베스트 5 에스프레소'라고 불릴 때만 해도 아는 사람만 아는 비밀의 장소였지만 오픈 10년 만에 매장을 3개나 거느린 중견 커피 하우스로 성장했다. 기본이 에스프레소 투 샷으로 강한 커피 맛에 시지도 쓰지도 않은 다크 초콜릿의 풍미가 감미롭다. 이스트빌리지 구석까지 찾아오지 않아도 첼시 마켓에서 손쉽게 사 먹을 수 있어 커피 애호가로서 기쁜 일이지만, 아무래도 이스트빌리지의 오리지널 숍에서 먹는 게 더 특별한 기분이 든다. 결제는 현금만 가능.

Tip 그 외의 지점 정보

톰킨스 스퀘어점 : 341 East, 10th St. / 07:00~19:00
첼시 마켓점 : 75 9th Ave. / 월~금요일 07:00~21:00, 토요일 09:00~20:00, 일요일 09:00~19:00

1 기본 투 샷으로 시작되는 진한 에스프레소 **2** 워싱턴 스퀘어 파크 쪽에 있는 매장 **3, 4** 밝은 원목으로 꾸민 매장은 테이크아웃 위주의 분위기

밴 르윈 아이스크림 Van Leeuwen Ice Cream

Add. 48 East, 7th St., New York, NY 10003
Tel. (718) 715-0758
Open 일~목요일 08:00~24:00, 금·토요일 09:00~01:00
Access 6 라인 Astor Pl. 역 또는 F 라인 2nd Ave. 역
URL www.vanleeuwenicecream.com

2015 New Spot ▶

푸드 트럭에서 출발한 비즈니스의 신화

2007년 금융 위기 이후 모바일 푸드 트럭의 1세대로 출발해 현재 탄탄한 브랜드로 안착한 뉴욕 푸드 트럭계의 전설적인 존재다. 브루클린 그린포인트에 기반을 두고 2008년 첫선을 보이던 당시, 로컬 기반의 질 좋은 재료를 사용한 아이스크림은 싸구려 트럭 음식에 대한 고정 관념을 깨트리고 모바일 트럭 비즈니스의 새 장을 열었다. 1년 만에 투자를 받고, 까다로운 자연식품점에 입점 했음은 물론 〈포춘〉지에도 소개됐을 정도. 현재 맨해튼과 브루클린, 로스앤젤레스까지 6대의 트럭을 운영하며 브루클린의 2곳을 포함해 이곳까지 총 3곳의 매장을 운영 중이다. 카페에서는 아이스크림 이외에 토비스 에스테이트의 원두를 사용한 커피와 발타자르의 페이스트리를 맛볼 수 있는데 친절한 서비스와 차분한 분위기가 언제나 기분 좋게 만들어준다.

1 카페를 겸하고 있어 넓은 아이스크림 매장 2 벽면에 가득 꽂혀 있는 LP판 3 컵으로 먹을 경우 와플은 추가로 주문해야 한다. 4 커피와 곁들이기 좋은 맛있는 디저트들

키엘 Kiehl's

Map
P.484-E

Add. 109 3rd Ave., New York, NY 10003
Tel. (212) 677-3171
Open 월~토요일 10:00~20:00, 일요일 11:00~18:00
Access L 라인 3rd Ave. 역
URL www.kiehls.com

195년 전통, 로어이스트 태생인 키엘의 고향

우리나라 백화점의 최고 매출 화장품 브랜드가 키엘이라는 기사를 본 적이 있다. 10여 년 전 뉴욕에 여행 왔을 때 빨간 딸기나 오이가 그대로 들어 있는 스킨을 사서 냉장고에 넣어두고 썼던 기억이 난다. 컬럼비아 약대 출신인 존 키엘이 로어이스트에 처음 가게를 낸 이래 승승장구해 세계적인 브랜드로 우뚝 섰다. 이스트빌리지 매장은 키엘의 옛 오리지널 매장을 확장해 제품 기념관을 겸한 플래그십 스토어로 재단장했다. 세계적인 화장품 그룹 로레알이 인수했다고 하더니 어마어마한 제품 라인과 넓은 매장, 럭셔리한 인테리어 때문인지 지난날 로컬 가게에서 느껴지던 친근함이 사라진 점은 아쉽다.

Tip 이곳은 다른 매장에 비해 샘플을 많이 주는 걸로 유명하다. 보디 제품도 유명하지만 헤어 케어 제품을 추천한다.

1 키엘의 베이비 라인 코너를 장식한 고객들의 사진 2 새롭게 단장한 이스트빌리지 키엘 매장 외관 3 실험실 분위기의 인테리어
4 키엘의 역사를 보여주는 외부 미니 박물관

듀오 Duo

Add. 337 East, 9th St., New York, NY 10003
Tel. (212) 777-7044
Open 13:00~20:30
Access 6 라인 Astor Pl. 역
URL www.duonyc.com

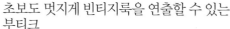

초보도 멋지게 빈티지룩을 연출할 수 있는 부티크

빈티지 쇼핑은 뉴욕 멋쟁이에게는 재미일지 모르지만 패션 아마추어가 빈티지를 제대로 골라 입는 것은 멀고도 험한 길이다. 하지만 자매가 운영하는 작고 아담한 이 집의 빈티지 섹션은 옷 상태가 좋으면서 시대를 거스르지 않는 세련됨이 있다. 빈티지 이외에도 윌리엄스버그, 소호, 이스트빌리지에서 활동하는 로컬 디자이너들의 옷과 구두, 벨트, 모자, 보석 등의 액세서리를 판매한다. 여러 미디어에서 앞다퉈 베스트 인디 숍으로 추천하고 있다. 가격은 $50~200대로 대체적으로 무난한 편. 얼마 전부터 도자기와 비누, 향초 등 리빙용품도 소개하고 있다. 지난 10년간 이 거리의 가게들이 문을 닫았음에도 자기만의 개성을 유지하고 있는 주인의 행보가 믿음직하다.

1 정갈한 주인의 취향을 보여주는 매장 입구의 소품 **2** 눈에 띄지 않는 소박한 분위기의 외관 **3** 꽤 멋진 소품이 많아 눈여겨볼 만하다. **4** 빈티지 옷은 매장 안쪽에 있다.

클래식한 외관이 눈에 띈다.

알파베츠 Alphabets

Add. 64 Ave. A, New York, NY 10009
Tel. (212) 475-7250
Open 11:00~20:00
Access F 라인 2nd Ave. 역
URL www.aphabetsnyc.com

2015 New Spot

다양한 고객층을 커버하는 기프트 숍

1940~1950년대 캐릭터가 그려진 짝퉁 빈티지 티셔츠, 레트로풍의 각테일용품, 키치적인 카드와 장식용 자석, 그리고 위트와 아이디어가 넘치는 물건이 가득한 알파베츠는 선물하는 사람을 돋보이게 하는 최적의 기념품 매장이다. 특히 이곳의 미덕은 이스트빌리지의 인디적 감성에 충실한 기괴한 오브젝트와 웨스트빌리지의 세련된 취향이 조화를 이뤄 취향이 다른 친구와도 사이좋게 쇼핑할 수 있다는 것. 딥티크나 카림 라시드 같은 하이엔드 제품이 진열된 한쪽에 이스트빌리지 핼러윈 퍼레이드에 어울릴 만한 가장 기괴한 가면과 총천연색의 싸구려 물건들이 나란히 놓여 있어도 전혀 어색해 보이지 않는다. 기숙사나 첫 보금자리를 꾸미는 친구의 집들이, 회사 동료들과의 파티 선물을 골라야 할 때 추천한다.

1 사람들의 이목을 끄는 쇼윈도 2 규모는 작지만 상품이 알차게 구성되어 있다. 3 누군가를 웃게 해줄 재미난 소품들 4 장식품으로 쓰여도 좋을 멋진 코스튬

다이노소어 힐 Dinosaur Hill

Add. 306 East, 9th St., New York, NY 10003
Tel. (212) 483-5850
Open 11:00~19:00
Access 6 라인 Astor Pl. 역
URL www.dinosaurhill.com

클래식부터 모던 장난감까지 골고루 집합

이 자리에서 무려 30년이나 자리를 지키고 있는 가게. 그러나 이 길을 여러 번 지나다녔으면서도 아이를 키우기 전에는 이런 커다란 장난감 가게의 존재를 알아차리지 못했다는 게 신기할 뿐이다. 어린 시절을 떠올리게 하는 친근한 클래식 장난감부터 오너인 파멜라 피어가 인도와 인도네시아 등지에서 들여온 마리오네트 인형까지, 아이 방 소품으로도 손색없는 물건이 가득하다.

여느 가게와 달리 오히려 손님이 주인의 관심을 끄는 게 힘들 정도여서 찬찬히 구경하기에 전혀 부담이 없고, 가격대도 폭이 넓어 선물을 고르기에 안성맞춤이다.

1 아이 방에 어울리는 이국적인 마리오네트 인형 2 장난감 가게에 어울리는 친근하면서 예스러운 간판 3, 4 인테리어 소품으로도 훌륭한 다양한 장난감

옵스큐라 앤티크스 & 오디티스　Obscura Antiques & Oddities

Add. 280 East, 10th St., New York, NY 10009
Tel. (212) 505-9251
Open 월~토요일 12:00~20:00, 일요일 12:00~19:00
Access L 라인 1st Ave. 역
URL www.obscuraantiques.com

기괴한 물건으로 가득 찬 독특한 앤티크점

해골이 들어 있는 관, 말라비틀어진 태아, 박제 동물 등 세상에 존재하는 추하고 기괴한 잡동사니를 모두 모아 놓은 곳 같다. 게다가 유령이 있는 저택의 으스스한 지하실에나 어울릴 것 같은 물건을 판매하는 사람이 고상한 아주머니들이라니 그마저 괴상하기 짝이 없다. 중고 시장과 경매, 개인이 처분한 물건 중에서 수집한 먼지 묻은 앤티크 제품을 사 가는 사람은 과연 누구일까. 호기심이 꼬리를 물고 이어진다. 그냥 가져가라고 해도 무서워서 쳐다보지도 못할 것 같은 이런 물건이 비싸기까지 하니 구경 삼아 둘러보는 것이 괜찮을 듯하다.

1, 2, 3 괴기스러움과 히스토리가 느껴지는 물건의 쓰임새가 궁금해진다. **4** 호기심 때문인지 의외로 드나드는 손님이 많은 편이다.

강아지 그림이 그려진
초소형 캔버스

마스코트 스튜디오 Mascot Studio

Add. 328 East, 9th St. #B, New York, NY 10003
Tel. (212) 228-9090
Open 13:00~19:00
Close 일·월요일
Access 6 라인 Astor Pl. 역
URL www.mascotstudio.com

secret

주인의 개성이 그대로 묻어나는 액자 가게

동물을 사랑하는 아티스트 피터 매카프리Peter Macafrey
의 액자 가게. 본업인 액자 제작 외에 본인이 직접 그린 작
품과 다른 아티스트들의 작품도 판매하는 아트 숍이다.
워낙 개를 좋아해서 1년에 한 번 개를 주제로 한 아트 작
품을 전시, 판매하는 도그 쇼Dog Show를 개최하는데 작
은 가게의 이벤트임에도 뉴요커들에게는 물론 여러 예술
잡지에 소개될 만큼 유명하다.

20년 이상 이곳을 지켜온 가게에는
겸손한 오너의 취향이 곳곳에 배어
있고 작품도 주인을 닮아 친절하
고 따뜻한 분위기를 풍긴다.

1 자신의 일을 진심으로 사랑하는 이의 따뜻함이 느껴지는 가게 안 **2** 들어가보고 싶은 친근감을 불러일으키는 가게 외관 **3, 4** 작은 가게 안을 가득 메운 예술 작품

존 더리안 컴퍼니 John Derian Company

Map
P.484-H

Add. 6 East, 2nd St., New York, NY 10003
Tel. (212) 677-3917
Open 12:00~19:00
Close 월요일
Access 6 라인 Bleecker St. 역 또는 F 라인 2nd Ave. 역
URL www.johnderian.com

secret

2015 New Spot

뉴욕 빈티지 숍의 끝판왕

존 더리안 컴퍼니는 1989년에 설립한 인테리어 회사로 접시, 쟁반, 문지 등에 종이를 오려 붙이는 방식으로 제작한 데쿠파주 컬렉션이 유명하다. 존 더리안이 디자인한 소품과 가구는 전 세계 고급 매장에서 주로 판매한다. 주 고객 중에는 귀네스 펠트로, 소피아 코폴라 같은 셀러브리티가 많다. 존 더리안 개인 소유의 이곳 이스트빌리지 매장은 그의 작품 이외에 전 세계에서 건너온 수집물로 가득한데, 아이 방에 어울리는 소품과 문구류, 침구류, 테이블보, 캔들, 생활 자기, 램프 등에서 그의 앤티크에 대한 열정을 엿볼 수 있다. 올해 초엔 기존 오리지널 매장을 늘려 바로 옆에 가구와 패브릭 전문 숍을 분리시켰다. 볼 것은 더욱 많아지고 선택의 고통은 더욱 커진 뉴욕 최고의 인테리어 앤티크 숍이다.

1 골목 초입에 위치해 있다. 2 100여 종이 넘는 존 더리안의 제품을 한 자리에서 만나볼 수 있다. 3 생생한 표정의 장식용 동물
4 천연 린넨으로 수작업한 쿠션

캐시 러버 스탬프스 Casey Rubber Stamps

Add. 322 East, 11th St., New York, NY 10003
Tel. (917) 669-4151
Open 월·화요일 14:00~20:00, 수~토요일 13:00~20:00, 일요일 14:30~19:00
Access 6 라인 Astor Pl. 역 또는 L 라인 1 St. Ave. 역
URL www.caseyrubberstamps.com

어린 시절 고무도장의 추억

집에서도 컴퓨터 그래픽으로 쉽게 인쇄물을 만들어내는 요즘. 이 조그맣고 낡은 고무도장 가게를 사랑하는 뉴욕 사람들을 보면 우리의 달고나 같은 추억이 떠오른다. 연인이나 아이의 선물을 사기 위해 이곳을 찾기도 하고, 갖고 싶은 도장을 구하러 오기도 하며, 세상에 단 하나뿐인 자기만의 도장을 주문하기도 한다. 사진이나 원하는 문양을 프린트해서 가져가면 어떤 모양이든 고무도장으로 제작해준다고. 주문 제작 가격은 $20부터이고, 물품을 받기까지 대략 4~5일 정도 소요된다.

1 다양한 사이즈의 나무 도장 **2** 세월의 덧없음이 느껴지는 허름한 변두리 가게 분위기 **3** 아이의 생일 선물로 도장을 고르는 가족의 모습이 정겹다. **4** 다양한 컬러의 잉크도 판매한다.

뉴욕의 맛을 제대로 즐기는 7가지 방법

1. 무조건 손님이 많은 곳으로!

로컬이 많은 곳으로 들어간다. 관광객이 많은 곳은 이미 철이 지난 맛집인 경우가 많다.

2. 푸드 홀food hall을 공략할 것.

뉴욕의 대표 맛집을 한자리에서 섭렵하고 싶다면 푸드 홀로 가자. 대표적인 푸드 홀은 플라자 몰The Plaza Mall, 고섬 마켓Gotham Market, 허드슨 이츠 푸드 홀Hudson Eats Food Hall이다. 이곳에는 뉴욕 로컬들이 좋아하는 먹거리와 레스토랑이 골고루 모여 있으니 무엇을 골라도 좋다.

3. 봄·여름의 레스토랑 위크restaurant week를 활용하자.

점심 $25, 저녁 $38에 레스토랑 정찬 3코스를 즐길 수 있다. 예전에는 상설 프리픽스pri-fix를 제공하는 곳이 많았지만, 요즘은 레스토랑 위크 외에는 기회가 많지 않다. 자세한 정보는 홈페이지(www.nycgo.com 또는 www.opentable.com)에서 확인할 것. 인기 있는 레스토랑일수록 예약을 서둘러야 한다.

4. 어번 스페이스에서 계절별로 운영하는 아웃도어 벤더 축제를 놓치지 말자.

브루클린을 포함한 유명 모바일 트럭 맛집들이 모여 시즌별로 여는 음식 장터다. 매번 참여 벤더가 달라지긴 하는데 로베르타 피자Roberta Pizza, 멕시큐Mexicue, 도넛터리Doughnuttery, 지그문츠Sigmunds 등은 꼭 챙겨야 할 맛집이다.

봄·여름은 매디슨 스퀘어 파크, 가을은 브로드웨이의 헤럴드 광장, 겨울은 홀리데이 마켓이 서는 콜럼버스 서클과 유니언 스퀘어 파크에서 이 축제가 열린다. 자세한 정보는 홈페이지(www.urbanspace.nyc)에서 확인할 것. 이 외에 브루클린의 스모개스버그Smorgasburg 벤더 축제도 있으니 놓치지 말 것.

5. 뉴욕의 베스트 커피 로스팅 하우스
스텀프타운 커피Stumptown Coffee, 블루 보틀
Blue Bottle, 조 디 아트 오브 커피Joe the Art of
Coffee, 카페 그럼피Café Grumpy, 토비스 에스
테이트 커피Toby's Estate Coffee 등을 추천!

6. $10 미만으로 즐길 수 있는 세계 미식 여행
멕시코 타코($3~4) 도스 토로스Dos Toros
일본 라멘($9~12) 토토 라멘Toto Ramen
이스라엘 팔라펠($6~7) 테임Taim
이탈리아 파스타($8~12) 페페 로소 투 고Pepe
Roso to Go

7. 희귀해서 먹고 싶은 크로넛
도미니크 안셀Dominique Ansel이 도넛과 크루
아상을 합쳐 만든 크로넛cronut. 매장 오픈 1시간
전부터 대기해야 하고, 한 사람이 2개 이상 살 수
없을 정도로 열풍이다. 6개까지 주문할 수 있는
온라인 주문도 한두 달 전에 예약이 마감된다고.
과연 얼마나 맛있는지 확인이 필요한 사람은 부지
런해야 할 듯.
도미니크 안셀 베이커리 189 Spring St., New
York, NY 10012

Area 09
SoHo

소호
SoHo

● 　　　전 세계 어디서도 찾아보기 힘든 다양한 스펙트 럼과 높은 품질의 아이템이 가득한 쇼핑 구역. 예로부터 '뉴 욕 쇼핑은 소호'라는 말이 있듯이 럭셔리한 명품 숍, 뉴욕에 만 있는 단독 수입 매장, 최고의 물건만 모아놓은 편집 숍과 빈티지 숍, 펑키한 신진 디자이너 숍과 갤러리, 인테리어 숍, 세계 각국의 화장품 숍 등이 많아 얇은 지갑이 원망스러울 뿐이다. 게다가 소호의 독특한 매력은 숍에만 있지 않다. 골 목을 가득 채운 가판대와 여기저기서 벌어지는 거리 퍼포먼 스를 구경하다 보면 온종일 걸어 다녀도 다 돌아보지 못할 정도다. 마차가 다니기 좋게 만들어놓은 코블 스톤 바닥과 1800년대를 풍미한 주철 건물들은 올드 뉴욕의 멋을 간직하 고 있어 지금도 화보 촬영지로 종종 이용된다. 주중에도 관 광객으로 붐비는 이곳에 주말이면 근처 로프트에 사는 유명 배우나 모델들이 브런치를 먹기 위해 가벼운 옷차림으로 활 보해 더욱 빛이 나는 동네다.

Access

가는 방법

N·R 라인 Prince St. 역

방향 잡기 브로드웨이 대로를 기준으로 놀리타 쪽으로 가고 싶으면 오른쪽, 소호만 돌고 싶다면 왼쪽으로 방향을 잡으면 된다. 명품 브랜드는 주로 브로드웨이에서 왼쪽의 웨스트브로드웨이에 걸쳐 있다. 좀 더 펑키한 인디 디자이너 숍이나 편집 숍을 보려면 R 라인의 Canal St. 역에서 내리는 게 편하다.

웨스트 빌리지 — 도보 10분 — Spring St.

그리니치 — 도보 15분 — 소호

Broadway Lafayette — 도보 5분 — Prince St.

Prince St. — 도보 2분 — 놀리타

Spring St. — 도보 10분 — Canal St.

Prince St. — 도보 10분 — Canal St.

Check Point

※요즘 소호에서 가장 힙한 지역은 소호 남단 브룸 스트리트 Broome St.와 하워드 스트리트 Howard St.다. 뉴욕 패션계에 영향력을 행사하고 있는 편집 숍 오프닝 세레머니 Opening Ceremony와 잇 브랜드인 이자벨 마랑 Isabel Marant, 유명 티 브랜드인 하니 & 선스 Harney & Son's가 이곳에 자리 잡고 있다.

Plan
추천 루트
올드함과 최신 트렌드가
공존하는 거리에서의
하루 걷기 여행

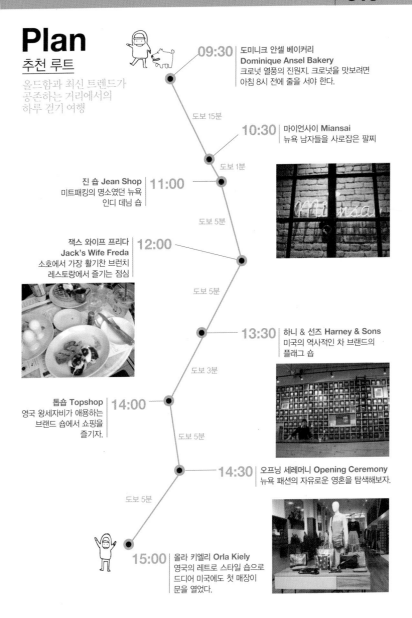

09:30 도미니크 안셀 베이커리
Dominique Ansel Bakery
크로넛 열풍의 진원지. 크로넛을 맛보려면
아침 8시 전에 줄을 서야 한다.

도보 15분

10:30 마이언사이 **Miansai**
뉴욕 남자들을 사로잡은 팔찌

도보 1분

진 숍 **Jean Shop** **11:00**
미트패킹의 명소였던 뉴욕
인디 데님 숍

도보 5분

잭스 와이프 프리다 **12:00**
Jack's Wife Freda
소호에서 가장 활기찬 브런치
레스토랑에서 즐기는 점심

도보 5분

13:30 하니 & 선즈 **Harney & Sons**
미국의 역사적인 차 브랜드의
플래그 숍

도보 3분

톱숍 **Topshop** **14:00**
영국 왕세자비가 애용하는
브랜드 숍에서 쇼핑을
즐기자.

도보 5분

14:30 오프닝 세레머니 **Opening Ceremony**
뉴욕 패션의 자유로운 영혼을 탐색해보자.

도보 5분

15:00 올라 키엘리 **Orla Kiely**
영국의 레트로 스타일 숍으로
드디어 미국에도 첫 매장이
문을 열었다.

루어 피시 바 Lure Fish Bar

Add. 142 Mercer St., New York, NY 10012
Tel. (212) 431-7676
Open 일·월요일 11:30~22:30, 화~목요일 11:30~23:00, 금·토요일 11:30~23:30
Access N·R 라인 Prince St. 역
URL www.lurefishbar.com

Map
P.486-A

머서 스트리트의 시그너처 시푸드 레스토랑

고급 휴양지에 정박한 럭셔리 요트의 내부처럼 꾸민 이곳은 오랜 명성을 유지하며 셀러브리티들도 즐겨 찾는 시푸드 레스토랑이다. 다운타운에서 유명한 클럽 칸틴 Canteen의 오너가 만든 곳으로, 이곳 역시 클럽 못지않은 이벤트로 화끈한 분위기를 자랑한다. 랍스터 롤, 클램 차우더 수프, 오이스터, 칠리 소스를 곁들인 시푸드 플래터, 피시 & 칩스 같은 클래식 메뉴를 맛볼 수 있으며 안쪽의 스시 바에서는 롤과 초밥을 즐길 수 있다. 가장 인상적인 메뉴는 환상적인 바삭함을 자랑하는 피시 & 칩스 바스켓. 랍스터 꼬리, 새우, 크랩 케이크 3종류가 있는데 3가지 맛을 골고루 즐기려면 콤보 바스켓을 시키면 된다. 주말 브런치에는 팬케이크와 달걀 요리가 추가되고, 아이들 한 입 사이즈의 미니 팬케이크도 호평 일색이다.

1 고급 유람선 내부처럼 꾸민 좌석 2 반지하에 위치해 있어 계단을 내려가야 입구가 나온다. 3 가게 안쪽에 마련된 스시 바 4 테이블 배치는 중앙 홀, 입구 바, 스시 바로 나뉘어 있다.

보케리아 **Boqueria**

Add. 171 Spring St., New York, NY 10012
Tel. (212) 343-4255
Open 일~목요일 12:00~22:30, 금 · 토요일 12:00~23:30
Access N · R 라인 Prince St. 역 또는 C · E 라인 Spring St. 역
URL www.boquerianyc.com

스낵 타임으로 즐기기 좋은 타파스 바

평범한 레스토랑 입구는 건너편 모퉁이에 즐비한 아웃도어 레스토랑 분위기를 기대하고 찾아간 사람에게는 살짝 실망이다. 하지만 문을 열자마자 트렌디한 인테리어의 어두운 조명 아래서 타파스를 즐기는 사람들의 모습에서 안도감이 느껴진다. 기다란 실내 안쪽에 자리한 오픈 주방에서 커다랗고 넓적한 파에야 팬에 스페인 치킨 요리를 만들고 있는 셰프의 모습도 보인다. 가장 인상적인 것은 아뮈즈부슈('환영 음식'이란 뜻으로, 식전에 무료로 제공하는 음식). 메인 요리에 버금가는 스테이크 꼬치가 나오는 집은 처음이다. 바다 소금을 올린 시시토 고추, 크로켓, 새우와 양 요리, 치즈, 올리브, 하몽 같은 클래식한 타파스 메뉴도 맛있고 와인 셀렉션도 훌륭하다. 추로스와 진한 초콜릿으로 마무리하면 완벽한 식사가 될 것 같다.

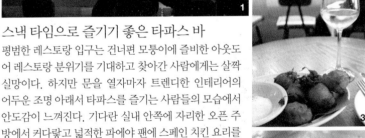

1 와인을 즐기는 입구 쪽 바 자리 **2** 태양이 내리쬐는 날에 더욱 생각나는 레스토랑 **3** 더위를 식혀주는 차가운 와인과 곁들이는 안주 **4** 이것이 바로 공짜 아뮈즈부슈

한 폭의 그림 같은 이탈리아 분위기의 식당 풍경

페페 로소 투 고 Pepe Roso To Go

Add. 149 Sullivan St., New York, NY 10012
Tel. (212) 677-4555
Open 11:00~23:00
Access N·R 라인 Prince St. 역 또는 C·E 라인 Spring St. 역
URL www.peperossotogo.com

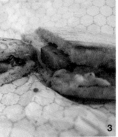

값싸고 맛있는 파스타를 먹을 수 있는 곳

맛있는 파스타를 싸게 먹을 수 있는 곳이라는 말에 눈이 번쩍 뜨이는 소호의 페페 로소 투 고. 이름에 '투 고'가 붙어 있어 음식을 포장만 해 갈 수 있는 집인가 싶지만 구겨앉으면 10여 명까지도 앉을 수 있을 정도의 테이블을 갖춘 작은 식당이다. 10여 종의 파스타와 이탈리아식 샌드위치가 주 메뉴로 가격은 대부분 $8~13 정도.

신선한 생토마토와 생바질, 질 좋은 올리브와 치즈로 만든 푸짐한 양의 파스타를 이렇게 저렴한 가격에 먹을 수 있다니 뉴욕에선 정말 흔치 않은 일이다. 추천 메뉴는 볼로네제 파스타와 크림 포르치니 파스타. 현금만 결제 가능.

1 신뢰감이 느껴지는 분위기의 가게 안 **2** 이탈리아 식당임을 알려주는 빨간색이 인상적이다. **3** '투 고'로 포장해 온 그릴드 베지터블 샌드위치 **4** 한 번 먹고 생각나서 다음 날 또 가서 먹은 포르치니 파스타

주말이면 브런치를 즐기려는 사람들로 북적인다.

잭스 와이프 프리다 **Jack's Wife Freda**

Add. 224 Lafayette St., New York, NY 10012
Tel. (212) 510-8550
Open 월~토요일 09:00~24:00, 일요일 12:00~22:00
Access N·R 라인 Prince St. 역 또는 6 라인 Spring St. 역
URL www.jackswifefreda.com

secret

2015 New Spot

전 연령층의 만족도가 높은 브런치 스폿

가게 이름처럼 밝고 환한 분위기의 비스트로로 날씨가
좋은 날에는 거리 쪽 통창을 오픈해 더욱 활기가 넘친다.
주말이면 브런치를 즐기려는 사람들의 줄이 가게 앞 거
리를 가득 메울 정도. 근처 유명 식당 발타자르Balthazar
에서 만나 결혼한 부부가 운영하는 이곳에서는 남아프리
카 출신 남편과 이스라엘 출신 아내가 고향의 영향을 받
은 음식을 선보인다.

특히 식당 중앙에는 커다란 테이블이 자리잡고 있어 로커
들과 함께 둘러 앉아 대화를 나누며 식사를 즐길 수 있어
더욱 즐겁다. 최근에는 인기에 힘입어 웨스트빌리지(50
Carmine St.)에도 지점을 추가 오픈했다.

1 가게 앞에 높은 건물이 없어 언제나 볕이 잘 들어 좋다. **2, 3, 4** 신선한 식자재로 만들어 더욱 맛 좋은 브런치 메뉴들

블랙 탭 Black Tap

Add. 529 Broome St., New York, NY 10013
Tel. (917) 639-3089
Open 11:30~24:00
Access E·C 라인 Spring St. 역
URL www.blacktapnyc.com

Map
P.486-A

2016 New Spot

환상적인 맛을 자랑하는 밀크셰이크

로컬들 사이에서 햄버거가 맛있기로 소문난 가게. 그러나 지금은 사이드 메뉴인 밀크셰이크로 더 유명하다. 지난 겨울 오직 밀크셰이크를 맛보기 위해서는 1시간 이상을 기다려야 했다.

뉴욕에서 꼭 맛봐야 할 셰이크로 TV에 소개되었을 만큼 이 집의 셰이크는 맛도 훌륭하지만, 쏟아질 듯 아슬아슬한 높이의 토핑이 압권이다. 솜사탕, 휘핑크림, 쿠키, 젤리, 캔디 등을 쌓아올린 고칼로리의 디저트임에도 어린 시절의 즐거움을 만끽하는 키덜트들은 개의치 않는 듯하다. 한국 스타일의 양념치킨 윙, 어니언링, 고구마 튀김 등 사이드 메뉴도 맛있고 수제 햄버거의 패티 역시 육즙이 살아있다. 주방을 둘러싼 바 좌석이 전부인 작은 가게라 테이크아웃하는 손님도 많다.

1 레스토랑 이름과 잘 어울리는 검은색 외관 **2** 일직선의 바 테이블이 전부다. **3** 오레오 쿠키로 만든 셰이크 **4** 고구마 튀김을 곁들인 미트볼 버거

사델 Saddle

Add. 463 West Broadway, New York, NY 10012
Tel. (212) 776-4926
Open 화~목요일 07:30~15:00, 18:30~24:00, 금요일 07:30~15:00, 18:30~다음 날 01:00, 토요일 09:00~16:00, 19:00~다음 날 01:00, 일요일 09:00~16:00
Close 월요일 **Access** N·R 라인 Prince St. 역
URL www.sadelles.com

2016 New Spot ▶

가장 뉴욕다운 아침을 먹을 수 있는 곳

갓 구운 베이글에 크림치즈와 신선한 훈제연어, 딜, 토마토, 양파를 올린 뉴욕식 샌드위치를 즐길 수 있는 곳. 높은 천장의 쾌적한 인테리어, 연하늘색 테이블 웨어와 하얀색 제복을 입은 직원들의 서비스가 인상적이고 애프터눈티 파티를 연상시키는 3단 트레이 세팅은 고급스럽다. 무엇보다 아침 메뉴를 시키면 원하는 만큼 추가되는 손바닥만 한 크기의 베이글은 고급 프렌치 레스토랑 페세Perse에서 일했던 멜리사 웰러가 만든다. 가게 입구에서 판매하는 바카(초콜릿 롤빵), 시나몬롤, 오트밀 쿠키 등도 맛있는 먹을거리다. 베이글 정찬을 즐기려면 아침과 점심시간을 이용할 것. 저녁에는 러시아식 고급 해산물만 취급하기 때문에 왁자지껄한 한낮의 분위기와는 180도 달라진다.

1 관광객과 로컬 손님의 구분이 없는 브런치 타임 **2** 입구 쪽에 마련된 테이크아웃 스탠드 **3** 베이글 사이즈에 맞춘 잘 익은 슬라이스 토마토 **4** 크림치즈와 베이글은 무제한 리필된다.

도미니크 안셀 베이커리 Dominique Ansel Bakery

Add. 189 Spring St., New York, NY 10012
Tel. (212) 219- 2773
Open 월~토요일 08:00~19:00, 일요일 09:00~19:00
Access N·R 라인 Prince St. 역 또는 C·E 라인 Spring St. 역
URL www.dominiqueansel.com

secret

2015 New Spot

죽기 전에 꼭 먹어봐야 할 크로넛

뉴요커들도 많이 먹어보지 못한, 하지만 한번쯤은 들어
본 음식. 도넛과 크루아상의 하이브리드 디저트 크로넛.
문 여는 아침 8시 전부터 줄을 서고 한 사람당 2개 이하
로만 판매하기 때문에 맛보기가 쉽지 않다. 아침 6시부터
줄 서기는 기본이며 아침 9시 전에 완판된다.
가끔 다른 곳에서 판매하는 크로넛을 먹어보긴 했지만,
이곳의 오리지널 크로넛을 맛본 사람이라면 다른 곳에서
판매하는 크로넛은 진짜 크로넛이 아니라고 느낄 정도
다. 겹겹이 쌓인 바삭바삭한 껍질 사이에 은은한 라스베
리 크림, 하얀 설탕과의 조합이 환상적이다. 설명할 수 없
는 신비한 디저트 크로넛에 도전해보자.

Tip **도미니크 안셀 키친** Dominique Ansel Kichen
2015년 5월 웨스트빌리지에 문을 연 스핀 오프Spin-off 카페. 프랑스
출신의 실력파 셰프 도미니크 안셀이 주방을 지키고 있어 모든 메뉴가
훌륭하다. 단, 크로넛은 판매하지 않는다.
Add. 137 7th Ave., New York, NY 10014
Tel. (212) 242-5111
Open 월~토요일 08:00~19:00, 일요일 09:00~19:00
Access 1 라인 Christopher St. - Sheridan Sq. 역
URL www.dominiqueanselkitchen.com

1 이제는 뉴욕의 성지가 되어버린 본점 가게 앞 **2** 시즌별로 달라지는 다양한 케이크 **3** 상상 이상의 즐거움을 선사하는 디저트들

라 콜롬베 토리팩션 La Colombe Torrefaction

Map
P.486-A

Add. 270 Lafayette St., New York, NY 10012
Tel. (212) 625-1717
Open 월~금요일 07:30~18:30, 토 · 일요일 08:30~18:30
Access B·D·M·F 라인 Broadway – Lafayette St. 역
URL www.lacolombe.com

필라델피아 베이스의 아티즈널 커피 하우스

다크 로스팅으로 유명한 필라델피아 카페로, 맨해튼에 트라이베카와 노호를 합쳐 총 3개의 지점을 운영하고 있다. 높은 천장과 벤치 스타일 의자, 디자인이 독특한 테이블 그리고 유럽 스타일의 시크한 느낌 때문에 멋쟁이일수록 빠져드는 곳. 자체 로스팅 원두를 사용하는 커피 맛은 뉴욕의 다른 정통 커피와 함께 종종 거론될 만큼 이미 정평이 나 있다. 필라델피아 카페의 경쟁력은 오히려 커피 잔에 있는 듯하다. 투박한 머그잔에 익숙했던 뉴요커들은 로얄 코펜하겐을 연상시키는 푸른빛 꽃 문양의 도자기 잔에 담겨 나오는 커피를 받아 들고, 맛으로만 즐기던 커피에 미적인 센스까지 곁들여 음미하는 중이다.

1 높은 천장에 확 트인 매장 인테리어가 눈길을 끈다. 2 기하학적 모양의 나무 테이블이 멋진 곳 3 테이블이 사이드에만 있어 주문 공간이 넓다. 좁은 카페가 불만인 사람이라면 이곳으로 갈 것! 4 라 콜롬베 토리팩션의 원두 패키지

하니 & 선스 Harney & Son's

Add. 433 Broome St., New York, NY 10013
Tel. (212) 933-4853
Open 월~토요일 10:30~18:30, 일요일 11:30~18:30
Access N·R 라인 Prince St. 역 또는 C·E 라인 Spring St. 역
URL www.harney.com

미국의 대표적인 티 하우스 쇼룸

영국의 트와이닝스, 프랑스의 마리아주 프레르처럼 미국을 대표하는 티 브랜드, 하니 & 선스. 다양한 꽃향기를 블렌딩한 홍차와 아름다운 패키지로 유명하다. 그동안 별도의 매장 없이 반스 & 노블 서점에서 가장 대표적인 블렌딩만 판매했기 때문에 다양한 컬렉션을 구입하려면 본사의 온라인 숍을 이용해야 했다. 그러니 티 애호가들에게는 소호의 매장 오픈 소식이야말로 아주 반가운 톱 뉴스였던 셈. 이곳은 넓은 매장에 하니 & 선스의 방대한 티 컬렉션이 멋지게 디스플레이되어 있다. 안쪽에는 정갈한 찻집 분위기의 테이스팅 룸이 있어 찬찬히 차를 음미할 수 있다.

1 하나하나 알기도 어려울 만큼 엄청난 종류의 홍차 **2** 하니 & 선스의 로고가 걸린 플래그십 스토어 **3** 가게 안쪽에 자리 잡은 티 룸 **4** 인기 블렌드 중 하나인 웨딩 티의 은은한 패키지가 예쁘다.

톱숍 Topshop

Map
P.486-C

Add. 478 Broadway & Broom St., New York, NY 10013
Tel. (212) 966-9555
Open 월~금요일 10:00~21:00, 토·일요일 10:00~20:00
Access 6 라인 Spring St. 역
URL www.topshop.com

완판녀 왕세자비가 즐겨 입는 패션 브랜드

전 세계적으로 톱숍의 인기가 그야말로 절정에 달했다데, 그 이유는 영국의 왕세자비 케이트 미들턴이 즐겨 입기 때문. 미국에서는 이곳이 처음으로 문을 연 숍이다. 오픈 당일 늘어선 줄이 빌딩 하나를 둘렀을 정도. 매장에는 런웨이와 할리우드의 트렌드라 할 수 있는 물건들로 가득하다. 지하 1층은 남성복, 지상 1층에서 3층까지는 여성복 코너. 2층 부티크에는 프린Preen, 리처드 니콜 Richard Nicoll 같은 유명 디자이너들과 함께 작업한 옷을 모아놓았는데 1인당 5개까지만 살 수 있다. 모델 케이트 모스의 라인도 바로 옆에 있다. 3층의 신발 매장을 비롯해 임부복과 속옷, 가방, 구두, 액세서리까지 골고루 갖추고 있어 원스톱 쇼핑이 가능하다.

1 소호의 플래그십 매장 간판 2 쇼핑의 흥을 돋우는 매장 음악이 심장을 뒤흔드는 듯하다. 3, 4 이것이 바로 영국의 컨템퍼러리 패션

하우징 웍스 북스토어 Housing Works Bookstore

Add. 126 Crosby St., New York, NY 10012
Tel. (212) 334-3324
Open 월~금요일 09:00~21:00, 토·일요일 10:00~17:00
Access N·R 라인 Prince St. 역 또는 B·D·M·F 라인 Broadway – Lafayette St. 역
URL www.housingworksbookstore.org

마음의 향기가 더 멋진 뉴욕의 베스트 서점

하우징 웍스 재단이 운영하는 이 중고 매장은 수익금을 전부 에이즈에 걸린 노숙자를 위해 기부한다. 맨해튼에 동네별로 13곳이 있으며 기증받은 책만 판매한다. 높은 천장, 나선형 계단, 마호가니 발코니를 갖춘 아름다운 실내 덕분에 결혼식 장소로도 사랑받는다. 안쪽에 자리한 카페는 비 오는 날 오후 책과 커피에 파묻혀 시간을 보내기에 최고의 장소다. 중고 상품을 판매해 가격도 저렴한 데다 추가 할인해주는 이벤트도 종종 열리니 책벌레들에게는 반갑기만 한 곳이다. 책뿐만 아니라 중고 LP 판매 코너도 있다. 미드타운에 있는 뉴욕 공립 도서관의 로즈 메인 리딩 룸과 함께 뉴욕에서 제일 사랑받는 리딩 룸이자 서점이다.

1 넓은 공간에 정리가 잘되어 있어 찬찬히 구경하기 좋다. **2** 주철 빌딩의 멋스러움이 더해져 더욱 분위기 넘치는 서점 입구 **3** 북 카페에 가득 찬 사람들 **4** 같은 사다리라도 서점에 있는 사다리는 뭔가 달라 보인다.

펄 Purl

Map
P.486-A

Add. 459 Broom St., New York, NY 10013
Tel. (212) 420-8796
Open 월~금요일 12:00~19:00, 토·일요일 12:00~18:00
Access N·R 라인 Prince St. 역
URL www.purlsoho.com

뜨개질하고 재봉질하는 사람들 모여라

9·11 테러 이후 뉴욕 사람들 사이에 번지기 시작한 뜨개질 열풍으로 지하철에서 뜨개질하는 남자도 심심찮게 만날 수 있을 정도다. 예쁜 패브릭으로 집 안에 포인트를 주거나 아이 방을 꾸밀 베갯잇을 만드는 건 여자들의 로망이기도 하다. 펄은 이 모든 사람을 충족시키는 뉴욕 최고의 털실 & 패브릭 가게다. 원래는 설리번 스트리트에 2개의 숍이 이웃해 있었는데, 몇 년 전 이곳 브룸 스트리트의 큰 로프트 매장으로 이전하면서 하나로 합쳤다. 보기만 해도 이것저것 만들어보고 싶어지는 예쁜 털실과 천이 천장까지 빼곡히 쌓여 있다. 바느질에 필요한 도구와 액세서리, 책, 수공예 완제품도 판매한다.

1 펄은 여러 리뷰에서 베스트 숍으로 선정됐다. **2** 펄에서는 각종 뜨개질 클래스도 운영한다. **3, 4** 엄마라면 으레 갖게 되는 '뜨개질에 대한 로망'에 불을 지피는 다양한 핸드메이드 제품이 매장을 가득 채우고 있다.

루디스 뮤직 Rudy's Music

Add. 461 Broome St., New York, NY 10013
Tel. (212) 625-2557
Open 11:00~19:00
Close 일요일
Access N·R 라인 Prince St. 역
URL www.rudysmusic.com

40년 역사의 기타 전문 매장

1978년 미드타운에 문을 연 이래 40년 가까이 믹 재거,
존 메이어 같은 굴지의 음악가를 고객으로 둔 유서 깊은
기타 매장으로 소호에도 분점을 냈다. 오너이자 불가사
의한 컬렉터로 불리는 루디 펜사Rudy Pensa가 전시·판매
하는 예술품 같은 기타를 보고 있으면 엘비스 프레슬리
같은 록 스타의 손끝에 들려 있는 듯 범상치 않아 보인다.
220제곱미터의 넓은 공간이 3층으로 나뉘어 있는데 안
쪽에는 손으로 제작한 100여 종의 빈티지 어쿠스틱 기타
가 보관되어 있다. $2000에서 $20만까지 결코 싸지 않은
악기도 있지만 $300짜리 어쿠스틱 기타 소리도 천상의
소리처럼 들리니 보통 악기상이 아닌 건 분명하다.

1 예술품 같은 기타가 매장 가득 전시되어 있다. **2** 멋스러운 소호 매장 입구 **3** 매장 안쪽에 위치한 갤러리에서 직접 연주도 해볼 수 있다. **4** 유명 음악가들의 사진이 액자에 걸려있다.

스리 바이 원 3×1

Add. 15 Mercer St., New York, NY 10013
Tel. (212) 391-6969
Open 월~금요일 11:00~19:00, 토·일요일 11:00~18:00
Access N·R 라인 Canal St. 역
URL www.3x1.us

Map P.486-C

2015 New Spot

주문 제작 청바지 숍

유명 청바지 브랜드 페이퍼 데님, 어니스트 숀 등을 만든 청바지 디자이너 스콧 모리슨이 오픈한 맞춤 주문·제작 청바지 숍. 더 이상 불편한 청바지를 입을 필요도 없고 자신의 몸에 맞는 청바지를 찾아내기 위해 수많은 청바지를 입어볼 필요도 없다. 이곳에선 자신의 체형에 맞으면서 디자인과 원단까지 고객이 원하는 대로 골라 주문할 수 있으니 말이다. 한쪽 벽은 세계 각지에서 들여온 150여 종의 청바지 원단으로 장식되어 있고 100여 가지 패턴과 지퍼, 단추 같은 액세서리로 가득하다. 또 유리 벽 안쪽에는 20여 명의 직원이 미싱 작업을 하고 있는데 마치 공장 안을 들여다보는 듯하다. 보통 주문 후 배송까지 1~2주 정도 소요되며 외국 관광객인 경우 국제 배송도 가능하다.

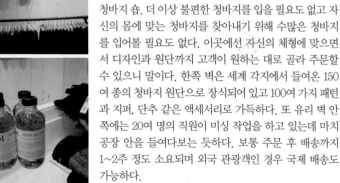

1 주문받은 청바지를 제작하는 작업실 **2** 간판을 확인해야 찾을 수 있는 외관 **3** 인기 모델을 전시해 놓았다. **4** 카운터에 남성 액세서리나 소품 코너도 마련되어 있다.

331

Map
P.486-A

블루밍데일스 Bloomingdale's

Add. 504 Broadway, New York, NY 10012
Tel. (212) 729-5900
Open 월요일 12:00~21:00, 화~토요일 10:00~21:00, 일요일 12:00~20:00
Access N·R 라인 Prince St. 역
URL www.bloomingdales.com

소호에 위치한 부티크 백화점

소호의 젊고 세련된 쇼핑객을 대상으로 한 차별화한 부티크 스타일의 백화점으로, 적당한 사이즈에 트렌디한 브랜드로만 정리되어 있어 원스톱 쇼핑에 아주 편리하다. 다른 백화점에서는 보기 어려운 마니아 브랜드 위주의 뷰티 매장과 중저가 브랜드가 많은 2층 신발 코너, 블루 컬트·세븐 등 유명 브랜드 진을 모아놓은 청바지 코너가 인기다.

신제품 출시에 맞추어 매달 할인 코너를 운영하니 실속 있는 여행자라면 할인 상품부터 챙겨보자. 무엇보다 화장실 찾기가 어려운 소호에서 쾌적한 화장실을 이용할 수 있다는 사실이 반갑다.

1, 2 젊은 여성들이 좋아할 만한 상품들로 셀렉션되어 있다. **3** 주철 빌딩의 멋진 외관 **4** 마니아들이 좋아하는 브랜드 위주의 화장품 코너

마이언사이 Miansai

Add. 33 Crosby St., New York, NY 10013
Tel. (212) 858-9710
Open 월~금요일 08:30~19:00, 토 · 일요일 10:00~19:00
Access 6 라인 Spring St. 역
URL www.miansai.com

Map
P.486-C

secret

2015 New Spot

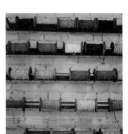

패션 피플에게 유명한
핸드메이드 액세서리

23세에 모델 활동을 한 마이클 세이거가 자신의 이름 첫 글자를 따서 만든 핸드메이드 팔찌 & 액세서리 브랜드. 5년이라는 짧은 기간 안에 전 세계 36개국의 리테일 숍에 입점하고 마침내 소호에 첫 플래그십 매장을 오픈할 정도로 팔찌 마니아들의 열광적인 지지를 얻고 있다. 팔찌는 크게 가죽이나 로프에 낚싯바늘이나 닻 모양 장식이 달린 것과 말발굽 모양이 전부이지만 컬러 조합으로 다양하게 맞춤 제작할 수 있다. 남녀 제품의 디자인이 똑같아 커플 액세서리로도 괜찮을 듯. 이 외에 자체 브랜드 시계와 지갑, 나이프 등 각종 액세서리도 있으며 매장 입구 쪽에서 향 좋은 유기농 티도 판매해 차를 마시면서 천천히 둘러보기에 좋다.

1 마이언사이의 시크한 네온 사인 **2** 팔찌를 만들 때 사용하는 색색의 레이스 **3** 쓰임새가 다양한 가죽 소품도 많다. **4** 함께 운영중인 유기농 티 숍

진 숍 Jean Shop

Add. 37 Crosby St., New York, NY 10014
Tel. (212) 366-5326
Open 월~토요일 11:00~19:00, 일요일 12:00~18:00
Access C·E 라인 Spring St. 역
URL www.worldjeanshop.com

2015 New Spot

뉴욕 인디 데님 숍의 맏형

미국을 대표하는 10대 데님 브랜드 중에서 뉴욕 데님계의 맏형님 격인 곳이다. 10여 년 전 미트패킹 14가의 터줏대감이었는데 이 지역의 개발로 원래의 호젓한 분위기가 사라지자 2014년 소호 남단, 사람들의 발길이 다소 뜸한 이곳으로 자리를 옮겼다. 가게 안쪽으로 들어가면 아늑한 마당이 있고 매장 분위기도 훨씬 밝아 과거 마니아 위주의 숍에서 문턱이 개방된 느낌이라고 할까. 이곳은 일본산 셀비지 원단을 이용해 그 옛날 데님의 원형을 추구해왔다. 셀비지 원단은 일반 데님보다 튼튼하면서 워싱 속도가 빨라 오랜 세월 입을 수 있고 자신만의 빈티지를 추구할 수 있는 최적의 데님으로 꼽힌다. 가격이 다소 비싸더라도 데님의 값어치를 아는 사람이라면 기꺼이 투자할 만하다.

1 청바지에 대한 열정이 넘치는 오너 **2** 빈티지 데님 셔츠도 판매한다. **3** 벨트 및 데님 액세서리를 다듬는 장인의 도구들 **4** 미트패킹 시절부터 진 숍의 상징이었던 귀여운 청바지 간판

오커 Ochre

Map
P.486-A

Add. 462 Broome St., New York, NY 10012
Tel. (212) 414-4332
Open 월~토요일 11:00~19:00, 일요일 12:00~18:00
Access N·R 라인 Prince St. 역
URL www.ochre.net

하이엔드 컨템퍼러리 리빙 숍

가게 앞에 피어 있는 핑크빛 벚나무가 가게 이미지와 잘 맞아떨어지는 이곳은 영국 장인의 우아한 손길을 느낄 수 있는 리빙 숍. 모던한 가구와 조명, 인테리어 소품을 전시·판매한다. 자연 친화적인 소재와 컬러가 주는 안정감에 구경만 해도 마음이 평화로워지고 바다의 고요함 같은 것이 느껴진다.

1996년에 문을 열었는데 방금 오픈한 가게처럼 현대적인 느낌이 넘쳐난다. 가격은 많이 비싼 편이지만 리넨이나 작은 소품은 탐내볼 만하니 기회가 된다면 매년 8월에 정기적으로 열리는 샘플 세일을 노려보자.

1, 2 내추럴한 목가적 생활에 어울리는 테이블웨어 **3** 너무나 차분한 가게 분위기에 발자국 소리도 조심스러운 느낌 **4** 벚나무가 분위기를 더하는 가게 입구

오프닝 세레머니 Opening Ceremony

Add. 35 Howard St., New York, NY 10013
Tel. (212) 219-2688
Open 월~토요일 11:00~20:00, 일요일 12:00~19:00
Access N·R 라인 Canal St. 역
URL www.openingceremony.us

secret

세계 패션을 아우르는 패션계의 미친 존재감

옷, 쇼핑, 매거진, 여행에 미친 버클리 출신의 두 친구가
만나 저지른 패션 매장이 이제는 뉴욕 패션계에 강력한
영향력을 행사하고 있다. 중국인 홈베르토 레온과 한국
인 캐롤 임이 그 주인공. 다니던 회사를 그만두고 오픈한
매장이 패션 잡지 〈보그〉의 눈에 띄면서 도쿄와 로스엔
젤레스에 매장을 오픈한 데 이어 클로에 세비니를 비롯
한 패션 종사자 및 패션 사업체와 활발한 협업을 벌이고
있다. 〈보그〉에서 '이곳은 단순히 옷을 파는 편집 숍이라
고 할 수 없다'고 했던 것처럼 오프닝 세레머니는 옷보다
패션이 살아 숨 쉬는 창작 공작소라 할 수 있다. 패션 올
림픽을 꿈꾸는 오너들의 바람처럼 패션에 대해 관심이 있
는 사람이라면 꼭 들러봐야 한다. 바로 옆 33번지에 액세
서리, 잡화, 키즈 중심의 파트 되Part Deux가 있다.

1 협업 파트너인 꼼 데 가르송의 다양한 소품 **2** 전위적인 느낌의 정문 **3** 예전에 비해 좀 더 친근해진 분위기 **4** 이 집의 옷을 구경하고
나면 다른 편집 숍은 따분하게 느껴질 정도다.

레트로 콘셉트를 상기하는 구형 TV

올라 키엘리 Orla Kiely

Add. 5 Mercer St., New York, NY 10013
Tel. (212) 775-8340
Open 월~토요일 11:00~19:00, 일요일 12:00~17:00
Access N·R 라인 Canal St. 역
URL www.orlakiely.com

secret

2015 New Spot ▶

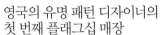

영국의 유명 패턴 디자이너의
첫 번째 플래그십 매장

레트로 스타일의 잎사귀 프린트로 유명한 런던 디자이너
올라 키엘리의 첫 번째 미국 플래그십 매장으로 가구를
제외한 패션과 리빙, 문구류 등 전 라인 제품을 구경할
수 있다. 대담한 패턴 장식의 쿠키 단지나 머그잔, 욕실
수건 등 생활용품은 그 자체로 오브제로서 활용도가 높
아 직구족의 완소 아이템일 만큼 인기가 많다. 패셔니스
타 알렉사 청이 입어 화제가 된 피터팬 블라우스를 기억
하는 사람이라면 올라 키엘리의 여성스러운 레트로풍 원
피스와 코트를 눈여겨보시길. 특히 이 매장의 미덕은 구
매한 물품을 담아주는 쇼핑백에 있다. 모시 같은 느낌의
패브릭 소재로 만들었는데 여름 바캉스나 장바구니로 사
용해도 좋을 만큼 소모품이라고 하기엔 너무 잘 만든 쇼
핑백이다.

1 작고 아담한 플래그십 매장 **2** 아쉽게도 가구는 소량만 전시되어 있다. **3** 인테리어 소품으로 사용하기 좋은 귀여운 장식물 **4** 앙증
맞은 크기의 강아지 클러치 백

알렉시스 비타 Alexis Bittar

Map
P.486-A

Add. 465 Broom St., New York, NY 10013
Tel. (212) 625-8340
Open 월~토요일 11:00~19:00, 일요일 12:00~18:00
Access N·R 라인 Prince St. 역
URL www.alexisbittar.com

루사이트 소재로 상류층을 사로잡은 보석

브루클린에서 꽃을 팔다가 보석 디자이너로 성공한 알렉시스 비타는 플라스틱 소재인 루사이트를 활용해 화려하면서도 독창적인 보석을 선보여 뉴욕 여성들의 워너비 주얼리로 떠올랐다. 게다가 드라마 〈가십걸〉의 주인공들이 착용해 더 유명해졌다. 플라스틱 소재라 다른 보석보다는 저렴한 것이 장점인데 보석에 문외한인 사람이 봐도 첫인상이 강렬할 만큼 매혹적이다. 캐머런 디아즈, 마돈나, 알리샤 키스 같은 셀러브리티를 위해 만든 팔찌도 이곳의 명성에 한몫했다. 뉴욕에 총 3곳이 있는데 소호점이 가장 캐주얼한 분위기. 소호점 이외에도 어퍼이스트점(1100 Madison Ave.), 웨스트빌리지점(353 Bleecker St.), 어퍼웨스트점(410 Columbus Ave.)이 있다.

1 루사이트를 활용한 화려한 장신구 **2** 하얀색 페인트로 칠한 가게 입구 **3** 공간을 가득 메우고 있는 실물 크기의 박제 기린이 인상적이다. **4** 유명한 알렉시스 비타의 다양한 팔찌

이자벨 마랑 Isabel Marant

Add. 469 Broome St., New York, NY 10013
Tel. (212) 219-2284
Open 월~토요일 11:00~19:00, 일요일 12:00~18:00
Access N·R 라인 Prince St. 역
URL www.Isabelmarant.tm.fr

내추럴 프렌치 시크 룩

바니스 뉴욕이나 인터믹스처럼 트렌디한 편집 숍에서 자주 만나는 디자이너 이자벨 마랑의 단독 플래그십 매장. 목가적이면서 꾸미지 않은 듯 내추럴한 프렌치 시크의 진수를 보여주는 그녀의 디자인은 현재 셀러브리티들 사이에서 제일 핫한 아이템으로 꼽는다. 그녀는 특히 목가적인 분위기를 위해 인조 모피를 자주 사용하는데 그녀의 모피 재킷은 볼 때마다 탐이 날 정도다.

널찍한 소호 매장은 가공하지 않은 나무를 활용해 자연의 느낌과 함께 에스닉한 분위기를 전달해준다. 소호에서도 변두리에 위치해 있지만, 뉴욕에 있는 유일한 이 매장에 찾아오는 여성이 많아 요즘 그녀의 인기를 실감할 수 있다.

1 외롭게 따로 떨어져 있는 소호 매장 **2, 3** 감각적인 이사벨 마랑의 옷들 **4** 중앙의 목조 돔 안에는 보석과 잡화가 진열되어 있는데 옷에 비해 상당히 저렴하다.

뉴욕 쇼핑의 달인 되기

1. 뉴욕 쇼핑의 기초 정보 Q & A

뉴욕 쇼핑이 이루어지는 곳은 흔히 숍이라고 부르는 부티크, 편집 숍, 백화점, 아웃렛으로 구분할 수 있다. 그리고 동네별로 쇼핑 스타일에 차이가 있기 때문에 쇼핑 목적에 따라 동네를 정한 뒤 길을 나서는 것이 좋다.

세금

카운터에서 계산을 하면 가격표에 붙어 있는 가격보다 조금 더 많이 나오는데 이는 소비세가 붙기 때문이다. 보통 8.875%가 붙는데 의류와 신발에 한해 $110 미만은 세금이 붙지 않는다. 개별 아이템에 붙는 세금이라 구매한 물건의 총합계와는 상관없다.

환불 및 교환

미국은 환불과 소비자 보호의 천국이다. 대형 마트나 브랜드의 경우 짧게는 1달 길게는 3달 안에 영수증과 물건을 가져오면 무조건 환불해준다. 단, 명품 브랜드나 작은 숍인 경우는 환불 기간이 짧거나 신용카드로 환불해줄 수도 있으니 물건을 사기 전에 환불 여부를 꼭 확인한다.

2. 아웃렛 쇼핑 가이드

시내 아웃렛

중저가 위주의 쇼핑을 원한다면 우드버리 아웃렛까지 갈 필요 없이 시내 아웃렛에서 쇼핑이 가능하다. 특히 대대적인 레노베이션을 마친 로어맨해튼의 센추리 21은 지하 1층부터 지상 6층의 백화점 규모에 물건도 다양하고 상태도 훌륭하니 알뜰한 쇼핑이라면 꼭 들러볼 것. 특히 이른 아침부터 늦은 밤까지 문을 열어 자투리 시간을 활용할 수 있어 더욱 좋다.

센추리 21 Centry21

전 세계 관광객을 불러 모으는 아웃렛 쇼핑의 메카로 맨해튼에서 가장 큰 아웃렛이다. 할인 폭도 크고 보유한 브랜드도 쟁쟁하다. 사람이 많아 복잡하니 가급적 문 여는 시간에 가는 게 좋다.

로어맨해튼 본점

Add. 22 Cortland St. **Open** 월~수요일 07:45~21:00, 목 · 금요일 07:45~21:30, 토요일 10:00~21:00, 일요일 11:00~20:00
Access N · R 라인 Cortland St. 역

링컨 센터점

Add. 1972 Broadway **Open** 월~토요일 10:00~23:00, 일요일 11:00~20:00
Access 1 라인 66th St. 역

TJ 맥스 TJ Maxx

뉴욕 중산층 아줌마들이 제일 선호하는 쇼핑몰. 애완용품 숍부터 주방용품, 생활용품, 문구류까지 갖추고 있는 생활 밀착형 쇼핑몰이다. 센추리 21과 비교해 여성 신발이나 가방 브랜드가 많지 않지만, 상품의 질이 좋고 신상 사이클이 빨라 훨씬 실속 있다.

미드타운점

Add. 250 West, 57th St. **Open** 월~목요일 08:00~21:00, 금요일 08:00~22:00, 토요일 09:00~22:00, 일요일 10:00~20:00 **Access** D · B · E 라인 7th Ave. 역 또는 N · Q · R 라인 57th St. 역 또는 250 West, 57th St. 역 **URL** www.tjmaxx.tjx.com

기타 상설 할인 매장

개비스 아웃렛 Gabay's Outlet
개인이 운영하는 명품 할인 매장
Add. 195 Ave. A

칼립소 아웃렛 Calypso Outlet
프랑스 남부 리조트 웨어 브랜드의 상설 할인 매장
Add. 424 Broome St.

스티븐 알란 아웃렛 Steven Alan Outlet
스티븐 알란 편집 숍의 시즌 재고 매장으로 회전율이 빠른 게 장점이다.
Add. 465 Amsterdam Ave.

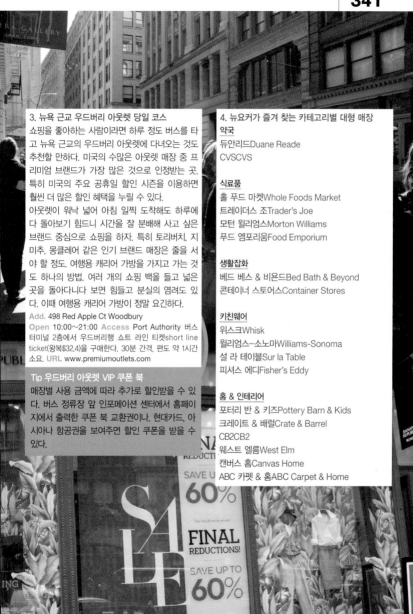

3. 뉴욕 근교 우드버리 아웃렛 당일 코스

쇼핑을 좋아하는 사람이라면 하루 정도 버스를 타고 뉴욕 근교의 우드버리 아웃렛에 다녀오는 것도 추천할 만하다. 미국의 수많은 아웃렛 매장 중 프리미엄 브랜드가 가장 많은 것으로 인정받는 곳. 특히 미국의 주요 공휴일 할인 시즌을 이용하면 훨씬 더 많은 할인 혜택을 누릴 수 있다.

아웃렛이 워낙 넓어 아침 일찍 도착해도 하루에 다 돌아보기 힘드니 시간을 잘 분배해 사고 싶은 브랜드 중심으로 쇼핑을 하자. 특히 토리버치, 지미추, 몽클레어 같은 인기 브랜드 매장은 줄을 서야 할 정도. 여행용 캐리어 가방을 가지고 가는 것도 하나의 방법. 여러 개의 쇼핑 백을 들고 넓은 곳을 돌아다니다 보면 힘들고 분실의 염려도 있다. 이때 여행용 캐리어 가방이 정말 요긴하다.

Add. 498 Red Apple Ct Woodbury
Open 10:00~21:00 **Access** Port Authority 버스 터미널 2층에서 우드버리행 쇼트 라인 티켓short line ticket(왕복$32.4)을 구매한다. 30분 간격, 편도 약 1시간 소요. **URL** www.premiumoutlets.com

Tip 우드버리 아웃렛 VIP 쿠폰 북

매장별 사용 금액에 따라 추가로 할인받을 수 있다. 버스 정류장 앞 인포메이션 센터에서 홈페이지에서 출력한 쿠폰 북 교환권이나, 현대카드, 아시아나 항공권을 보여주면 할인 쿠폰을 받을 수 있다.

4. 뉴요커가 즐겨 찾는 카테고리별 대형 매장

약국
듀안리드Duane Reade
CVSCVS

식료품
홀 푸드 마켓Whole Foods Market
트레이더스 조Trader's Joe
모턴 윌리엄스Morton Williams
푸드 엠포리움Food Emporium

생활잡화
베드 베스 & 비욘드Bed Bath & Beyond
콘테이너 스토어스Container Stores

키친웨어
위스크Whisk
윌리엄스–소노마Williams-Sonoma
설 라 테이블Sur la Table
피셔스 에디Fisher's Eddy

홈 & 인테리어
포터리 반 & 키즈Pottery Barn & Kids
크레이트 & 배럴Crate & Barrel
CB2CB2
웨스트 엘름West Elm
캔버스 홈Canvas Home
ABC 카펫 & 홈ABC Carpet & Home

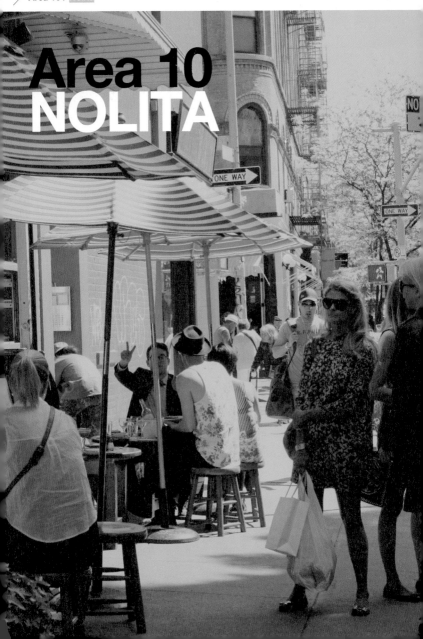

Area 10
NOLITA

놀리타
NOLITA

●   '리틀 이탈리아의 북쪽'이라는 뜻의 놀리타는 패션니스타와 여성들이 좋아하는 부티크, 카페, 레스토랑이 즐비한 로컬들의 다운타운이다. 특히 엘리자베스 스트리트 Elisabeth St.는 과거의 경기 침체를 완전히 벗어버리고 새 옷을 갈아입은 듯 멋진 숍이 많이 들어서서 예전에 다녀간 사람도 꼭 다시 가봐야 할 정도. 무엇보다 놀리타는 먹거리에 관해 진정한 멜팅 폿 melting pot을 대변하는 곳이라 할 수 있다. 멕시코 타코의 신구 대표 타콤비와 라 에스키나, 중동 스타일의 브런치 발라부스타와 카페 지탄, 호주 스타일의 버거로 유명한 루비스 카페, 쿠바 스타일의 카페 하바나가 모두 놀리타에 모여 있다. 심지어 멀버리 스트리트를 따라 쭉 내려가다 보면 리틀 이탈리아가 나오고 더 내려가면 차이나타운으로 이어져 반나절 만에 유럽과 아시아, 남미를 넘나드는 세계 여행이 가능하니 미식가들의 천국이 아닐 수 없다. 날씨 좋은 날 쇼핑도 하고 맛있는 음식도 사 먹으며 여유로운 하루를 보내고 싶다면 놀리타로 가보자.

Access
가는 방법

B·D·F·M 라인 Broadway - Lafayette St. 역 또는
6 라인 Spring St. 역 또는 N·R 라인 Prince St. 역
방향 잡기 Spring St. 역에서 나와 북동쪽으로 방향을 잡는다. 남동쪽은
리틀 이탈리아와 놀리타의 경계이다.

Broadway Lafayette

도보 2분

Prince St.

놀리타

Bowery St.

도보 2분   도보 2분

도보 2분

Canal St.

Check Point
● 복장 점검! 놀리타 걸처럼 스키
니 진에 플랫 슈즈 또는 나풀나
풀한 원피스에 플립플롭이 제격.
오늘만큼은 무조건 릴랙싯!

Plan
추천 루트

로컬들의 다운타운이자
멜팅 팟의 대표 주자
놀리타 거닐기

10:00 새터데이스 서프 Saturdays Surf
매장 내 있는 라 콜롱브 카페에서
모닝 커피를 즐기자.

도보 10분

차이나타운 Chinatown **10:30**
큰 규모와 밀도를 자랑하는 곳

도보 10분

11:00 리틀 이탈리아 Little Italy
이탈리아 특유의 시끄러움을
느껴볼 수 있는 먹자골목과
기념품 가게를 보는 재미가 있다.

도보 5분

12:00 블랙 시드 베이글
Black Seed Bagle
맛보지 않으면 후회할
뉴욕의 베스트 베이글

도보 2분

맥널리 잭슨 스토어 **13:00**
McNally Jackson Store
맥널리 잭슨 서점에서 운영하는 세련된 팬시점

도보 5분

르 라보 Le Labo **13:30**
즉석에서 자신만을 위한
향수를 만들어보자.

도보 5분

클레어 비비에 Clare V. **14:00**
합리적 가격대의 폴더식 클러치가
유명하다.

도보 3분

14:30 피알라벤 Fjallraven
스웨덴 아웃도어 브랜드.
한국에서는 백팩으로 유명하다.

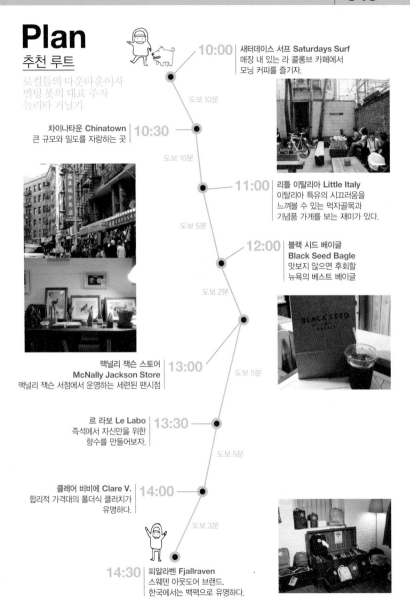

발라부스타 Balaboosta

Add. 214 Mulberry St., New York, NY 10012
Tel. (212) 966-7366
Open 브런치 토 · 일요일 11:00~15:30 / 점심 화~금요일 11:30~15:30 /
저녁 월~목요일 17:30~22:30, 금 · 토요일 17:30~23:00, 일요일 17:30~22:00
Access 6 라인 Spring St. 역
URL www.balaboostanyc.com

웨스트빌리지 테임의 업스케일 레스토랑

뉴욕 최고의 팔라펠 샌드위치로 인정받는 '테임'을 운영
하는 이스라엘 출신 부부가 만든 고급 레스토랑. 얇게 채
친 필로로 감싼 새우에 와사비 소스와 생선알을 올린 슈
림프 카타이프Shrimp Kataif, 2종류의 멜론으로 단맛을
낸 가스파초 수프, 매콤한 스커트 스테이크, 쿠스쿠스를
곁들인 치킨 슈니첼 등 대부분의 요리가 평론가들의 끊
임없는 주목을 받았다.
이 집에서 제공하는 모로코산 맥주 카사Casa는
향료를 듬뿍 뿌린 감자 튀김 파타타스 브라
바스Patatas Bravas와 유난히 잘 어
울린다.

1 가족들의 사진으로 꾸민 실내 **2** 《뉴욕》 매거진에서 이 집 음식을 '베스트 브런치' 중 하나로 추천했다. **3** 입구에 자리한 바에서도 음식을 주문해 먹을 수 있다. **4** 와사비의 알싸한 뒷맛과 오도독 씹히는 생선알이 예술!

블랙 시드 베이글 **Black Seed Bagle**

Add. 170 Elizabeth St., New York, NY 10012
Tel. (212) 730-1950
Open 07:00~16:00
Access 6 라인 Spring St. 역 또는 J·Z 라인 Bowery 역
URL www.blackseedbagles.com

2015 New Spot ▶

시크한 뉴욕 스타일의 베이글 샌드위치

뉴요커의 아침을 여는 베이글에도 세대교체가 일어난 듯
하다. 그저 크림치즈를 발라 먹던 베이글에서 벗어나 어
엿한 고급 샌드위치의 중심에 있다. 그 흐름을 바꿔놓은
곳이 바로 브루클린에서 넘어온 블랙 시드 베이글. 하드
우드 플로어, 높은 천장에서 시크한 멋이 풍기는 숍의 주
문대 안쪽 주방에서는 수작업으로 장작불에서 바로바
로 베이글을 구워내는 모습을 볼 수 있다. 좀 더 쫀쫀하
고 짭짤하며 달큰한 베이글에 통깨와 포피씨(양귀비씨),
오트가 먹음직스럽게 덮여 있고 여기에 취향껏 선택한 신
선한 재료를 올리면 그야말로 엄지손가락이 절로 올라간
다. 아침 7시에 문을 여는 대신 오후 일찍 문을 닫기 때문
에 너무 늦게 방문하지 않도록 시간 체크는 필수.

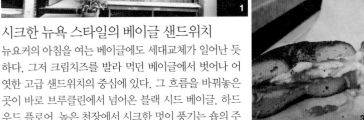

1 놀리타의 새로운 명소가 된 베이글 맛집 **2** 아침 일찍 문을 열어 더욱 반갑다 **3** 달걀, 햄, 베이글 샌드위치의 정석 **4** 점심시간에는 테이크아웃을 위해 줄 선 손님들로 붐빈다.

루비스 카페 Ruby's Cafe

Add. 219 Mulberry St., New York, NY10012
Tel. (212) 925-5755
Open 09:30~22:30
Access 6 라인 Spring St. 역
URL www.rubyscafe.us

Map P.486-A

secret

2015 New Spot

제대로 된 호주 버거를 맛볼 수 있는 핫 스폿

피크닉 테이블 3개가 다닥다닥 붙은 작은 공간에, 장사에는 관심이 없다 못해 무심한 주인과 스타일리시한 20대 미녀들의 수다에 둘러싸여 식사를 해야 하는데, 음식은 너무 맛있어 뿌리치고 나오기 힘든 곳이다. 다진 페퍼와 양파, 구운 파인애플, 비트, 달걀 프라이를 올린 이 집 버거는 뉴욕에서 진정한 호주 스타일의 버거라는 평가를 받는다. 호주 스타일의 메뉴 외에도 이탈리아 콜드 컷 햄을 넣은 파니니나 볼로네제 파스타, 구운 호박을 넣은 샐러드까지 선택의 폭이 넓다. 여자들이 좋아하는 메뉴는 우동 그릇에 담겨 나오는 각종 샐러드와 파스타. 왈리스 버거Whaley's Buger가 각 $13. 결제는 현금만 가능하다.

1, 2 모던하고 심플하게 바뀐 인테리어 3 시그너처인 오시 버거 4 사랑스러운 가게 앞 벤치는 옛 모습 그대로다.

타콤비 앳 폰다 놀리타 Tacombi @ Fonda Nolita

Add. 267 Elisabeth St., New York, NY 10012
Tel. (917) 727-0179
Open 월~수요일 11:00~24:00, 목·금요일 11:00~01:00, 토요일 10:00~01:00,
일요일 10:00~24:00
Access N·R 라인 Prince St. 역 또는 B·D·M·F 라인 Broadway - Lafayette St. 역
URL www.tacombi.com

멕시코의 비치 사이드를 재현한 레스토랑

싸구려 음식으로만 여겨졌던 타코에 놀리타식 트렌드
를 가미한 메뉴를 선보이며 가장 힙한 스폿으로 떠올랐
다. 오너이자 셰프인 아론 산체스Aaron Sanchez는 5년 전
멕시코의 유명 휴양지 플라야델카르멘Playa del Carmen
에 론칭한 자신의 가게를 이곳에 그대로 옮겨놓았다. 가
게 안은 멕시코 해변의 느낌 그대로 트로피컬 나무와 서
핑 영상이 나오는 플랫 스크린, 간이 접이식 철제 테이블
과 의자, 레트로 빈티지 스타일의 폭스바겐 밴으로 극장
세트처럼 꾸몄다. 메뉴는 타코와 타말레tamale. 아침에는
토르티야 위에 달걀을 올리고 오후에는 생선, 치킨, 비프
를 올린다. 토핑으로 포블라노 페퍼에 옥수수를 올린 타
코가 제일 인기 있다. 눈앞에서 직접 썰어주는 아보카도
와 상큼한 라임 향의 조화는 천상의 맛.

1 삼삼오오 모여 앉아 타코 파티를 즐기는 사람들 **2** 자동차 차고 같은 분위기의 외관 **3** 맛있는 타코를 실컷 먹을 수 있어 행복하다.
4 손으로 집어 먹는 음식인 만큼 가게 안에 손 씻는 곳을 따로 만들어놓았다.

롬바르디 피자 Lombardi Pizza

Add. 32 Spring St., New York, NY 10012
Tel. (212) 941-7994
Open 일~목요일 11:30~23:00, 금·토요일 11:30~24:00
Access 6 라인 Spring St. 역
URL www.firstpizza.com

Map
P.486-B

뉴욕 최초이자 최고의 피자

뉴욕의 3대 피자라 일컫는 롬바르디Lombardi, 그리말디 Grimaldi, 존스 피제리아John's Pizzeria. 이 중 존스 피제 리아 피자는 경쟁에서 다소 밀리는 분위기고, 그리말디 는 브루클린 태생인 만큼 뉴욕의 절대 강자는 결국 롬 바르디인 셈. 1905년 뉴욕에서 최초로 피자집 허가를 받 고 문을 연 기록 때문에 웹사이트 주소도 '첫 번째 피자 firstpizza'다. 최근 뉴요커들은 이탈리아 본토 피자 맛을 찾아 고급 레스토랑으로 달려가는 추세지만 뉴욕을 방 문한 사람이라면 당연히 오리지널 뉴욕 스타일의 피자를 맛봐야 할 의무가 있다. 쫄깃한 도의 식감과 달콤한 토마 토소스 그리고 신선한 치즈의 삼박자를 갖춘, 뉴욕 피자 의 최고봉으로 인정받고 있다.

1 이 골목의 랜드마크가 된 모나리자 벽화 **2** 빨간 체크무늬 테이블보가 피자집 분위기를 더욱 경쾌하게 만든다. **3** 이것이 바로 뉴욕 피자의 자부심!

라 에스키나 La Esquina

Add. 114 Kenmare St., New York, NY 10012
Tel. (646) 613-1333
Open 11:00~01:45
Access 6 라인 Spring St. 역
URL www.esquinanyc.com

선남선녀들이 좋아하는 유명 타코집

차이나타운에서 놀리타로 접어드는 삼각지 코너에 위치한 카운터 서비스 형태의 멕시코 식당. 소호 피플의 나이트라이프에 관여된 디자이너 겸 사업가 서지 베커Serge Becker가 운영하고 있다. 이곳의 밤 풍경은 코카인 대신 치폴레chipotle를 든 젊은이들의 클럽 분위기. 내부는 유리창을 바라보며 먹을 수 있는 예닐곱 개의 바 테이블이 전부라 한가한 시간이 아니고서는 아웃도어 테이블을 이용하는 게 낫다. 가격은 좀 비싼 편이지만 그만큼 맛이 최고. 타코·수프·사이드 메뉴·토스타다 샌드위치 $6~9, 메인 코스 $13~22. 켄메어 스트리트(114 Kenmarc St.)에 있는 카페도 같은 집이지만 분위기는 이곳이 더 좋다.

4

1 고속도로 휴게실 느낌이 나는 이곳이 놀리타 피플의 핫 플레이스 야식집 2 한가한 시간이 아니고서는 자리를 잡을 수 없는 가게 안 테이블 3 이곳에선 싸구려일수록 더 이국적으로 보인다. 4 "타코란 이런 것"이라고 감히 외쳐본 베스트 오브 베스트 타코

마망 Maman

Add. 239 Centre St., New York, NY 10013
Tel. (212) 226-0700
Open 월~금요일 07:00~18:00, 토요일 08:00~18:00(일요일 09:00~)
Access 6 라인 Spring St. 역 또는 Canal St. 역
URL www.mamannyc.com

2016 New Spot

남프랑스의 멋과 맛을 즐길 수 있는 곳

프랑스어로 '엄마'를 뜻하는 마망이라는 이름처럼 밖에서
유리창으로 들여다볼 수 있는 주방과 가게 뒤쪽에 마련
된 테이블 공간은 프랑스 가정집을 떠올리게 한다. 실제
로 빈티지 느낌의 그릇장 안에는 투박한 그릇들이 가득
하다. 화장실 안에는 어린 시절의 흑백 사진이 가득해 여
자들에게 더욱 매력적인 곳이다.

사실 이곳의 셰프는 프랑스 아를에서 미슐랭 스타 레스토
랑을 운영 중인 실력자라고. 그날그날 달라지는 가벼운
계절 메뉴와 빵, 케이크를 맛볼 수 있다. 처음 빵 오 크루
아상을 먹고 빵 맛에 놀랐는데 알고 보니 뉴욕은 프랑스
와 물이 달라 물까지 바꾸는 노력을 했다고 한다. 바삭함
과 촉촉함이 공존하는 이 집 초콜릿 쿠키도 인기 있다.

1 입구부터 프로방스 분위기가 물씬 난다. 2 가게 안쪽에 마련된 아늑한 테이블 3 카페라기보다 이웃집의 주방같은 분위기 4 따뜻한
손맛이 느껴지는 빵과 디저트

김미 커피 | Gimme! Coffee

Add. 228 Mott St. #2, New York, NY 10012
Tel. (212) 226-4011
Open 월~금요일 07:00~19:00, 토 · 일요일 08:00~19:00
Access 6 라인 Spring St. 역
URL www.gimmecoffee.com

뉴욕 카페의 새바람, 유럽 스타일의 커피 바

무료 인터넷 제공이 특징인 뉴욕의 카페에 오로지 커피만 목적으로 하는 유럽 스타일의 커피숍이 속속 들어서고 있다. 강렬한 빨간색 바탕에 하얀 글씨로 쓴 사인보드가 인상적인 이곳엔 바 테이블조차 없다. 하지만 맛있는 커피를 맛보려는 사람들이 끊이지 않고 늘 북적이는 걸 보면 이제 뉴욕의 카페도 많이 달라진 듯하다. 김미 커피는 원래 브루클린 출신으로 이미 여러 매체를 통해 뉴욕 최고의 커피 중 하나로 손꼽혔다. 특히 우유와 에스프레소의 균형감이 최고라는 찬사를 받고 있으며, 원산지별로 색다른 향을 즐길 수 있는 싱글오리진single-origin 드립 커피는 추출하는 데만 5분 정도 걸린다.

1 커피를 내리는 동안 구경하기 좋은 작품들 **2** 김미 커피에서 이용할 수 있는 유일한 의자. 물론 자리가 빌 때는 별로 없다. **3** 김미 커피의 원두 패키지 **4** 드립 커피를 내리는 장치

파란색의 격자 창문이
운치 있는 외관

클레어 비비에 Clare V.

Add. 239 Elizabeth St., New York, NY 10012
Tel. (646) 484-5757
Open 월~토요일 11:00~19:00, 일요일 12:00~18:00
Access N·R 라인 Prince St. 역
URL www.clarev.com

2015 New Spot

패션 피플에게 사랑받는 가방 브랜드

최근 클러치 백의 강자로 떠오른 클레어 비비에. 이곳의
오너는 원래 프랑스 TV에서 일하던 저널리스트였는데
자신이 만든 백을 블로그에 올렸다가 친구들 사이에서
인기를 끌면서 본격적으로 패션계에 뛰어들게 되었다고
한다. '잇 백it bag'이라는 명성에 비해 놀라울 만큼 합리적
인 가격(대부분이 $500 미만)에다 기능적이면서 세련된
도시녀 스타일이니 반하지 않을 수가 없다.
그동안 스티븐 알란을 비롯한 유명 편집 숍의 단골 아이
템이었는데 소호에 단독 매장을 오픈했다. $50를 더 내
면 즉석에서 이니셜을 새겨주는 모노그램 코너도 마련되
어 있으니 더욱 특별한 가방을 원하는 사람이라면 이용
해볼 만하다.

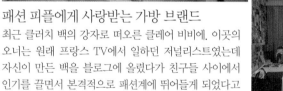

1 모던한 외관이 눈에 띈다 **2** 오픈한지 얼마 안되어 새집 느낌이 난다 **3** 마음껏 꺼내서 들어볼 수 있는 분위기 **4** 빈티지한 느낌의 벽
면 장식

슬리피 존스 Sleepy Jones

Add. 25 Howard St., New York, NY 10013
Tel. (212) 260-3821
Open 월~토요일 11:00~20:00, 일요일 12:00~19:00
Access N·R 라인 Canal St. 역
URL www.sleepyjones.com

Map
P.486-C

2016 New Spot

파자마 전문 숍

패션계에 불고 있다는 라운지 웨어의 열풍을 넘어 업계 최초로 파자마와 가운 같은 슬립 웨어만을 전문적으로 디자인해 판매하는 곳이다. 청량감이 느껴지는 가게 내부에는 주로 침구류에 사용되는 고급 원단으로 만들어 기능적으로나 미적으로 업스케일된 파자마들이 옷걸이 가득 진열되어 있다.

일하는 직원들도 파자마를 입은 채 돌아다녀 이전에는 경험해보지 못한 신세계처럼 느껴진다. 남녀 잠옷들로 구분되어 있어 신혼부부라면 커플 잠옷을 골라볼 것을 추천한다. 벽에 걸린 멋진 아트 페인팅과 오브젝트, 향초, 비누, 슬리퍼와 눈가리개 등 침실에 있을법한 고급 소품들로 꾸며놓아 눈길을 사로잡는다.

1 파자마 숍과 잘 어울리는 알록달록한 쇼윈도 2 갤러리처럼 깔끔한 인테리어와 컬렉션들 3 파자마보다 더 탐나는 소품들 4 옷걸이 가득 걸려있는 남녀 커플 파자마들

르 라보 Le Labo

Add. 233 Elisabeth St., New York, NY 10012
Tel. (212) 219-2230
Open 11:00~19:00
Access N·R 라인 Prince St. 역
URL www.lelabofragrances.com

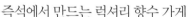

즉석에서 만드는 럭셔리 향수 가게

전 세계 주요 도시에 매장을 두고 있는 향수 가게로, 실험실처럼 생긴 매장에는 그리스가 원산지인 향수 재료가 가득하다. 암호 같은 일련번호가 붙은 10여 종의 향수 중 맘에 드는 것을 고르면 그 자리에서 알코올에서 분해된 향수를 제조한 뒤 제조 일자와 고객 이름을 붙여준다. $100 정도의 가격은 좀 비싼 듯하지만 나만의 향수 병을 갖는다는 특별함이 그 이상의 가치를 줄 수도 있다. 각 도시마다 고유의 향수가 있는데 뉴욕은 뒤베레 40Tubereuse 40이다. 다 쓴 병을 갖고 가 리필하면 가격을 할인해준다.

1 시향할 수 있는 각종 향수 **2** 간판이 눈에 잘 띄지 않는다. **3** 향수 제조실 같은 분위기에서 친절한 직원들의 안내를 받는다. **4** 진열된 향수를 맘껏 맡으며 향기에 취해보자.

속 홉 The Sock Hop

Map
P.486-B

Add. 248 Elizabeth St., New York, NY 10012
Tel. (212) 625-3105
Open 월~토요일 12:00~19:00, 일요일 12:00~18:00
Access N·R 라인 Prince St. 역
URL www.sockhop.com

secret

2015 New Spot

패션을 완성하는 느낌 있는 양말 편집 숍

패션의 완성은 양말이라 했던가. 까만 양말, 하얀 양말 대신 발목 위로 드러나는 알록달록한 패턴과 특이한 디자인의 양말이 거리를 활보하기 시작하면서 양말만 전문으로 하는 멋진 편집 숍이 생겨났다. 이 집은 시카고 태생의 형제가 운영하는 곳으로 그들의 집안은 원래 한 세기에 걸쳐 셔츠와 슈트를 만들어온 장인 가문이었다고 한다. 그런 태생적 성향 덕분인지 작은 가게 안을 가득 메운 남녀 양말과 스타킹은 어디서도 만나보기 어려울 만큼 개성이 넘친다. 이탈리아의 고급 양말 브랜드 마리아 라로사의 화려한 패턴 양말, 허벅지까지 오는 여성용 빈티지 스타킹, 반짝이와 기하학무늬의 북유럽 양말, 발가락 워머 같은 독특한 기능성 양말까지 다양하다. 당분간 스카프보다 양말이 대세일 듯싶다.

1 아주 작은 가게라서 유심히 살펴 봐야 한다. **2** 느낌있는 속 홉의 패션화보 **3** 원래 시카고의 셔츠, 슈트를 주문 제작했다. **4** 때론 위트 있고, 때론 귀여운 양말들

새터데이스 서프 **Saturdays Surf**

Add. 31 Crosby St., New York, NY 10013
Tel. (212) 966-7875
Open 월~금요일 08:30~19:00, 토·일요일 10:00~19:00
Access 6 라인 Spring St. 역
URL www.saturdaysnyc.com

뉴욕에 등장한 서핑 스토어

주말이면 함께 서핑을 즐기던 세 명의 친구가 같이 만든 뉴욕의 서핑 가게. 서핑 보드, 수영복, 비치웨어와 관련 책자 그리고 파인 아트, 액세서리 소품을 판매한다. 취급 브랜드는 아이돌 라덱Idol Radec, 헐리Hurley, RVCA 등과 새터데이 인하우스 라인. 즐거운 주말 여행을 위한 플레이드 버튼다운 셔츠, 슬림 컷 바지, 보드 반바지 같은 여름옷도 빼놓을 수 없다.

매장 입구에는 라 콜롱브La Colombe 카페 스탠드가 마련되어 있다. 가게 안쪽으로 들어가면 바깥 뜰로 이어져 있어 카페를 이용하러 온 사람이나 쇼핑하러 왔다가 커피를 즐기게 된 사람들 모두가 행복해지는 가게. 웨스트 빌리지(17 Perry St.)에도 지점이 있다.

1 가게 뒤편 뜰에서 커피를 마시며 자유를 만끽하는 사람들 **2** 입구에 걸린 가게 휘장 **3** 매끈한 자태를 선보이는 서핑 보드 **4** 서핑에 어울리는 비치 리조트 룩

피엘라벤 Fjallraven

Add. 262 Mott St., New York, NY 10012
Tel. (212) 226-8501
Open 일~금요일 12:00~19:00, 토요일 11:00~19:00
Access N·R 라인 Prince St. 역
URL www.fjallraven.us

VINTAGE
SWEDISH
ARMY
CLOTHING

스웨덴의 세계적인 아웃도어 전문 용품

스웨덴 말로 '북극 여우'라는 뜻의 피엘라벤은 아웃도어 액티비티로 유명한 브랜드. 특히 손으로 들 수도 있고 어깨에 멜 수도 있는 사각 모양의 백팩은 제이크루J.Crew를 비롯해 어린이 패션 멀티 숍에 컬렉션되면서 대중적인 인지도를 얻게 됐다. 이곳 매장에서는 핑크부터 블랙까지 다양한 색상과 크기의 피엘라벤 백팩을 만날 수 있다. 옷과 등산화, 부츠 외에 눈길을 끄는 다양한 여행용품도 있다. 그린란드 왁스, 도끼, 헌팅 나이트, 미군에 납품하는 우드랜드Woodland 레깅스와 튜닉, 고무 바닥의 클로그와 가죽을 두른 부츠 등 아웃도어에 관심 있는 사람이라면 탐낼 만한 제품들이다. 가까운 소호 남단, 그린 스트리트(38 Green St.)에 더 넓은 매장이 있다.

1 한국에서도 인기 있는 피엘라벤의 백팩 2, 3 실용적이고 기능적으로 보이는 아웃도어 웨어와 잡화 4 스웨덴 태생답게 멋진 겨울 아이템이 많다.

맥널리 잭슨 스토어 Macnally Jackson Store

Add. 234 Mulberry St., New York, NY 10012
Tel. (212) 219-2789
Open 12:00~20:00
Access 6 라인 Spring St. 역
URL www.mcnallykackson.com

2015 New Spot

맥널리 잭슨 서점에서 운영하는 고급 문구점

뉴욕에서 가장 아름다운 독립 서점을 꼽으라면 바로 쇼핑 1번지 소호에 있는 맥널리 잭슨 서점(52 Prince St.)이다. 책을 좋아하는 사람이라면 아마 서재, 작가의 책상, 문구류에 대한 로망이 누구보다 클 것이다.

맥널리 잭슨 서점에서 오픈한 이 가게는 그런 사람들에게 천국의 문을 열어주는 곳이다. 매장 안에는 당장이라도 앉고 싶은 멋진 책상이 오브제처럼 진열되어 있고 그 위에는 독일, 일본 등 문구류 강국에서 수입한 멋진 종이와 필기류가 한가득이라 빈손으로 나오기가 쉽지 않다. 그야말로 어린아이가 캔디 숍에 들어갔을 때만큼의 충격을 주는 어른들을 위한 문방구다.

1 전시된 가구도 판매한다. **2** 맥널리 서점과 통일된 외관 **3** 탐나는 문구로 가득하다 **4** 상설 세일 선반이 있는 매장 내부

리틀 이탈리아 Little Italy

P.486-D

19세기 후반 이탈리아 이민자들이 살기 시작하면서 형성된 곳으로 절정기인 1930년대에는 거주자가 15만 명에 육박했다고 한다. 당시는 마피아가 득세하던 때라 사건·사고가 끊이지 않았는데, 지금은 중국인의 파워가 세지면서 이곳까지 중국계 가게가 늘어날 정도로 위세가 예전 같지 않다. 하지만 워낙 유쾌하고 활달하며 다혈질인 이탈리아인의 기질 덕분에 면적과는 상관없이 마치 맨해튼 전체가 이탈리아인 듯 입구에 들어서면 독특한 분위기를 만끽할 수 있다. 메인 스트리트인 멀버리 거리Mulberry St.에는 이탈리아 국기를 상징하는 빨강, 초록, 흰색으로 칠한 건물과 이탈리아 가정식을 맛볼 수 있는 레스토랑, 델리, 디저트, 기념품 가게가 줄지어 있다. 6월에는 파도바 지방의 성 안토니우스 축제, 9월에는 산 제나로 축제가 열리는데 차이나타운과 마찬가지로 너무 많은 사람이 몰려 정신이 없다.

Access 놀리타에서 멀버리 스트리트Mulberry St.를 따라 걸어 내려가거나 6·N·Q·R·J·Z 라인 커낼 스트리트Canal St. 역에서 내려 북쪽으로 거슬러 올라온다.

'진짜' 이탈리아 거리

공식적으로 '리틀 이탈리아'라 부르지만 이곳의 수많은 레스토랑과 카페, 젤라토 가게는 대부분 유럽 관광객을 위한 쇼룸 성격이 짙다. 20세기 들어 이탈리아 사람들의 허브 역할을 했던 곳은 바로 6번가와 7번가 사이의 블리커 스트리트Bleecker St. 한 블록밖에 안 되는 짧은 거리지만 옛날 시장 같은 분위기의 푸줏간, 반찬 가게, 치즈 가게, 디저트 가게, 평화로운 종소리가 들리는 가톨릭 성당까지 모여 있는, 진짜 이탈리아인들이 찾는 먹자골목이다.

Access 1 라인 Christopher-Sheridan St. 역 또는 A·B·C·D·E·F·M 라인 W 4th St. 역

추천 스폿

머레이스 Murray's
뉴욕의 베스트 치즈 숍 중 하나로 이탈리아, 프랑스 등 여러 지역의 다양한 치즈를 시식해볼 수 있으며 치즈 교실도 운영한다.
Add. 254 Bleecker St.

파이코스 포크 스토어 Faicco's Pork Store
프레시 모차렐라, 수십 가지 홈메이드 소시지, 프로슈토, 고기, 다양한 반찬을 판매하는 푸드 숍.
Add. 260 Bleecker St.

오토마넬리 & 선스 Ottomaneli & Son's
80년이 넘도록 한 자리를 지켜온 푸줏간.
Add. 285 Bleecker St.

파스티체리아 로코 Pasticceria Rocco
스위트한 리코타 치즈가 들어간 이탈리아 정통 과자 카놀리와 티라미슈를 맛볼 수 있는 베이커리 겸 카페.
Add. 243 Bleecker St.

존스 피제리아 John's Pizzeria
뉴욕의 3대 피자 맛집 중 한 곳.
Add. 278 Bleecker St.

차이나타운 Chinatown

P.486-D

6 라인 커낼 스트리트Canal St. 역은 뉴욕에서 중국으로 들어가는 4차원 입구. 인도를 위협하는 좌판과 한자와 영어가 뒤범벅된 간판, 싸움이라도 거는 듯한 시끄러운 중국어, 식당마다 걸려 있는 각종 기름 바른 오리와 닭, 돼지 머리 등 지금까지의 풍경과는 달라도 너무 다르다. 북쪽으로 로어이스트, 놀리타, 소호와 경계를 이루며 맨해튼 남쪽의 대부분을 차지할 만큼 뉴욕의 차이나타운은 규모가 크고 인구 밀도가 높다. 중국인 특유의 퉁명스러운 서비스와 인파의 부대낌을 감수하면서까지 사람들이 이곳을 찾는 가장 큰 이유는 단 하나! 중국 음식의 유혹 때문이다. 속 재료가 살짝 비치는 야들야들한 딤섬과 한 끼로 거뜬한 각종 볶음밥과 국수를 단돈 몇 달러에 해결할 수 있다. 수레에 끌고 다니는 각종 딤섬과 중국 요리를 골라 먹을 수 있는 딤섬 전문점 오리엔탈 가든Oriental Garden, 진훙Jing Hong, 소롱포로 유명한 조스 상하이Joe's Shanghai, 나이스 그린 보Nice Green Bo가 유명하다.

날씨가 좋은 날은 아이스크림 팩토리Ice Cream Factory에서 입맛대로 아이스크림을 사 들고 근처 콜럼버스 파크Columbus Park로 가보자. 담장을 따라 점집과 보석 세공점, 헌책 좌판이 늘어서 있고 공원 안에는 기다란 담뱃대를 물고 있는 할아버지, 중국 전통 악기를 연주하는 사람, 마작을 하거나 그룹 체조를 하는 사람 등 이국적 풍경이 펼쳐진다.

Access 놀리타의 멀버리 스트리트Mulberry St.나 모트 스트리트Mott St.를 따라 걸어 내려가도 되고 지하철 6 라인 커낼 스트리트Canal St. 역에서 내리면 바로.

추천 스폿

딤섬 고 고 Dim Sum Go Go

음식을 대량으로 만들어내는 느낌이 나는 다른 식당과 달리 이곳은 웨스턴 스타일의 분위기가 풍긴다. 재료가 신선하고 중국 식당 특유의 냄새도 없는 데다 모양도 예뻐 딤섬의 매력을 한껏 느낄 수 있다. 차이나타운 중심가에서 좀 떨어져 있다.

Add. 5 West, Broadway, New York, NY 10038
Open 10:00~23:00

오리엔탈 가든 Oriental Garden
Add. 14 Elizabeth St. Tel. (212) 619-0085
진홍 Jin Hong
Add. 147 West, 35th St. Tel. (212) 594-5382
조스 상하이 Joe's Shanghai
Add. 9 Pell St. #1 Tel. (212) 233-8888
아이스크림 팩토리 Ice Cream Factory
Add. 65 Bayard St. #B Tel. (212) 608-4170
콜럼버스 파크 Columbus Park
Add. 67 Mulberry St.

로어이스트사이드
LOWER EAST SIDE

●   10여 년 전만 해도 마약과 알코올 중독자들이 배회하던 위험 지역이 지금은 유명 브런치 식당과 유행하는 옷가게, 갤러리, 클럽이 들어서며 다운타운 걸들이 활보하는 멋진 놀이터로 대변신했다. 인근의 놀리타가 인디 디자이너들의 부티크라면 이곳은 신진 디자이너들의 인큐베이터라고 할 만큼 디자이너의 작업실 겸 가게가 많다. 무엇보다 이 지역의 매력은 옛것과 새것이 충돌하지 않고 각자의 자리를 지키고 있다는 점. 유럽으로부터 대규모 이민자가 유입되던 19세기, 이곳은 가난한 이민자들의 정착지였다. 오차드나 리빙턴 스트리트 주변의 독특한 건물 양식과 골목의 생김새, 100년이 지나도록 동네에서 인정받는 델리 가게에는 다양한 배경의 사람들이 남기고 간 삶의 흔적이 고스란히 남아 있다. 과거 이민자들의 꿈과 도전 정신이, 이곳에서 도전을 시작한 젊은이들의 꿈과 열정에 고스란히 녹아 있는 듯한 분위기. 이것이 바로 로어이스트의 매력이다.

Access
가는 방법

F·J·M·Z 라인 Delancy St. - Essex St. 역
방향 잡기 지하철에서 나오면 주변이 바로 로어이스트의 다운타운. 바로 윗길인 리빙턴 스트리트Rivington St.는 대부분의 숍과 카페가 몰려 있는 곳으로 시간이 없을 때는 이 길을 따라 좌우로 이동만 해도 웬만한 곳은 둘러볼 수 있다. 남북 방향으로 중요한 길은 오차드Orchard, 러들로Ludlow, 그리고 동쪽 끝의 클린턴 스트리트Clinton St.다.

2nd Ave.
이스트
빌리지

도보 10분

Bowery
놀리타

도보 10분

Delancy St.
- Essex St.

Check Point
● 로어이스트의 맛집은 대부분 저녁 장사만 한다.

● 딜런시 스트리트Delancy St.를 중심으로 북쪽은 맛집이, 남쪽은 숍이 많다.

Plan
추천 루트

과거 이민자들이 꿈을 키우던,
옛것과 새것이 공존하는 거리
탐방하기

10:00 | 러스 앤드 도터스 카페
Russ and Daughter's Cafe
100년 전통의 뉴욕 오리엔티드 소울 푸드 맛보기

도보 10분

11:00 | 뉴 뮤지엄
The New Museum
로어이스트 문화의 중심축이 되는 곳

도보 2분

모겐스턴스 아이스크림 | **13:00**
Morgenster's Ice Crème
유럽풍 아이스크림 팔러parlor의
수제 아이스크림 맛보기

도보 5분

이코노미 캔디 숍 | **14:00**
Economy Candy Shop
빈티지 캔디 숍을 구경하고
로어이스트 쇼핑하기

도보 10분

테너먼트 박물관 | **15:30**
Tenement Museum
가이드 투어를 통해
뉴욕 이민자의 역사 되돌아보기

도보 1분

테너먼트 박물관 숍 | **17:00**
Tenement Museum Shop
책 외에도 재미난 기념품이 가득하다.

도보 3분

바네사스 덤플링 하우스 | **17:30**
Vanessa's Dumpling House
저렴한 가격으로 배불리 먹을 수 있는 뉴욕 맛집

인파로 붐비는 여느 미술관과 달리 한적해서 좋다.

뉴 뮤지엄 The New Museum

Add. 235 Bowery, New York, NY 10002
Tel. (212) 219-1222
Open 수~일요일 11:00~18:00 **Close** 월·화요일
Access J·Z 라인 Bowery 역 또는 6 라인 Spring St. 역
Admission Fee 성인 $16, 학생 $10, 18세 미만 무료, 목요일 19:00~21:00 전체
무료 **URL** www.newmuseum.org

★★★

로어이스트의 문화 이정표

불규칙적으로 상자를 포개놓은 듯한 현대적인 건축미가
돋보이는 이곳은 2007년 개장한 이후 로어이스트 문화
의 중심축이 되고 있다. '새로운 예술, 새로운 아이디어'
를 모토로 하며 컨템퍼러리 신진 작가의 작품을 전시하
다 보니 다른 미술관에 비해 좀 더 파격적이고 신선한 전
시를 많이 볼 수 있다. 각 층은 야광 연두색의 엘리베이터
를 통해서만 이동할 수 있다. 1층의 숍도 다른 미술관에
비해 기발한 아이디어와 발랄한 상품이 많으니 놓치지
말 것.

Tip 맨해튼에서 다운타운 전망이 가장 멋진 7층 스카이 뷰는 주말에만
운영한다.

1 뉴욕 미술관 중에서 가장 깐깐한 관람 수칙을 고수하고 있다. 특히 로비 이외에서는 절대로 사진을 찍을 수 없다. **2** 건축미가 돋보
이는 뉴 뮤지엄 외관. 회색 상자 위에 장미꽃을 놓아둔 건축 디자인이 시적이다.

테너먼트 박물관 Tenement Museum

Map
P.487-D

Add. 103 Orchard St., New York, NY 10002
Tel. (212) 982-8420
Open 금~수요일 10:00~18:30, 목요일 10:00~20:30
Access F 라인 Delancy St. 역
Admission 성인 $25, 학생 $20, 65세 이상 $15
URL www.tenement.org

★★

Tip
– 티켓 구입은 전화, 인터넷 또는 건너편 박물관 숍에서 구입할 수 있으니 일정에 맞춰 숍에서 구입하자. 시간대별로 7가지 프로그램을 진행한다.
– 박물관 숍은 10:00~18:00 오픈. 이민 역사와 관련된 영상 자료실이 있고 관련 책과 기념품을 판매한다.

타임캡슐로 봉해진 19세기 이민자들의 삶의 터전

미국으로의 이민 러시가 한창이던 19세기, 대다수의 이민자는 로어이스트의 벽돌로 지은 6층짜리 세입자 아파트에 모여 살았다. 현재 박물관이 된 이곳은 70~80년간 20개국에서 몰려든 이민자 7000여 명의 많은 사연을 담고 있다. 1935년 집주인이 폐쇄한 이후 50년이 지난 뒤 박물관으로 다시 태어났다. 건물 한 층은 발견 당시 모습 그대로 보존되어 있고 다른 곳은 당시의 생활과 이민자들의 모습을 엿볼 수 있도록 리뉴얼했다. 오늘의 뉴욕이 있기 전, 새로운 도시 뉴욕의 문화에 동화되기 위해 겪었을 뉴욕 이민자들의 역사를 되돌아볼 수 있는 의미 있는 장소다. 가이드 투어로만 관람할 수 있다.

1, 2 박물관 숍에서는 이민사와 관련된 책과 기념품을 판매한다. 주제가 한정되다 보니 다른 곳보다 기념품을 둘러보는 재미가 있다.
3 뉴욕 역사를 보여주는 사진들

바네사스 덤플링 하우스 Vanessa's Dumpling House

Add. 118 Eldridge St., New York, NY 10002
Tel. (212) 625-8008
Open 07:30~22:30
Access B·D 라인 Grand St. 역

중국식 만두의 진미를
맛볼 수 있는 통 큰 만둣집

로어이스트의 엘드리지 스트리트는 차이나타운과 로어
이스트의 경계로, 동서양 문화가 조합된 독특한 풍경이
재미를 더한다.

돼지고기의 고소한 육즙을 향긋한 부추 향으로 감싼 튀
김 만두가 4개에 $1, 외국 사람들에게 인기 있는 참깨 팬
케이크 비프 샌드위치가 $2.5 등 모든 음식이 $5를 넘지
않는다. 약간 외진 곳에 있어 안전에 문제가 있을 수 있
으니 가급적 아침이나 점심에 이용하는 게 좋다. 유니언
스퀘어(220 East, 14th St.)에도 지점이 있지만 로컬이
많이 이용하는 차이나타운 본점이 더 낫다. 유니언 스퀘
어 지점은 관광객이 많아 서비스나 음식의 질이 본점보
다 떨어진다.

1 중국 식당같지 않게 깔끔한 외관 **2** 미국 내 중국 레스토랑 100위 안에 진입한 맛집 **3** 주변의 소란스러움과 상관없이 맛있게 만두를 즐기는 사람들 **4** 커다란 만두가 먹음직스럽다.

낡은 벽의 철제 난간과
푸른 문, 뒷골목이 어우러
져 묘한 정취를 풍긴다.

프리맨스 Freemans

Add. 191 Christie St., New York, NY 10002
Tel. (212) 420-0012
Open 월~금요일 11:00~23:30, 토·일요일 10:00~23:30
Access J·Z 라인 Bowery 역 또는 F 라인 2nd Ave. 역
URL www.freemansrestaurant.com

맨해튼 최고의 시크릿 플레이스

뉴 뮤지엄 뒤쪽 골목의 프리맨 앨리Freeman Alley 끄트머
리에 위치한 프리맨스. 자칫하면 지나치기 쉬운 곳이라
지도를 보면서 주변을 맴돌지 않으면 찾기 어려운 비밀
공간이다. 2004년 오픈해 미국 독립 이전의 스타일과 음
식을 추구하는 로맨틱한 식당이다. 당연히 힙스터들의
인기 브런치 장소이며 트렌드에 민감한 여행자들의 타깃
플레이스다. 테이블 자리를 기다리는 대신 바에 앉아, 여
 성 바텐더가 마음대로 이름 붙여 만들어
주는 칵테일을 마시며 바 옆에 딸린
주방 풍경을 구경하는 것도 나쁘지
않다.

1 벽에 붙어 있는 1인용 테이블 **2** 공간이 여러 구역으로 나뉘어 있어 더욱 아늑하게 느껴지는 실내 **3** 프리맨스는 오픈 당시부터 지금
까지 다양한 칵테일 제조로도 유명한 곳이다 **4** 브런치 메뉴인 구운 달걀 요리

팻 래디시 Fat Radish

Map
P.487-D

Add. 17 Orchard St., New York, NY 10002
Tel. (212) 300-4053
Open 월~금요일 12:00~15:30, 17:30~24:00, 토요일 11:00~15:30, 17:30~24:00,
일요일 11:00~15:30, 17:30~22:00
Access F 라인 Delancy St. 역 또는 B·D 라인 Grand St. 역
URL www.thefatradishnyc.com

2015 New Spot ▶

패션 피플의 아지트로 유명한 레스토랑

케이터링업계에서 유명한 실크스톤에서 운영하는 곳이
다 보니 미식가보다는 패션 피플들 사이에 인기 있는 곳.
뉴욕 패션 위크가 있을 때는 많은 파티가 열리고 브런치
모임을 하는 패션 피플들을 많이 볼 수 있다. 가정집 주
방처럼 만든 입구 안쪽으로 들어서면 탁 트인 밝은 실내
가 펼쳐진다.

패션 피플의 아지트답게 베지테리언 메뉴가 눈에 띄는데
찐 고구마와 삶은 콩, 톳 같은 해조류, 케일과 구운 당근
등 식자재와 조리법이 트렌디하다. 한편으로는 영국식
펍을 지향해 피시 & 칩스, 베이컨 치즈 버거, 램 스트로가
노프 같은 기름진 고기 요리도 다양하니 어떤 사람과 동
행해도 유쾌한 식사가 될 것이다.

1 가정집 주방 같은 외관 2 손님을 기다리는 듯한 테이블의 모습 3, 4 건강한 식재료를 사용해 만든 맛있는 요리들

스피처스 코너 Spitzer's Corner

Add. 101 Rivington St., New York, NY 10002
Tel. (212) 228-0027
Open 월~금요일 12:00~24:00, 토 · 일요일 10:00~16:30, 17:30~24:00
Access F 라인 Delancy St. 역 또는 J · M · Z 라인 Essex St. 역
URL www.spitzerscorner.com

스타일리시한 술꾼들의 천국

세계 맥주에 일가견이 있는 사람이라면 놓치지 말고 들러 봐야 할 곳. 맨해튼에서 최고의 맥주 셀렉션을 자랑하는 이곳은 유럽 맥주를 중심으로 40여 종의 탭(생맥주를 뽑는 손잡이) 맥주를 포함한 다양한 알코올이 구비되어 있다. 인기 안주는 오리지널 BLT 샌드위치에 바삭한 삼겹살을 추가한 PBLT, 맥주 반죽을 입혀 튀긴 피시 & 칩스, 미니 햄버거 슬라이더가 있다. 주말에는 브런치만 운영하는데 12시 이후부터는 자리 잡기가 쉽지 않다. 뉴욕 시는 법으로, 일요일은 종교적인 이유 때문에 정오까지 술 판매를 금지하고 있다.

1 사람 구경하기 좋은 자리는 이른 저녁부터 차버린다. **2** 전 세계에서 공수한 다양한 탭 맥주 **3** 미트볼이 들어간 샌드위치 **4** 수란을 올린 돼지고기 바비큐

더들리스 **Dudley's**

Add. 85 Orchard St., New York, NY 10002
Tel. (212) 925-7355
Open 09:00~23:00
Access F 라인 Delancy St. 역
URL www.Dudleysnyc.com

2015 New Spot

로어이스트 로컬들의 사랑방

맨해튼에서 지난 3년간 가장 변화가 많았던 로어이스트. 새롭게 오픈한 유명 맛집이 유독 많은 까닭에 주말이면 외지인의 방문으로 떠들썩한 동네에서 오직 동네 주민을 위한 편안한 장소가 바로 이곳. 날씨 좋은 날 강아지를 끌고 산책 나온 멋쟁이들이 옹기종기 모여 앉아 담소를 나누는 가게 밖 풍경이나 화기애애한 실내 분위기가 일주일 내내 이어진다. 중앙의 칵테일 바에서 한잔하기도 괜찮고, 커피와 가벼운 베이커리를 즐기기에도 안성맞춤. 이른 아침, 신선한 올리브 오일로 버무린 토마토와 샐러드를 곁들인 달걀 요리나 아보카도 토스트도 단골들의 추천 메뉴. 복잡한 뉴욕에서 관광객을 피해 여유로움을 즐기고 싶다면 이곳에서 잠시 쉬었다 가자.

1 동네 사랑방 느낌이 물씬 풍기는 가게 앞 **2** 중앙 대부분을 차지하고 있는 칵테일 바 **3** 청량감이 느껴지는 레몬에이드 **4** 그 자체로 완벽한 토마토 샐러드를 곁들인 스크램블 에그

타이니스 자이언트 샌드위치 숍 Tiny's Giant Sandwich Shop

Add. 129 Rivington St., New York, NY 10002
Tel. (212) 228-4919
Open 월~금요일 07:00~22:00, 토·일요일 09:00~22:00
Access F 라인 Delancy St. 역 또는 J·M·Z 라인 Essex St. 역
URL www.tinysgiant.tumblr.com

2015 New Spot

샌드위치로 10년을 버틴 경쟁력 있는 곳

치솟는 렌트비를 감당하지 못해 짐을 싸야 했던 이 동네에서 샌드위치로 10년을 버텨왔다면 그 자체로도 경이롭다고 할 수 있다. 오픈 시간부터 신문을 읽고 컴퓨터 작업을 하고 미팅을 하는 동네 젊은이들을 보면 이 집이 그야말로 동네 터줏대감임을 쉽게 짐작할 수 있다. 무엇보다 훌륭한 샌드위치가 없다면 불가능했을 풍경이다.

이 집 샌드위치는 크게 3가지로 나눌 수 있다. 닭고기류, 베지테리언 고기류, 치즈와 채소. 그중에서도 모두가 추천하는 스파이시 리잭Spicy Rizzack은 터키와 베이컨, 양파와 매콤한 치포틀레 마요네즈 소스가 환상의 조합을 이룬다. 아침에는 베이글 샌드위치나 브라우니, 아몬드 크루아상 같은 페이스트리도 좋다.

1 아침부터 노트북을 들고 작업에 몰두하는 사람들 **2** 요리 제조 과정이 한 눈에 보이는 오픈 키친 **3** 신선한 재료를 가득 넣은 샌드위치 **4** 갓 내린 모닝 커피를 즐겨보자.

러스 앤드 도터스 카페 Russ and Duaghters Cafe

Add. 127 Orchard St., New York, NY 10002
Tel. (212) 475-4881
Open 월~금요일 10:00~22:00, 토 · 일요일 08:00~22:00
Access F 라인 Delancy St. 역
URL www.russanddaughterscafe.com

Map
P.487-D

secret

2015 New Spot

뉴욕 유대인 음식의 산 역사

100년 역사를 자랑하는 로어이스트의 유명한 생선 가게 러스 앤드 도터스 숍에서 오픈한 카페로 100년 식당이 무엇인지 보여준다. 생선 가게에서 일하던 모습 그대로 흰색 가운을 입고 서비스하는 직원들에게서 자부심이 넘쳐 보이고, 생선을 자르는데 사용하던 진열대는 카운터로 변신했다. 커피 잔 하나까지 과하지 않은 품격을 드러낸다. 이 집에서 꼭 맛봐야 할 것은 피클드 헤링 샘플러 Pickled Herring Platter와 살몬 베이글 클래식 보드Salmon Bagel Classic Board, 포테이토 라텍Potato Lathek. 모두 유대인의 전통 음식으로 정갈하고 맛도 좋다. 오픈 후 시간이 지날수록 주말 브런치를 위해 기다리는 줄이 점점 길어지는 게 아쉬울 뿐이다.

1 레트로 풍의 칵테일 바 **2** 이 집에서 꼭 맛봐야 할 초절임 청어Pickled Herring **3** 든든하게 먹을 수 있는 클래식 살몬 베이글 클래식 보드 **4** 생선만 다루는 전문가도 있다.

엘 레이 커피 바 El Rey Coffee Bar & Luncheonette

Add. 100 Rivington St., New York, NY 10002
Tel. (212) 260-3950
Open 월~금요일 07:00~21:00, 토 · 일요일 08:00~21:00(점심은 11:00~16:30)
Access F 라인 Delancy St. 역
URL www.elreynyc.com

2015 New Spot

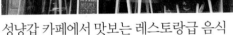

성냥갑 카페에서 맛보는 레스토랑급 음식

1평 남짓한 작은 공간에 몸을 불편하게 구겨 넣고 창가 자리에 바짝 앉아 밖을 내다보는 사람들이 궁금하지 않을 수 없다. 이곳은 뉴 뮤지엄 근처의 모겐스턴스 아이스크림 팔러를 운영하는 니콜라스 모겐스턴과 셰프 제라르도 곤잘레스가 운영하는 카페 겸 런치 하우스. 〈보나페트Bon Apeitit〉를 비롯한 유명한 요리 잡지와 주요 신문에 단골로 리뷰될 정도로 명성이 대단하다.

공간이 작은 특성상 고기 메뉴는 없고 곡류와 채식 중심인데 카페 가격으로 웬만한 고급 레스토랑급의 창의적인 음식을 맛볼 수 있으니 이곳을 찾는 이들에게 작은 공간쯤은 문제가 안된다.

1 작아서 더욱 궁금해지는 카페 안 풍경 **2** 몸에 좋은 재료로 만든 빵이 진열된 베이커리 윈도 **3** 카페 음식이라 보기 어려운 고급스러운 비주얼 **4** 강제성은 없으나 성의껏 1$ 정도의 팁을 내는 것이 매너다.

일 라보라토리오 델 젤라토 Il Laboratorio Del Gelato

Map
P.487-D

Add. 95 Orchard St., New York, NY 10002
Tel. (212) 343-9922
Open 월~목요일 07:30~22:00, 금요일 07:30~24:00, 토요일 10:00~24:00,
일요일 10:00~22:00
Access F 라인 Delancy St. 역
URL www.laboratoriodelgelato.com

평범한 젤라토는 가라!

이름에서 알 수 있듯이 대학의 부속 연구실 같은 이곳은
무궁무진한 젤라토 맛을 개발하는 연구실이자 아이스크
림 숍이다. 아예 실험실까지 차리고 100여 가지에 달하는
젤라토와 셔벗을 만들어내는 이곳의 창업자는 존 스나이
더John Snyder. 유명한 젤라토 브랜드 차오 벨라Ciao Bella
의 창업자이기도 하다. 어린 나이에 차오 벨라를 창업해
성공했지만 이후 다른 길을 걷다가 9·11 테러의 아픔을
겪으며 인생을 다시 생각하게 됐다고. 그리고 2002년 지
금의 젤라토 실험실을 만들었다. 그날그날 직접 뽑아낸
신선한 젤라토를 맛보기 위해서는 쭉 늘어선 수많은 젤
라토 중 하나를 선택해야 하는 고통이 따른다.

1 아이스크림 가게라 아니라 실험실을 들여다보는 듯한 기분이 든다. **2** 아이스크림 가게라고는 전혀 생각지 못했던 건물 외관 **3** 그날
그날 만들어내는 새로운 맛의 젤라토 **4** 한 컵 뚝딱 하고도 아쉬움이 남는 맛있는 젤라토

에린 매케나스 베이커리 **Erin Mckenna's Bakery**

Add. 248 Broom St., New York, NY 10002
Tel. (212) 677-5047
Open 월요일 10:00~17:00, 화~목요일 10:00~22:00, 금·토요일 10:00~23:00,
일요일 10:00~20:00
Access F 라인 Delancy St. 역 또는 J·M·Z 라인 Essex St. 역
URL www.erinmckennasbakery.com

아이를 위한 가장 안전한 컵케이크

아이들 생일 파티에 빠지지 않는 컵케이크. 미국인들이
남녀노소 가리지 않고 달콤한 아이싱 컵케이크에 탐닉하
는 이유는 아마도 어릴 적부터 먹어왔기 때문이 아닐까.
하지만 어떤 엄마도 설탕 노이로제에서 자유로울 수는
없다. 이곳은 그런 엄마들의 걱정을 덜어주는 컵케이크
를 선보인다. 설탕 대신 선인장에서 추출한 자연 시럽을
사용해 당뇨 환자가 먹어도 문제없는 무공해 컵케이크
를 만들어 내놓는 것. 맛도 최고인 데다 자연 색소는 훨
씬 고급스럽다. 유명 셀러브리티들의 생일 파티 단골 숍
이 된 건 자연스러운 일. 가격은 $5로 일반 컵케이크가 $3
내외인 것에 비해 비싼편이다.

1 얼마 전 에린 매케나스 베이커리의 레시피를 담은 요리책이 출간됐다. **2** 사랑스러운 가게 분위기 **3** 천연 색소의 아름다움과 멋스럽
게 올린 아이싱 **4** 행복을 맛본 고객들의 흔적이 벽에 붙어있다.

모겐스턴스 아이스크림 Morgenstern's Ice Creme

Add. 2 Rivington St., New York, NY 10002
Tel. (212) 209-7684
Open 일~목요일 08:00~23:00, 금·토요일 08:00~24:00
Access 6 라인 Spring St. 역 또는 J·Z 라인 Bowery 역
URL www.morgensternsnyc.com

Map P.487-B

secret

2015 New Spot

유명 셰프가 운영하는 베스트 아이스크림 팔러

유명 셰프 모겐스턴이 아이스크림에 대한 자신의 철학을 실현시킨 가게로 그는 이곳을 숍이 아닌 카운터 판매대를 뜻하는 팔러palor라고 부른다. 그는 달걀을 쓰지 않고 크림을 최대한 적게 쓰며, 모든 과정을 기계가 아닌 핸드메이드로 한다. 건강의 관점에서가 아니라 그것이 정제된 아이스크림의 원형이라 생각하기 때문이라고. 그래서인지 아이스크림이 부드러우며 가벼운 촉감이 뚜렷하다. 계절마다 주변 유명 레스토랑과 컬래버레이션해 특별한 맛을 선보이는 것도 특징.

파란색 프레임의 외관과 유리창 너머로 보이는 하얀색 실내, 플로어 타일이 너무 예뻐서 절로 발길이 멈추어지는 곳.

1 파란색 외관이 유독 눈에 띄어 걸음을 멈추게 된다. **2** 지나가는 반가운 이웃을 손짓해 부르는 듯한 창가 의자 **3** 아이스크림에 사용되는 식재료들 **4** 부드러움이 느껴지는 바닐라 아이스크림

롱보드 로프트 **Longboard Loft**

Add. 132 Allen St., New York, NY 10002
Tel. (212) 673-7947
Open 10:00~20:00
Access F 라인 Delancy St. 역
URL www.longboardloft.com

2015 New Spot

롱보드 마니아들이 추천하는 베스트 스폿

롱보드에 관심 있는 사람이라면 꼭 들러야 할 곳으로 단순한 숍이 아니다. 롱보드에 대한 모든 서비스를 제공하는 뉴욕에서 유일한 매장이라 할 수 있다. 벽면에는 온갖 디자인과 소재의 보드와 부품, 매장 안쪽에는 의류와 각종 액세서리가 진열되어 있다. 보드 전문가는 말할 것도 없고 초보자일지라도 전혀 어색해할 필요가 없다. 물건을 사지 않더라도 엄청난 질문에 언제나 친절하게 답해주는 직원들이 있으니 말이다. 보드 구입 외에 보드 손질법, 보드 강좌 등 다양한 정보를 얻을 수 있다. 직접 타지 않는다 해도 디스플레이로 걸어놓아도 멋진 보드가 많으니 꼭 구경해보길.

1 친절한 직원들에게 조언을 받을 수 있다. **2, 3** 패셔너블한 디자인의 보드들 **4** 입점된 새 상품을 안내하는 사인 보드

이코노미 캔디 숍 Economy Candy Shop

Add. 108 Rivington St., New York, NY 10002
Tel. (212) 254-1531
Open 월·토요일 10:00~18:00, 화~금·일요일 09:00~18:00
Access F 라인 Delancy St. 역
URL www.economycandy.com

Map
P.487-D

슈거 홀릭들의 놀이터, 캔디 바

어린 시절 추억의 문방구에서 보았을 만한 불량식품류의 각종 캔디가 꾸러미째 쌓여 있는 허름한 사탕 가게. 문을 열고 들어서면 달콤한 사탕 냄새가 번져온다.

어린아이라면 무게를 달아 파는 엄청난 캔디와 구미 젤리 앞에서 입을 다물지 못하고, 어른들은 어린 시절 추억의 사탕을 찾아내는 놀이를 하며 반가운 미소를 거두지 못한다. 사실 이 사탕 가게 자체가 이 지역의 명물로, 그 역사가 무려 1937년으로 거슬러 올라간다. 벽에 걸려 있는 다양한 껌 기계도 오랜 세월 함께해온 이 집의 유물. 반창고나 담배 모양인 것부터 혀가 파래지는 막대사탕에 초콜릿까지 실컷 담아도 별로 부담스럽지 않은, 그야말로 경제적인 사탕 가게다.

1 앤티크한 그림의 양은 깡통 초콜릿 **2** 뉴욕의 옛 가게 모습은 우리랑 비슷한 듯 **3** 엄청난 사탕 꾸러미에 정신을 빼앗긴 아이의 얼굴이 귀엽다. **4** 1년 치 먹을 사탕을 한꺼번에 장만한 기분

톱 해트 Top Hat

Add. 245 Broom St., New York, NY 10002
Tel. (212) 677-4240
Open 12:00~20:00
Access F 라인 Delancy St. 역
URL www.tophatnyc.com

2015 New Spot

세계 여행자가 찾아낸 베스트 리빙 숍

뉴욕의 베스트 리빙 숍 중 하나로 세계 여행자인 니나 앨런이 유럽, 스칸디나비아, 일본, 한국, 모로코, 인도 등 전세계에서 모은 신기하고 독창적인 물건이 가득한 곳. 아이들과 어른들을 위한 멋있는 디자인의 장난감, 영국산 타탄체크 담요, 빗소리 LP판, 독일과 일본에서 건너 온 문구류 등 인테리어 소품으로도, 기능적으로도 놓치기 아까운 매력적인 제품만 모아놓아 구경하는 재미가 쏠쏠하다. 특히 100년 이상 된 고급 수제 물건의 가치를 높이 평가하는 그녀이기에 매장 내 제품은 역사적 가치마저 소홀히 할 수 없다. 카운터 뒤쪽으로 숨어 있는 공간이 있는데 창고인 줄 알고 지나친다면 너무 아쉬울 만큼 탐나는 물건이 많다.

1 차고 느낌이 물씬 풍기는 숍 **2** 가게 이름과는 연관이 없는 인테리어 숍 **3, 4** 북유럽 스타일의 소품도 판매한다.

블루스타킹스 Bluestockings

Add. 172 Allen St., New York, NY 10002
Tel. (212) 777-6028
Open 11:00~23:00
Access F 라인 Delancy St. 역
URL www.bluestockings.com

Map P.487-B

2015 New Spot

인디 목소리를 대변하는 독립 서점

뉴욕이 뉴욕다운 가장 큰 이유는 다양한 목소리가 존재한다는 것이다. 그래서인지 유독 뉴욕에는 개성 있는 독립 서점이 많다. 그중에서도 블루스타킹스는 가장 뉴욕적인 모습을 보여주는 서점이다. 자원봉사자들이 운영하는 서점 겸 카페로 페미니즘, 동성애, 사회운동 등의 소수 진보주의자들을 위한 워크숍과 낭송을 진행하며 그와 관련된 간행물과 책을 판매한다. 한국에서는 보기 어려운 반사회적 내용이나 대담한 그래픽 등이 담긴 책이 버젓이 서가에 꽂혀 있는 것을 보면 놀라울 뿐이다. 평소 접해보지 않은 뉴욕의 진보 성향을 들여다보거나 혹은 상상 이상의 음란하고 과격한 기념품을 구입하고 싶은 사람이라면 꼭 방문해보자.

1 허름한 외관에 실망하지 말 것 **2** 외관과 달리 내부는 소박하고 정갈하다. **3** 다양한 사람들의 생각을 담고 있는 인디 출판물들
4 페미니즘을 뜻하는 트럼프 카드

프리맨스 스포팅 클럽 Freemans Sporting Club

Add. 8 Rivington St., New York, NY 10002
Tel. (212) 673-3209
Open 월~금요일 12:00~20:00, 토요일 11:00~20:00, 일요일 12:00~18:00
Access 6 라인 Spring St. 역 또는 J·Z 라인 Bowery St. 역
URL www.freemanssportingclub.com

장인의 정신을 이어받은
테일러드 남성복 숍 & 이발소

프리맨스 레스토랑 오너인 타보 서머Tavvo Sormer가 운영하는 테일러드 남성복 숍 겸 이발소. 그가 직접 만들어 입는 옷에 매료된 친구들의 강력한 추천으로 시작하게 됐다고. 헤밍웨이 같은, 그 시대의 고급 취향을 가진 마초 스타일을 지향하는 곳이라 복고적 스타일의 고급 남성복과 소품을 취급한다. 짜임새와 디테일이 고급스럽기 그지없는 이 집의 테일러드 슈트는 블리커 스트리트에 위치한 작업장에서 수십 년 경력을 쌓은 장인들의 손으로 만들어진다. 매장 안쪽에 위치한 1920년대 앤티크 스타일의 이발소는 프리맨스 스포팅 클럽(F.S.C)이 추구하는 남성 스타일이 완성되는 종착지인 셈.

1 멋쟁이 마초들의 향수를 자극하는 이발소 **2** 프리맨스 레스토랑 골목 입구에 위치한 매장 **3** 제가 바로 오리지널 순정 마초랍니다.
4 클래식한 면도날과 셰이빙 제품도 진열되어 있다.

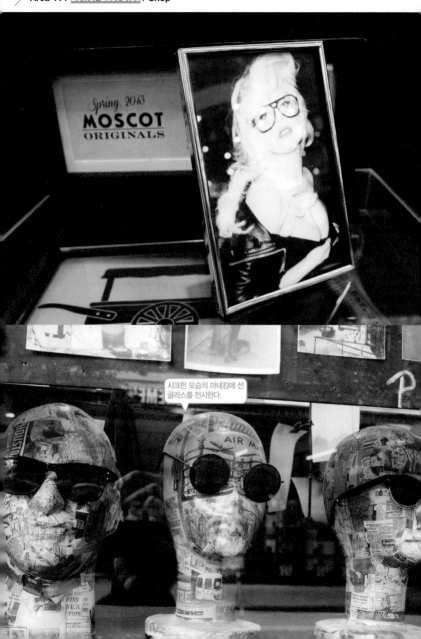

시크한 모습의 마네킹에 선글라스를 전시한다.

모스콧 Moscot

Add. 108 Orchard St., New York, NY 10002
Tel. (212) 477-3796
Open 월~금요일 10:00~19:00, 토요일 10:00~18:00, 일요일 11:00~18:00
Access F 라인 Delancy St. 역
URL www.moscot.com

2015 New Spot

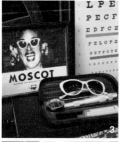

뉴요커들의 시그너처 안경으로 유명한 매장

올해로 100년을 맞이한 뉴욕 로어이스트의 빈티지 안경 전문점으로 시간이 흘러도 변치 않는 멋으로 패셔니스타와 셀러브리티들의 머스트 해브 안경으로 알려져 있다. 매장 안에는 안경 박물관처럼 모스콧을 거쳐간 셀러브리티들과 대표적인 빈티지 안경 모델이 전시되어 있다. 시력 검사에서부터 구매 후 관리까지 직원들의 친절한 서비스는 겸손한 프로페셔널리즘이 무엇인지 보여주는 듯. 한국에서는 조니 뎁 안경으로 유명해졌으며 1930~1970년대 다양한 모델의 오리지널 제품 라인, 특히 램토시가 전 연령대에서 인기 있다. 클립온을 착용하면 선글라스로도 이용할 수 있다.

1 100년의 역사를 지닌 이곳의 상징적인 간판 **2** 모스콧이 자랑하는 클래식한 안경들 **3** 할리우드 스타들이 착용한 모델이 전시되어 있다. **4** 뉴요커를 완성해주는 뉴욕 스타일 안경

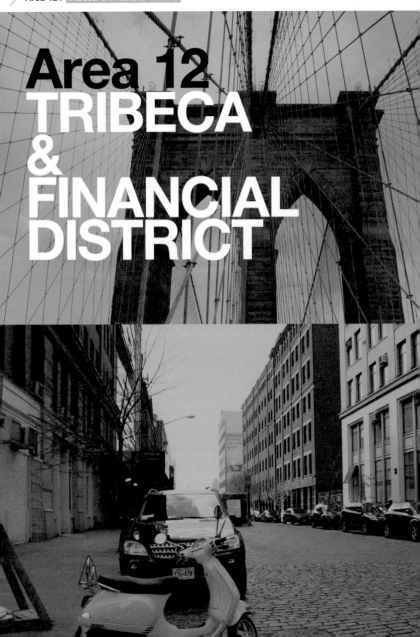

Area 12
TRIBECA
&
FINANCIAL
DISTRICT

트라이베카 & 파이낸셜 디스트릭트

TRIBECA & FINANCIAL DISTRICT

● 　　트라이베카는 웨스트빌리지와 경계를 이루는 커 낼 스트리트 아래쪽에 펼쳐진 삼각 지역을 일컫는다. 그리 넓지 않지만 소호와 마찬가지로 널찍한 로프트 빌딩이 많고 부자 동네라 고급 레스토랑과 부티크 숍이 즐비하다. 우리 에게는 9·11 테러 이후 침체된 로어맨해튼을 되살리기 위해 로버트 드니로가 시작한 트라이베카 영화제로 친숙한 곳이 기도 하다. 트라이베카 아래는 우리가 흔히 말하는 월 스트 리트 경제 구역이 이어지는데, 이곳의 빽빽한 빌딩 숲에는 세 계 경제를 좌우하는 수많은 금융 센터와 뉴욕 증권 거래소 가 있고 월드 트레이드 센터가 있던 그라운드 제로, 유서 깊 은 트리니티 교회 등 역사적인 건물이 많기로 유명하다. 월 스트리트 오른편은 TV 드라마 〈CSI〉에서 많이 본 뉴욕 시 청과 법원이 있는 행정 밀집 지역이고, 빌딩 숲을 빠져나오면 저 멀리 자유의 여신상이 보이는 맨해튼 최남단 배터리 파크 가 나온다. 남동쪽에는 오래된 항구인 사우스 스트리트 시 포트와 브루클린 브리지가 있어 멋진 풍경을 배경 삼아 기념 사진을 찍기에 안성맞춤이다.

Access
가는 방법

1·2·3 라인 Chambers St. 역

방향 잡기 센추리 21 쇼핑까지 고려한다면 이른 아침 문 여는 시간부터 시작하는 게 좋다. 월 스트리트, 9·11 메모리얼 & 박물관을 지나 허드슨 이츠 푸드 홀에서 든든한 식사를 하고 자유의 여신상을 지나 사우스 스트리트 시포트를 거쳐 브루클린 브리지에서 일몰을 보는 걸로 하루를 마무리한다.

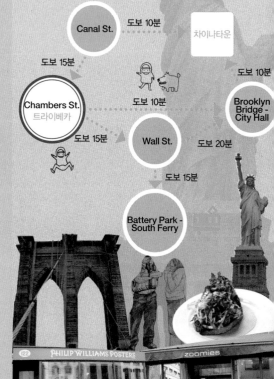

Canal St. — 도보 10분 — 차이나타운

도보 15분

Chambers St.
트라이베카 — 도보 10분 — Brooklyn Bridge - City Hall 도보 10분

도보 15분 — Wall St.

도보 20분

도보 15분

Battery Park - South Ferry

PHILIP WILLIAMS POSTERS zoomies

Check Point

● 남단 전체를 둘러보고 브루클린 브리지까지 걸어서 건너려면 상당한 체력이 요구되는 만큼 물과 스낵을 준비해 가도록 하자.

Plan
추천 루트

드디어 모습을 드러낸
9·11 메모리얼 & 박물관과
월 스트리트, 자유의 여신상
돌아보기

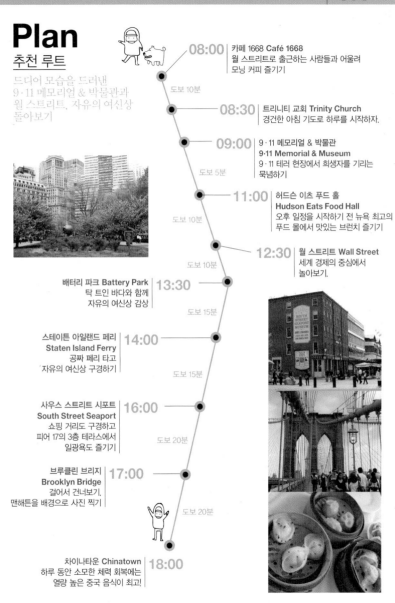

08:00 카페 1668 Café 1668
월 스트리트로 출근하는 사람들과 어울려
모닝 커피 즐기기

도보 10분

08:30 트리니티 교회 Trinity Church
경건한 아침 기도로 하루를 시작하자.

09:00 9·11 메모리얼 & 박물관
9·11 Memorial & Museum
9·11 테러 현장에서 희생자를 기리는
묵념하기

도보 5분

11:00 허드슨 이츠 푸드 홀
Hudson Eats Food Hall
오후 일정을 시작하기 전 뉴욕 최고의
푸드 몰에서 맛있는 브런치 즐기기

도보 10분

12:30 월 스트리트 Wall Street
세계 경제의 중심에서
놀아보기.

도보 10분

배터리 파크 Battery Park **13:30**
탁 트인 바다와 함께
자유의 여신상 감상

도보 15분

스테이튼 아일랜드 페리 **14:00**
Staten Island Ferry
공짜 페리 타고
자유의 여신상 구경하기

도보 15분

사우스 스트리트 시포트 **16:00**
South Street Seaport
쇼핑 거리도 구경하고
피어 17의 3층 테라스에서
일광욕도 즐기기

도보 20분

브루클린 브리지 **17:00**
Brooklyn Bridge
걸어서 건너보기,
맨해튼을 배경으로 사진 찍기

도보 20분

차이나타운 Chinatown **18:00**
하루 동안 소모한 체력 회복에는
열량 높은 중국 음식이 최고!

아픔을 딛고 하나의 빌딩
으로 다시 우뚝 서다.

9·11 메모리얼 & 박물관 9·11 Memorial & Museum

Add. 180 Greenwich St., New York, NY 1007
Tel. (212) 266-5211
Open 박물관 09:00~20:00
Access R 라인 Cortlandt St. 역 또는 E 라인 World Trade Center 역
URL www.911memorial.org

★★★
2015 New Spot

세계무역센터의 옛 자리

벌써 10여 년이 지났지만 아직도 지울 수 없는 상처로 남은 9·11 테러. 2006년 수많은 논란 끝에 착공을 시작한 뉴욕의 새 상징 WTC1이 드디어 완공, 입주를 시작했고 무너진 건물 터에는 그날을 상기하는 메모리얼 건축물과 박물관이 들어섰다. 메모리얼 건축물은 그 자체가 땅속으로 꺼져 들어간 영혼들을 위로하는 장엄한 미사곡을 연상시켜 그 앞에 서면 누구나 숙연해진다. 바로 옆 박물관에서는 쌍둥이 건물의 테러 전후의 역사와 희생자들을 기리는 전시물을 둘러볼 수 있는데 오픈 전부터 관람을 기다리는 줄이 꽤 길다.

Tip 박물관 티켓 구매하기

3개월 전부터 구매 가능하며 요금은 성인 $24, 학생 $15, 65세 이상 $18. 매주 화요일 오후 5시 이후는 무료 관람. 화요일 당일 티켓은 4시 이후 선착순이며, 2주 전부터 온라인을 통해서도 예매할 수 있다.

1 아침부터 출근으로 바쁜 사람들 **2** 메모리얼 박물관은 항상 긴 줄이 늘어서 있다. **3** 웅장하고 엄숙한 메모리얼 **4** 추모 동판 위에 새겨진 어느 희생자 이름에 바쳐진 꽃

전망대에서 바라보면 맨
해튼이 섬이라는 것을 다
시 한번 실감할 수 있다.

ONE WORLD OBSERVATORY

SEE FOREVER

원 월드 전망대 One World Observatory

Add. One World Trade Center, 100-102F, 285 Fulton St., New York, NY 10006
Tel. (844) 696-1776
Open 09:00~24:00(2015년 9월 8일~2016년 5월 5일 09:00~20:00)
Access R 라인 Cortland St. 역 또는 E 라인 World Trade Center 역
Admission Fee 성인 $32, 학생 $26, 65세 이상 $30
URL www.oneworldobservatory.com

★★★
2015 New Spot

9·11 테러의 비극을 딛고 다시 세운
뉴욕의 새로운 상징

9·11 테러 때 무너진 쌍둥이 무역센터 건물 대신 다시 지은 원 월드 빌딩의 전망대가 드디어 개방됐다. 비극에서 끝나지 않고 재건된 건물은 그 자체로도 벅찬 감동과 희망을 주며, 곳곳에 마련된 관람 서비스가 그 어떤 전망대와도 비교할 수 없을 만큼 다채롭다.

100~102층에 위치한 전망대는 최첨단 IT 기술이 집약된 최고의 관람 서비스를 제공한다. 48초 만에 올라가는 초고속 엘리베이터는 과거에서 현재로 이어지는 뉴욕 스카이라인을 영상으로 보여주며, 스카이 포털에 서면 발아래로 실시간 빌딩 아래 모습이 지나가며, 헬리콥터 투어처럼 아이패드 보조 스크린이 관람객의 위치를 찍어준다. 원 월드 빌딩 입구에서 테러를 방지하기 위해 공항 수준의 몸 수색을 하며, 물과 음식은 가지고 들어갈 수 없다.

Tip 관람 팁
– 티켓은 전화나 모바일, 온라인으로, 또는 방문 시 창구에서 구매할 수 있는데, 온라인으로 미리 구매하는 방법이 가장 확실하다. 방문객이 몰려 특정 시간대는 매진되는 경우가 많기 때문.
– 전망만 보고 내려가는 다른 곳과 달리 이곳은 볼거리도 많은 데다 카페, 화장실 같은 편의 시설을 갖추고 있어 2~3시간 여유 있게 머무르며 구경해도 좋다. 저녁 시간대에 올라가 천천히 저녁 노을과 야경까지 보고 내려오는 것도 추천할 만한 방법.

1 오픈 당일 관람을 위해 길게 줄을 선 사람들 **2** 건물 꼭대기에 있는 카메라로 실시간 찍은 지상 풍경이 발아래로 지나간다. **3** 입장할 때는 보안 검색대에서 검색을 받아야 한다.

사우스 스트리트 시포트 South Street Seaport

Add. Fulton & South St., Pier 17, New York, NY10038
Open 월~토요일 10:00~21:00, 일요일 11:00~21:00(영업 시간은 가게마다 다름)
Access 2·3 라인 Fulton St. 역
URL www.southstreetseaport.com

★

19세기 뉴욕의 관문, 이스트 강가의 부두

로어맨해튼 남동쪽에 위치한 사우스 스트리트 시포트는 19세기 항구 모습이 남아 있는 오래된 거리에 100곳 이상의 가게와 레스토랑이 모여 있는 관광지다.

4개의 주요 건물로 이루어진 풀턴Fulton과 프런트Front 거리에는 해양 박물관과 브랜드 숍, 레스토랑, 카페가 모여 있고 피어 17은 쇼핑과 식도락의 중심지로 3층에는 푸드코트가 있다. 특히 푸드코트 테라스로 나가면 브루클린 브리지와 이스트 강 위로 떠다니는 노란 택시의 이국적인 전망이 한눈에 들어온다. 피어 16은 월 스트리트를 배경으로 대형 여객선이 정박해 있어 기념 촬영 장소로 인기가 높은데 특히 저녁 일몰 시간이 최고다.

1 노을 진 항구를 배경으로 기념 사진을 찍어보자. **2** 박물관이 있는 건물로 실제 해부된 인체가 전시되어 있다. **3** 역사적인 수산 시장, 풀턴 마켓 **4** 거리로 나 있는 테라스 테이블이 관광객을 유혹한다.

브루클린 브리지 | **Brooklyn Bridge**

Add. East River Bikeway, New York, NY 10038
Open 09:00~18:00
Access 4·5·6·J·Z 라인 Brooklyn Bridge - City Hall 역

★

1

맨해튼과 브루클린을 연결하는 다리

전체 길이 1053미터의 현수교. 브루클린 타워라고 불리는 높이 84미터의 아름다운 고딕 양식의 아치가 멋진 다리다. 존 A. 로블링이 설계하고 그의 아들 워싱턴이 완공했다. 공사 기간만 15년이 걸렸고, 돌과 철의 예술 작품이라 불리는 이 다리를 만들기 위해 600여 명이 공사에 투여됐으며 그중 20명이 넘는 사람이 목숨을 잃었다. 영화를 비롯해 많은 예술가들의 작품에 등장한 이 다리는 뉴욕의 상징적인 존재. 인도와 차도가 나뉘어 있어 뉴요커들은 자전거를 타거나 조깅 코스로 애용한다. 걸어서 브루클린까지 건너는 데는 30분 정도 걸린다. 다리 위에서 보는 월 스트리트와 맨해튼 풍경은 한 편의 드라마 같다. 다리 입구는 센터 스트리트와 파크 로Park Row에 있다.

Tip 덤보 DUMBO
Down Under the Manhattan Bridge Overpass
맨해튼 브리지 아래쪽 지역을 일컫는 말로 19세기부터 20세기 초까지 창고와 공장 건물이 밀집해 있었다. 지금은 극장으로 개조한 창고에서 다양한 아트 퍼포먼스가 펼쳐지는 등 아방가르드한 예술가 동네로 이름이 높다. 또한 이곳에 있는 브루클린 브리지 파크는 로어맨해튼의 스카이라인을 배경으로 브루클린 브리지의 멋진 타워와 케이블 라인을 바라볼 수 있는 최고의 위치로 손꼽힌다.
URL www.brooklynbridgepark.org

1 다소 긴 거리지만 눈앞에 펼쳐진 뉴욕의 풍경을 벗 삼아 강바람을 들이켜며 걷다 보면 가슴까지 탁 트인다.

자유의 여신상 Statue of Liberty

Access 1 라인 South Ferry 역
URL www.statuecruises.com

★★

1

Tip

– 리버티 섬으로 가려면 배터리 파크 안에 있는 매표소에서 티켓을 구매한 뒤 페리를 타야 한다. 페리는 앨리스 섬행, 리버티 섬행 모두 08:30~17:00에 20분 간격으로 출발한다. 가격은 성인 $16, 어린이 $9.

– 자유의 여신상을 보려면 배가 진행하는 방향 오른쪽에 자리를 잡아야 한다. 페리에 타기 전 짐 검사를 하는데 배낭, 큰 짐, 아이스박스, 소포 등은 가지고 탈 수 없다.

세계를 밝히는 자유!

뉴욕 항으로 들어오는 허드슨 강 입구에 위치한 자유의 여신상은 미국 독립 100주년을 기념해 1886년 프랑스에서 선물한 것이다. 에펠 탑을 설계한 귀스타브 에펠이 내부 구조물을 설계했으며 받침대는 건축가 리처드 헌트가 디자인했다. 지상에서 햇불까지의 높이는 자그마치 93.5미터. 오른손에는 세계를 비추는 자유의 빛을 상징하는 햇불이, 왼손에는 독립 선언서가 들려 있다. 9·11 테러 이후 자유의 여신상으로 올라가는 전망대를 폐쇄했다가 다시 오픈했다. 단, 자유의 여신상의 크라운(머리)까지 올라갈 수 있는 인원은 하루에 30명으로 제한되기 때문에 보통 2~3달 전부터 티켓이 매진된다. 크라운에 꼭 올라가고 싶은 사람은 방문 일정에 맞춰 홈페이지를 통해 미리 예약하도록 하자.

1 오랜 세월 많은 이민자들의 꿈을 밝혀준 자유의 햇불. 화려한 다운타운이 전부가 아니라는 사실을 상기시키는 역사적인 존재다.

스테이튼 아일랜드 페리 Staten Island Ferry

Open 09:00~17:00
Close 토 · 일요일
Access R 라인 Whitehall St. 역
URL www.siferry.com

★

시티에서 갖는 잠깐의 여유

자유의 여신상을 볼 수 있는 방법으로 관광객이 가장 많이 이용하는 것은 스테이튼 아일랜드로 가는 공짜 페리를 타는 것. 자유의 여신상이 가까이 보이지는 않지만 페리 오른쪽에 앉으면 그나마 가장 근접하게 볼 수 있고 잠시 배를 타고 가면서 기분 전환도 할 수 있다.

근처의 배는 스테이튼 아일랜드 페리 터미널에서 출발하며 24시간 동안 평일 아침과 저녁에는 15~30분 간격으로, 심야와 주말에는 30분~1시간 간격으로 운항한다. 섬까지는 30분 정도 걸린다.

Tip
스테이튼 아일랜드에는 저렴한 조립식 가구 숍으로 유명한 이케아IKEA가 있는데 이곳까지 가는 무료 수상 택시를 운행한다. 주중에는 $10 이상 구매해야 무료지만 주말에는 구매 금액에 상관없이 무료로 이용할 수 있으니 시간적 여유가 있는 사람은 이용해볼 만하다.

1 수많은 사람을 태우고 힘차게 출발하는 다홍빛 페리 2 배터리 파크 옆에 위치한 페리 터미널

스카이스크래퍼 박물관 Skyscraper Museum

Map
P.488-G

Add. 39 Battery Pl., New York, NY 10280
Open 12:00~18:00
Close 월·화요일
Access 4·5 라인 Bowling Green 역
Admission Fee 성인 $5, 학생 $2.50
URL www.skyscraper.org

★

고층 건물에 대한 예술적 고찰

도시 자체가 레고 블록을 쌓아놓은 듯 고층 건물의 전시
장을 방불케 하는 곳인 만큼 고층 건물의 발달사를 다룬
스카이스크래퍼 박물관이 갖는 의미는 각별하다. 배터리
파크 끝에 위치한 리츠 칼튼 호텔 1층에 자리 잡은 작은
갤러리로 전시, 프로그램, 출판을 통해 고층 빌딩과 사
람, 건설 현장, 디자인과 기술 같은 다각도의 주제를 다
룬다. 무엇보다 최첨단 고층 빌딩을 연상시키는 인테리
어 디자인이 아주 예술적이어서 그 자체가 볼거리.
뉴욕의 스카이라인에 마음을 빼앗긴 사람이라면 배터리
파크를 산책하는 길에 잠시 들러보면 좋을 듯하다.

1 입구의 기념품 코너. 다양한 빌딩 건축 관련 자료를 볼 수 있다. **2** 박물관치고는 너무 작아 그냥 지나칠 뻔한 입구 **3** 뉴욕 도심을 모형
으로 만들어놓았다. 왠지 발로 밟아보고 싶은 충동이 생긴다. **4** 인간의 위대한 기술과 노력을 자랑하는 대표적인 마천루

배터리 파크 **Battery Park**

Access 4·5 라인 Bowling Green 역

★★

맨해튼 최남단에 위치한 공원

스테이튼 아일랜드 페리 터미널에서 오른쪽으로 걸어가다 보면 나오는 공원. 1812년 영미 전쟁 때 영국 측이 방위한 요새로 근해에 쌓은 웨스트 배터리(지금의 클린턴 요새)와 맨해튼 사이를 매립해 만든 것이라고. 바다처럼 탁 트인 강변이 펼쳐지는 뉴욕 최남단의 풍경이, 월 스트리트의 높은 빌딩 숲에 둘러싸여 숨이 막혔던 여행객의 마음을 울린다. 강변을 따라 조성된 산책로에서 자유의 여신상과 아름다운 전망을 가슴에 담으며 뉴욕의 여운을 만끽해보자.

Tip 클린턴 요새 Castle Clinton
배터리 파크가 생기기 전에는 근해에 떠 있는 작은 인공 섬이었다. 1824년 뉴욕 시에 양도되었으며 오페라 극장과 이민국, 수족관을 거쳐 1950년 국정 기념물로 지정되면서 원형 건물로 복원됐다.

1 월 스트리트 건물을 배경으로 봄꽃이 화사하게 피어 있는 배터리 파크 초입 **2** 멀리 자유의 여신상이 보이는 강변 산책로 **3** 클린턴 요새 **4** 동화적인 조각상이 공원 분위기를 한층 로맨틱하게 만든다.

키요 Kye-yo

Map
P.486-C

Add. 157 Duane St., New York, NY 10013
Tel. (212) 587-1089
Open 월~토요일 11:30~14:30, 17:30~23:00, 일요일 11:30~14:30, 17:30~21:30
Access 1·2·3 라인 Chamber St. 역
URL www.kheyo.com

2016 New Spot

트라이베카에서 떠오르는 라오스 음식점

소수의 취향에 속하는 라오스Laotian 음식을 요리하는
식당이다. 트라이베카의 여느 레스토랑처럼 세련된 인테
리어를 자랑하기 때문에 라오스의 이국적 분위기를 기대
했던 사람이라면 다소 실망할 수도 있다. 그러나 이 동네
에서 상대적으로 부담 없는 가격대에 만족스러운 음식과
서비스를 즐길 수 있는 곳이다.

대부분의 음식이 달콤하면서도 매콤해 한국 사람들의 입
맛에 잘 맞는다. 이 집의 간판 메뉴는 돼지 머리 껍질을
바삭하게 튀긴 요리로 맛깔스럽다. 사이드로 나오는 스
파이시한 방방 소스와 가지 퓨레를 곁들이면 메인 요리
없이도 밥 한 그릇 뚝딱 비울 정도.

1 간판이 작아 잘 안보이니 주소를 확인한 후 방문하는 것이 좋다. **2** 고급스러운 분위기로 꾸며진 **3** 스테이크 부럽지 않은 석쇠 구이
부터 사이드 반찬까지 완벽한 플레이팅을 자랑한다. **4** 푸짐한 양의 쌀국수 1인분

허드슨 이츠 푸드 홀 Hudson Eats Food Hall

Add. Brookfield Pl., 200 Vesey St., New York, NY 10080
Tel. (212) 417-7000
Open 월~금요일 07:00~21:00, 토요일 10:00~21:00, 일요일 11:00~19:00
Access E 라인 World Trade Center 역
URL www.brookfieldplaceny.com/hudsonwats

2015 New Spot

복합 쇼핑타운에 들어선
최대 규모의 푸드 홀

다운타운의 고급 쇼핑·문화 공간을 추구하는 허드슨 강변의 신축 빌딩, 브룩필드 플레이스에 위치한 맨해튼에서 가장 큰 푸드 홀. 이미 브루클린과 맨해튼에서 검증된 14개의 식당 & 스낵 숍이 영업 중이며 2015년 말까지 5개의 고급 레스토랑이 추가 오픈할 예정이라고 한다. 새로 건축한 WTC1(원 월드 전망대)의 지하도와 연결되어 있어 9·11 메모리얼 & 박물관과 맨해튼 남단을 찾는 관광객들이 식사를 해결하기에 최적의 장소가 아닐까 싶다. 단 한 가지 아쉬운 점이 있다면 너무 넓어서 무엇을 먹을지 고르기가 어렵다는 점. 날씨 좋은 날은 허드슨 강변 워터프런트에 마련된 테이블로 나가 뉴저지 쪽 풍경을 감상하고 다양한 문화 행사도 놓치지 말자.

1 놀리타의 맛집 블랙 시드 베이글도 입점해 있다. **2** 캘리포니아에서 건너 온 우마미 버거 **3** 입안에서 살살 녹는 블루 리본 스시 바의 스시 세트 **4** 다양한 음식점들이 새롭게 오픈했다.

부비스 파이 & 코 Bubby's Pie & Co.

Map
P.486-C

Add. 120 Hudson St., New York, NY 10013
Tel. (212) 219-0666
Open 24시간
Access 1 라인 Franklin St. 역
URL www.bubbys.com

트라이베카의 랜드마크 레스토랑

1990년 오픈한 이래 오랫동안 주민들의 사랑을 받아온 레스토랑. 브루클린에서 파이집으로 시작한 경력답게 식당 입구 유리 진열장에 직접 구운 각종 파이가 먹음직스럽게 진열되어 있다. 지금은 주변에 식당이 많이 생겼지만 이 집만 있던 당시에는 존 F. 케네디 주니어가 단골이었다. 24시간 영업하며 브런치가 유명한데, 두툼한 빈대떡 크기에 블루베리 소스를 먹음직스럽게 올린 팬케이크는 부드러운 식감이 예술이다. 심플한 메뉴에 비해 좀 비싼 게 흠이지만 정직한 재료로 좋은 맛을 낸다는 것에 위안을 삼는 수밖에. 넓은 공간이 3개 구역으로 나뉘어 있으며 저마다 분위기가 달라 이곳저곳 앉아보고 싶어서라도 자꾸 가보고 싶은 집이다. 얼마 전 휘트니 미술관 건너편에 미트패킹(73 Gansevoort St.) 지점을 오픈했다.

1 벽에 걸린 밝은 그림 때문에 결코 어둡지 않은 분위기 **2** 빨간색 테두리가 눈에 띄는 대문 **3** 오랜 역사를 자랑하는 곳인 만큼 머천다이징 제품도 판매한다. **4** 유명한 부비스의 팬케이크에는 블루베리 소스가 제격이다.

블라우에 간스 **Blaue Gans**

Add. 139 Duane St., New York, NY 10013
Tel. (212) 571-8880
Open 11:00~24:00
Access 1·2·3 라인 Chambers St. 역
URL www.kg-ny.com/blaue-gans

전후의 유럽 분위기가 물씬 풍기는 오스트리아 식당

뉴욕에 5곳의 오스트리아 레스토랑을 연 레스토랑 경영자 겸 셰프인 쿠르트 구텐브루너Kurt Gutenbrunner의 트라이베카 식당. 이곳 역시 오스트리아와 아메리카 음식을 제공한다. 그는 오스트리아 음식을 현대적으로 해석, 음식과 아트를 결합시켜 많은 찬사를 받았다. 20세기 오스트리아 미니멀리스트 아트와 접목한 첫 번째 레스토랑 발제Walse를 비롯해 구스타프 클림프, 폴 클리 같은 독일과 오스트리아 작가의 작품으로 채워진 노이에 갤러리의 카페 사바스키Café Sarvasky처럼 말이다. 3면 전체가 영화와 빈티지 아트 포스터로 둘러싸인 이곳은 낭만적인 시대의 우아함이 느껴진다. 소시지, 감자, 맥주 같은 독일을 대표하는 음식과 슈니첼, 굴라시 같은 클래식한 앙트레를 즐길 수 있다.

1 아트 포스터로 장식한 오스트리아 분위기의 식당 **2** 벽면의 대형 거울 장식 **3** 치킨이 아니라 비둘기같이 생긴 핫 윙. 아주 맛있다.
4 소시지가 생각나는 독일 맥주

로칸다 베르데 **Locanda Verde**

Add. 377 Greenwich St., New York, NY 10013
Tel. (212) 925-3797
Open 월~금요일 07:00~11:00, 11:30~15:00, 17:30~23:00,
토 · 일요일 08:00~10:00, 11:30~15:00, 17:30~23:30
Access 1 라인 Franklin St. 역
URL www.locandaverdenyc.com

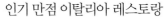

인기 만점 이탈리아 레스토랑

로버트 드니로의 그리니치 호텔Greenwich Hotel 안에 있는 이 레스토랑은 현재까지도 트라이베카에서 가장 인기 있는 스폿 중 하나다. 실제로 점심시간에 이곳을 방문하면 유명인을 만나는 경우가 종종 있다.

넓은 창과 높은 천장, 고급스러운 인테리어도 멋지지만, 요리계의 아카데미라 불리는 〈제임스 비어드 어워드James Beard Awards〉에서 상을 받은 유명 셰프 앤드루가 있기 때문이다. 캐주얼한 이탈리아 요리를 표방하지만 그 맛은 결코 캐주얼하지 않다. 전화 예약만 받으며 평일 저녁에는 일찍 예약하지 않으면 자리를 잡기 어렵다.

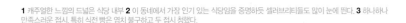

1 캐주얼한 느낌의 드넓은 식당 내부 **2** 이 동네에서 가장 인기 있는 식당임을 증명하듯 셀러브리티들도 많이 눈에 띈다. **3** 하나하나 만족스러운 접시 특히 식전 빵은 염치 불구하고 두 접시 청했다.

카페 1668 **Kaffe 1668**

Add. 275 Greenwich St., #4 New York, NY 10007
Tel. (212) 693-3750
Open 월~금요일 06:30~22:00, 토 · 일요일 07:00~21:00
Access 1 · 2 · 3 라인 Chambers St. 역
URL www.kaffe1668.com

북유럽 느낌이 물씬 풍기는 커피 오아시스

월 스트리트로 상징되는 로어맨해튼은 한국의 오피스 지역과 달리 맛집도 거의 없고 고급 커피 하우스도 없는 소외 지역이다. 이런 커피 변방에 인텔리젠시아 원두를 고급 에스프레소 머신인 클로버에서 뽑아낸 에스프레소와 21 오가닉 티를 맛볼 수 있는 커피 하우스가 있다니 모두가 기뻐할 일이다.

이런 좋은 일을 한 주인공은 트라이베카 아파트에 사는 스웨덴 출신의 미카엘Mikael과 토마스Tomas. 칠판과 원목, 카툰 아트워크로 장식한 실내 분위기도 멋지고 월 스트리트답게 다른 곳보다 한 시간 빠른 아침 6시 30분에 오픈한다. 그리니치(401 Greenwich St.)와 5번가(530 5th Ave.)에도 지점이 있다.

1 그레이 톤의 인테리어가 세련된 느낌을 준다. **2** 가게 밖까지 커피 손님들이 늘어서 있다. **3** 카페 전체를 장식한 흑백의 카툰 아트워크 **4** 크레마가 살아 있는 오늘의 커피. 잔이 예쁘다.

주미스 **Zoomies**

Map
P.483-F

Add. 434 Hudson St., #4 New York, NY 10014
Tel. (212) 462-4480
Open 월~토요일 11:00~19:00, 일요일 12:00~18:00
Access 1 라인 Houston St. 역
URL www.zoomiesnyc.com

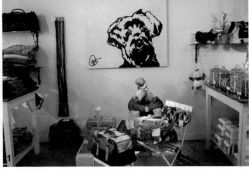

강아지의 럭셔리 스타일을 위한 애견 숍

크리스찬 디올 쿠튀르 부사장과 파리 레알 지역의 레스
토랑 오너였던 두 사람이 손을 잡고 만든 트라이베카의
고급스러운 애견 숍. 패션과 요식업계를 주름잡았던 그
녀들의 경력은 트라이베카 강아지의 라이프스타일을 바
꿔버렸다. 비스킷 바에는 홈메이드 블루베리 크리스피,
피넛 버터 비스킷, 베이컨, 달걀, 치즈 맛 뼈다귀 등이 담
겨 있어 강아지들의 딘 & 델루카라 부를 만하다. 패션 쪽
도 마찬가지. 색색의 강아지 침대, 미니어처 같은 맨해튼
소파, 크림치즈를 올린 베이글 모양의 봉제 완구 등 뉴요
커 취향의 액세서리가 눈길을 끈다. 그중에서도 하이라
이트는 강아지 크기에 따라 맞춤 제작이 가능한 나일론
레인코트와 인조 모피 코트.

1 강아지 쿠키가 놓여 있는 진열대 **2** 트라이베카에서 미트패킹까지 이어지는 허드슨 스트리트에는 작고 괜찮은 가게가 꽤 있다. **3** 보
기만 해도 기분 좋아지는 강아지 그림 **4** 알록달록한 강아지 목줄

벌룬 설룬 **Balloon Saloon**

Add. 133 West Broadway, New York, NY 10013
Tel. (212) 227-3838
Open 09:00~19:00
Access 1 라인 Franklin St. 역
URL www.balloonsaloon.com

secret

2015 New Spot

전 연령을 커버하는 재미난 추억의 문방구

자칭 '뉴욕에서 가장 재미난 숍'이란 말에 걸맞게 작은 가게 안이 재미난 물건으로 가득 차 있다. 한국으로 말하면 추억의 문방구를 탐험하는 즐거움이 있다고 할까. 우선 풍선 가게라는 뜻의 이름처럼 파티에 사용하는 각양각색의 풍선이 가게 입구를 장식하고 있다. 또한 양파 냄새 나는 귀뚜라미, 아이스크림콘 샤워 캡, 가짜 똥 덩어리, 방귀 방석, 빈티지 캔디, 파리가 들어 있는 얼음, 베이컨 냄새 나는 치실, 각종 퍼즐과 게임, 책, 흥미진진하고 유머러스한 장난감으로 가득하다. 다만 직원들의 친절함은 기대하지 말자. 어떤 물건이 있고 어디에 쓰는 물건인지는 손님이 스스로 알아내야 하니 말이다.

1, 2 호기심을 발동시키는 풍선들이 입구에서 반겨준다. **3** 엽기적인 것들을 소재로한 책들 **4** 끝없이 흥미로운 물건이 쏟아져 나와 쉽게 자리를 뜨기 어렵다.

시놀라 Shinola

Map
P.486-C

Add. 177 Franklin St., New York, NY 10013
Tel. (917) 728-3000
Open 월~토요일 11:00~19:00, 일요일 11:00~18:00
Access 1 라인 Franklin St. 역
URL www.shinola.com

secret

2015 New Spot

디트로이트 태생의 고급 잡화점

'미국 제조업이 시작된 곳'이라는 자부심과 함께 '미국의 제조업은 죽지 않았다'는 믿음으로 새 출발한 디트로이트 태생의 럭셔리 브랜드 숍. 원래는 제2차 세계대전 때 구두 광택제 회사였다고 한다. 뉴욕의 첫 플래그십 매장인 이곳은 하얀 벽면과 화이트 오크 진열대, 나선형 계단, 유리 천장의 시원스러운 인테리어가 기분 좋게 만든다. 미국산만 취급한다는 시놀라 매장의 진열품은 풋볼, 야구 장갑, 자전거, 지갑 같은 가죽 소품과 다른 브랜드와의 협업으로 탄생한 청바지나 자전거 자물쇠 등 질 좋은 수제품이다. 이슈 오브 원Issued of One이라 불리는 핸드메이드 빈티지도 눈여겨볼 것. 특히 시놀라의 프리세일 시계는 정말 예쁘고 완판으로 유명해 홈페이지에서 미리 체크해야 할 정도다.

1 입구에 있는 카페는 동네 단골들이 많이 찾는다. **2** 가게 밖에는 쉬었다 가기 좋은 테이블이 놓여 있다. **3** 디트로이트 출생의 클래식한 자전거 **4** 카페 손님을 위한 잡지 랙도 마련되어 있다.

415

Map
P.488-E

센추리 21 Centry 21

Add. 22 Cortland St., New York, NY10007
Tel. (212) 227-9092
Open 월~수요일 07:45~21:00, 목·금요일 07:45~21:30, 토요일 10:00~21:00,
일요일 11:00~20:00
Access R 라인 Cortland St. 역
URL www.c21stores.com

secret

새롭게 단장한 아웃렛 센추리 21

10년 전 뉴욕 여행에서 빼놓을 수 없었던 센추리 21 아웃렛 쇼핑. 3년 전 어퍼웨스트의 링컨 센터 부근에 지점을 열고 2014년, 본점을 6층까지 확장했으며 프리미엄 브랜드만 따로 모은 센추리 21 에디션까지 추가하는 대대적인 레노베이션으로 완전히 새로워졌다. 우선 불편했던 쇼핑 공간이 백화점처럼 넓고 쾌적해졌으며, 각 층마다 계산대를 두었다. 예전부터 명성이 높은 남성 정장, 셔츠 섹션은 에디션 입구가 있는 별관 쪽에 있다. 본관 건물은 각 층마다 내부 통로가 있어 쉽게 오갈 수 있다. 과거에는 물건은 많았지만 상품의 질이 엉망이었다면 이제는 디스플레이도 잘되어 있고 물건의 질도 좋아 아웃렛 쇼핑지로 최고다. 온라인 쇼핑도 할 수 있으니 방문전 미리 탐색해 물건 수준을 가늠해보길.

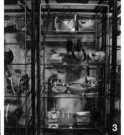

1 남성 의류가 있는 메인 홀 **2** 새롭게 단장한 건물 안에는 커피 빈 카페도 입점돼 있다. **3** 새롭게 선보인 에디션 섹션의 명품들 **4** 과거와 달리 구두 섹션은 브랜드가 줄어들어 아쉽다.

월 스트리트 Wall Street

세계 경제의 중심이라 일컫는 뉴욕의 월 스트리트. 오래된 수십 층짜리 화강암 건물이 작은 골목을 사이에 두고 숨 막힐 듯 서 있는 빌딩 정글이다. 21세기 들어 9·11 테러와 2008년 대형 금융 사기, 그리고 서브 프라임 모기지 등 굵직한 사건을 거치며 옛날에 비해 많이 퇴색한 듯하지만 여전히 세계 경제의 중심지다. '월 스트리트'란 이름은 그 옛날 인디언의 침입을 막기 위해 쌓은 성벽에서 유래했다고 한다. 1972년 증권 거래소가 생기면서 이 일대에 금융업이 자리를 잡게 됐고 반더빌트, 모건 등의 주식 투자가 막대한 이익을 내면서 월 스트리트가 세계 경제의 중심이 되는 기반을 마련했다.

9·11 테러 이후 뉴욕 증권 거래소의 일반인 공개는 금지됐는데, 그 옆에 위치한 페더럴 홀 국립 기념관Federal Hall National Memorial을 주중에 한해 일반인에게 공개하니 들러볼 만하다. 이곳은 초기 연방 정부에 관한 자료가 전시된 기념관으로, 특히 미국 초대 대통령인 조지 워싱턴과 관련된 자료가 많다. 이곳에서 취임 선서를 한 조지 워싱턴 대통령이 취임식 때 사용한 성경책도 보관되어 있다. 그리스 성전 스타일의 건물이 멋지며 중앙 계단에는 조지 워싱턴 동상이 세워져 있다.

월 스트리트 Wall Street Add. Wall St. Access 4·5 라인 Wall St. 역   P.488-E
뉴욕 증권 거래소 New York Stock Exchange Add. 20 Broad St. Access 4·5 라인 Wall St. 역   P.488-E
페더럴 홀 국립 기념관 Federal Hall National Memorial Add. 26 Wall St. Open 09:00~17:00   P.488-E

연방준비은행
Federal Reserve Bank   P.488-B

전 세계 금괴의 25%를 보유하고 있는 곳. 무료 투어에 참가하면 역사와 함께 수천 조에 육박하는 금괴를 정부에서 어떻게 관리하고 보관하는지에 관해 설명을 들을 수 있다.

Add. 33 Liberty St. Tel. (212) 720-6130
Open 월~금요일 13:00~14:00(사전 예약 필수)
URL www.newyorkfed.org

월 스트리트 체험 투어
The Wall Street Experience Tour

이곳 투자 은행에서 일했던 사람이 이끄는 워킹 투어 프로그램. 2시간 동안 골드만 삭스, 도이치 뱅크 등 주요 금융 기관을 돌아다니며 이 지역의 역사와 서브 프라임 모기지로 촉발된 금융 위기, 월 스트리트에서 일하는 사람들에 대한 이야기를 들려준다. 2시간 소요.

Time 월·수·금·일요일 10:00~12:00, $50
Location 15 Broad St.에서 출발
URL www.wallstreetexperience.com

뉴욕의 히스토리컬 예배당 둘러보기

교회나 성당이라고 하면 유럽을 떠올리지만 뉴욕에도 멋진 교회가 많다. 수십 년에 걸쳐 지은 고딕 양식의 웅장한 교회들이 높다란 빌딩 사이에 끼여 색다른 풍경을 연출한다. 유럽의 교회 못지않게 아름답고 웅장해 미적으로나 역사적으로나 시간을 내 방문해볼 만하다.

세인트 존 더 디바인 성당
Cathedral Church of St. John the Divine

P.491-C

1873년 호라티오 포터 사제가 뉴욕 주의 허가를 얻어 정식으로 대성당 건립에 착수한 이후 지금까지 건축이 이어지고 있는 최대 규모의 성당. 고딕 양식의 장대한 건물을 보면 절로 탄성이 나온다. 입구인 청동 문에는 사도 요한이 새겨져 있고 내부는 7개의 민족을 상징하는 7개의 예배당으로 이루어져 있다. 위인의 조각상이나 천지 창조를 그린 스테인드글라스는 매우 아름다우며 빛이 비치면 숭고한 느낌마저 든다. 정면에 조각되어 있는 맨해튼의 마천루, 성당에 걸려 있는 17세기 고블랭직의 태피스트리 등 꼭 봐야 할 것이 많다. 미사 외에도 콘서트나 특별 공연이 열리는데 매년 성프란시스 축일에는 기념 음악회가 진행된다.

Add. 1047 Amsterdam Ave. at West, 112th St. Open 07:30~18:00. 관람객 센터와 기념품 숍 09:00~17:00(정원과 안뜰은 해 지기 전가지 개방, 예배 시간은 홈페이지 확인) Access B·D·M·F 라인 Cathedral Parkway 역 URL www.stjohndivine.org

트리니티 교회 Trinity Church P.488-E

1967년 영국 국교회에서 설립, 2차례의 개축을 거쳐 1846년에 완성한 것이 현재의 건물이다. 그야말로 고색창연한 교회다. 9·11 테러 당시 바로 앞에서 무너진 월드 트레이드 센터의 파편과 먼지가 날아와 교회 건물의 많은 부분이 훼손되지 않을까 우려했지만 시간이 지나 다시 제자리를 찾았다. 교회 안에는 당시의 희생자들을 기리는 테이블이 마련되어 있어 잠시나마 그들의 영혼을 기리는 마음을 갖게 된다. 교회 앞 마당의 묘지에는 미국의 황금기를 연 저명인사들이 잠들어 있다. 지금도 주일 대예배를 비롯해 정기적으로 공연하는 트리니티 성가대와 로어맨해튼의 문화 중심지로서 다채로운 문화 행사가 많이 열리기로 유명하다.

Add. 74 Trinity Pl. Open 월~금요일 07:00~18:00, 토·일요일 08:00~16:00, 주일 대예배 11:15~12:30 Access 1·N·R 라인 Rector St. 역 또는 4·5 라인 Wall St. 역 URL www.trinitywallstreet.org

세인트 패트릭 성당 Saint Patrick's Cathedral

독일의 쾰른 성당을 본떠 만든 고딕 양식의 성당으로 미국에서 가장 규모가 크다. 1859년에 착공해 8년의 공사 기간을 거쳐 완성했는데 높이 101미터의 고딕 첨탑과 7885개의 파이프로 만든 파이프 오르간, 스테인드글라스가 환상적인 아름다움을 선사한다. 5번가 최대 관광지인 록펠러 센터 맞은편에 있어 부활절이나 크리스마스에는 많은 관광객들이 예배에 참석해 2400개의 좌석을 가득 채우는 진풍경이 연출된다.

Add. 50th St.(at 5th Ave.) Open 07:00~20:30 Access B·D·M·F 라인 47th - 50th - Rockefeller Center 역 URL www.saintpatrickscathedral.org

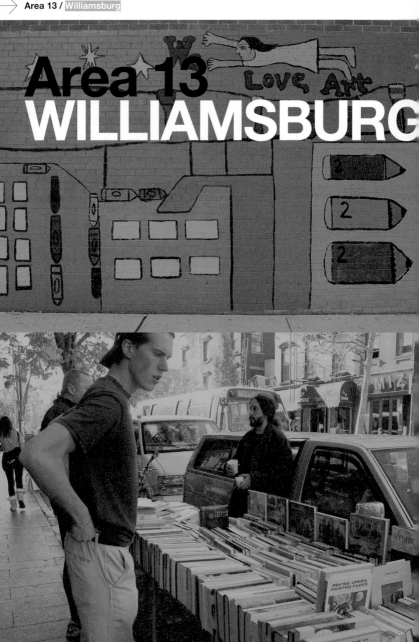

윌리엄스버그
WILLIAMSBURG

●   공장에나 칠할 법한 회색빛이 감도는 하늘색과 잔꽃무늬, 빈티지를 재창조하는 낡음의 미학 그리고 자유로운 창업 정신과 의식 있는 소비. 이 모든 것이 오늘날 브루클린 스타일에 담겨 있는 이미지다. 맨해튼 동쪽의 이스트빌리지에 살던 인디 음악가와 작가들을 비롯해 다양한 언더그라운드 영역의 예술가들이 치솟는 집값을 견디다 못해 1990년대 중반부터 이스트 강을 건너와 형성하기 시작한 동네다. 현재 뉴욕을 대표하는 라이프스타일, 힙스터의 중심지이며 이곳 주민들의 취향은 한눈에 보기에도 자유롭고 세련됐다. 무엇보다 복잡한 도심에서는 누릴 수 없는 그들만의 여유로움이 넘친다. 뉴욕에서 가장 세련된 동네를 꼽으라고 하면 주저 없이 '이곳'이라고 대답할 만큼 요즘 뉴요커들이 추천하는 멋진 가게와 맛집은 이 동네에 다 있다고 해도 과언이 아니다. 맨해튼 유니언 스퀘어에서 지하철로 세 정거장 거리에 있어 교통이 편리하고, 지하철 베드퍼드 애비뉴Bedford Ave. 역을 중심으로 상권이 밀집되어 있어 반나절 여정으로 알차게 구경하기에 좋다.

Tip **힙스터**Hipster**란?**
아편을 뜻하는 속어 'hop'에서 진화한 'hip'에서 유래한 말로, 1940년대 재즈광을 지칭하는 은어였다. 한 세대가 지난 1990년대 이후 뉴욕을 중심으로 독특한 문화 코드를 공유하는 일부 중산층 출신의 백인 젊은이들을 힙스터라 부르게 됐다. 힙스터 문화를 상징하는 아이콘은 청바지와 픽시 자전거(기어 없는 자전거), 유럽식 담배, 질 좋은 차와 커피, 인디 밴드, 독립 영화, 주류에서 벗어낸 대안 문화 등이 있다. ※위키피디아 참조

Access
가는 방법

L 라인 Bedford Ave. 역

방향 잡기 베드퍼드 애버뉴 역에서 베드퍼드 애버뉴 쪽으로 나와 4번 가까지 내려가며 이스트 강이 있는 서쪽 방향의 숍 위주로 구경한다. 일정에 여유가 있으면 남쪽 메트로폴리탄 애버뉴Metropolitan Ave.를 지나 그랜드 스트리트Grand St.까지 내려가거나 북쪽 노스 10번가까지 올라간다.

Bedford
Ave.

도보 15분

Metropolitan
Ave.

Check Point

● 맨해튼에서 브루클린으로 가는 교통편은 유니언 스퀘어 역에서 지하철 L 라인이 유일하다. 하지만 워낙 낙후한 탓에 연착이 잦고 저녁 늦게는 30분 이상 연착되기도 한다. 모험할 생각이 아니라면 오전 일찍 출발해 여유 있게 둘러보고 해가 지기 전에 돌아오는 것이 좋다.

Plan
추천 루트

힙스터의 중심지
브루클린에서 경험하는
한나절의 세련된 여유로움

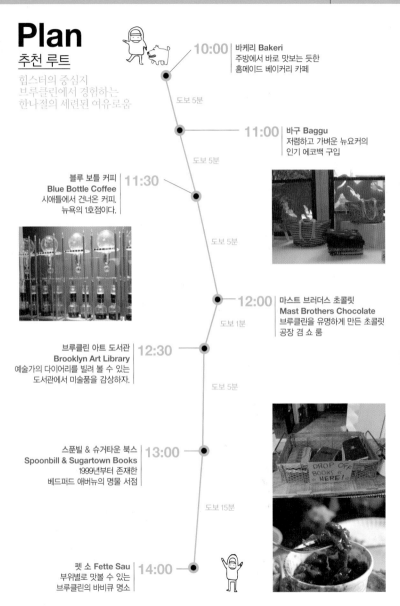

10:00 바케리 Bakeri
주방에서 바로 맛보는 듯한
홈메이드 베이커리 카페

도보 5분

11:00 바구 Baggu
저렴하고 가벼운 뉴요커의
인기 에코백 구입

도보 5분

블루 보틀 커피 **11:30**
Blue Bottle Coffee
시애틀에서 건너온 커피.
뉴욕의 1호점이다.

도보 5분

12:00 마스트 브러더스 초콜릿
Mast Brothers Chocolate
브루클린을 유명하게 만든 초콜릿
공장 겸 쇼룸

도보 1분

브루클린 아트 도서관 **12:30**
Brooklyn Art Library
예술가의 다이어리를 빌려 볼 수 있는
도서관에서 미술품을 감상하자.

도보 5분

스푼빌 & 슈거타운 북스 **13:00**
Spoonbill & Sugartown Books
1999년부터 존재한
베드퍼드 애버뉴의 명물 서점

도보 15분

펫 소 Fette Sau **14:00**
부위별로 맛볼 수 있는
브루클린의 바비큐 명소

흐린 날 더욱 운치 있는
맨해튼 브리지

덤보 Dumbo

Access F 라인 York St. 역 또는 A·C 라인 High St. 역

★★★
2015 New Spot

베스트 웨딩 촬영지로 꼽히는 뉴욕 베스트 포토 존

이스트 강 건너편 브루클린 브리지에서 맨해튼 브리지까지의 작은 구역이다. 18년 동안 대규모 예술 축제가 열린 곳이자 유명한 풍경 덕분에 촬영 장소로 인기가 높다. 우디 앨런의 영화 〈맨해튼〉과 우리나라 예능 프로그램 〈무한도전〉 화보도 이곳에서 촬영했다.

'브루클린의 첼시'라 불리는 덤보는 갈색 사암 건물 사이의 맨해튼 브리지가 특히 아름다운데, 요즘은 맨하탄 브리지 쪽 강변의 회전목마가 인기 스폿으로 자리 잡았다. 어스름한 저녁에 강변 벤치에 앉아 있으면 하나둘 켜지는 건너편 맨해튼 빌딩 숲이 정말 로맨틱하다.

Tip 덤보 추천 코스

갈색 사암 건물 사이의 맨해튼 브리지 감상 → 워터 스트리트Water St.를 따라 브루클린 브리지 방향으로 걷기 → 원 걸 쿠키 카페One Girl Cookie Café에서 수제 쿠키 맛보기 → 베스트 포토 스폿인 제인스 캐러셀Jane's Carousel에서 기념 촬영 → 피어 1에서 저녁 식사 즐기기(추천 레스토랑 : 리버 카페River Café, 브루클린 아이스크림 팩토리Brooklyn Ice Cream Factory, 셰이크 섹 버거Shake Sahck Burger)

1 덤보에는 많은 예술 작품들이 전시되어 있다. **2** 덤보는 우디앨런의 영화 〈맨해튼〉 포스터 촬영지로 유명하다. **3** 브루클린과 맨해튼을 이어주는 맨해튼 브리지

다양한 맛집들의 벤더가 열리니
취향에 맞는 음식을 맛보자.

GREENWAY TO DUMBO
RESTROOMS
SQUIBB PARK BRIDGE
PIER 6 PLAYGROUND
PIER 4 BEACH
GOVERNORS ISLAND FERRY
POP UP POOL
FORNINO

SM   ASBU
SUN   S • 11am-6p

스모개스버그 벼룩시장 Smorgasburg Flea Market

Add. 토요일 90 Kent Ave., Williamsburg / 일요일 Pier 5, Dumbo
Open 11:00~18:00
Close 월~금요일
Access L 라인 Bedford Ave. 역 또는 R 라인 Court St. 역
URL www.smorgasburg.com

★★
2015 New Spot

로컬 음식이 한자리에 모이는
브루클린의 먹거리 축제

음악 축제에 우드 스탁이 있다면 스모개스버그 벼룩시장
은 '음식계의 우드 스탁'이라 불리는 먹거리 축제다. 2010
년 브루클린 벼룩시장의 스핀 오프로 시작했으며 참여
벤더 수만 120개가 넘고 1만 여 명 이상이 다녀갈 정도로
인기가 높다. 특히 요즘은 브루클린 인근의 로컬 푸드와
식당들이 뉴욕 푸드계를 평정하고 있어 장터 음식이라
해도 이곳 벤더에서 사 먹을 수 있는 음식으로 뉴욕 푸드
계를 한눈에 엿볼 수 있다. 한마디로 웬만한 레스토랑보
다 낫다고 할 수 있다. 토요일은 윌리엄스버그, 일요일은
덤보에서 4월부터 11월까지 주말마다 비가 와도 열린다.
윌리엄스버그는 주변에 숍이 많아 쇼핑을 겸해서 다녀오
기 좋고, 덤보 지역은 맨해튼 남단의 풍광과 놀이터, 테
이블, 벤치, 화장실 같은 시설이 잘갖추어져 있어 반나절
동안 시간을 보내기 좋다. 특히 코트 스트리트Court St. 역
에서 걸어가는 조럴레몬 스트리트Joralemon St.는 대표적
부자 동네인 브루클린 하이츠의 타운하우스 동네로, 집
과 어우러진 나무 길이 아름다우며 브루클린만의 정취를
느낄 수 있다.

1 더운 여름임에도 불구하고 참여 열기가 뜨겁다. **2, 3** 벤더에서 판매하는 맛있는 음식들

브루클린 아트 도서관 Brooklyn Art Library

Add. 103 A North, 3rd St., Brooklyn, NY 11211
Open 11:00~19:00
Access L 라인 Bedford Ave. 역
URL www.brooklynartlibrary.com

★★

예술가의 스케치북을 빌려주는 도서관

문학 작품처럼 미술품도 책의 형태로 읽힐 수 있을까? 작품을 찍은 포트폴리오가 아니라 작가의 영감과 표현을 그대로 들여다볼 수 있는 날것의 형태로 말이다. 전 세계 아티스트를 대상으로 프로젝트를 진행하는 아트 하우스 Art House의 브루클린 아트 도서관은 그런 발상을 재미난 현실로 재현한 곳이다. 매년 스케치북 프로젝트에 참여한 전 세계 작가들의 작품을 소장하고 있다.

방문객들은 즉석에서 발급해주는 열람 카드를 이용해 다양한 주제별로 검색, 스케치북을 빌려 볼 수 있다. 도서관 한쪽에서는 스케치북과 아트 플레이를 위한 작은 소품도 전시·판매한다.

1 스케치북을 열람하며 자연스럽게 예술적 감성을 키울 수 있는 환경이 부럽다. **2, 3** 도서관은 순수한 동심을 느끼게 해주는 아기자기한 분위기 **4** 다 보고 난 스케치북은 바구니에 반납하면 된다.

브루클린 브루어리 **Brooklyn Brewery**

Add. 379 North, 11th St., Brooklyn, NY 11211
Tel. (718) 486-7422
Open 금요일 18:00~23:00, 토요일 12:00~20:00, 일요일 12:00~18:00
Close 월~목요일
Access L 라인 Bedford Ave. 역
URL www.brooklynbrewery.com

★★

브루클린의 현대식 맥주 양조장

1세기 전 독일 이민자들이 몰려 있던 브루클린에는 양조장만 100개가 넘었다고 한다. 하지만 중서부에 고속도로가 생기면서 양조장이 거의 문을 닫을 수밖에 없었다. 그러던 중 1980년대 브루클린의 중산층 동네인 파크 슬로프에 이웃해 살던 전직 기자와 금융맨이 의기투합해 '브루클린 브루어리'를 만들어 명소로 키워냈다. 깔끔한 벽돌 창고에 아이비가 울창하게 덮여 있는 이곳에서는 주말마다 오후 1시부터 5시까지 30분 간격으로 무료 투어를 한다. 시음을 하려면 입구의 계산대에서 하나에 $5(5개에 $20)인 칩을 구입해 사용하면 된다. 기억할 것은 가급적 문 열기 1시간 전부터 줄을 서는 게 좋으며, 발가락이 보이는 오픈토 슈즈는 안전을 위해 입장 불가다. 안주는 가지고 가도 되고 근처 피자집에서 배달해 먹어도 된다. 자세한 사항은 홈페이지 참고.

1 공장 입구에서 투어를 기다리는 사람들 **2** 탁 트인 이스트 강 쪽 풍경에 잘 어울리는 공장 건물 **3, 4** 토요일 브런치에 맥주를 곁들인 사람들의 왁자지껄함에 휩쓸려 웬만한 스트레스는 다 날아갈 듯.

푸줏간에서 쓰는 연장이
걸려 있는 바 테이블

펫 소 Fette Sau

Add. 354 Metropolitan Ave., Williamsburg, Brooklyn, NY 11211-3308
Tel. (718) 963-3404
Open 월~목요일 17:00~23:00, 금~일요일 12:00~23:00
Access L 라인 Bedford Ave. 역
URL www.fettesaubbq.com

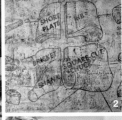

부위별로 잘라 먹는 뉴욕 최고의 바비큐

〈가젯〉이 3년 연속 뉴욕 최고의 바비큐로 선정한 명물 맛집. 인근 소규모 농장에서 순수 혈통으로 키운 최고 육질의 고기를 소스 없이 드라이 방식으로 요리한다. 그날그날 구할 수 있는 고기 부위에 따라 메뉴가 바뀌는데 매일 여섯 부위 정도 맛볼 수 있다. 푸줏간처럼 꾸민 실내 분위기는 물론 부위별로 원하는 만큼 잘라 주문할 수 있으니 고기를 좋아하는 사람에게는 더할 나위 없는 천국이다. 특히 사이드 메뉴로 뭉근하고 달면서 매콤하게 양념한 레드 빈을 시켜 짭짤한 고기를 찍어 먹는 그 맛이 예술이다. 뉴욕식 바비큐에 눈을 뜨는 신고식이라고 해두자. 가격부터 맛, 서비스, 이색 체험까지 유명 바비큐 레스토랑의 스테이크와는 비교할 수도 없을 만큼 언더그라운드의 끼가 가득 넘치는 곳이다.

1 바비큐는 역시 여럿이서 왁자지껄 먹어야 제맛. 2 벽면에 그려놓은 각각의 고기 부위를 살펴보면서 고기에 대한 상식도 늘리자! 3, 4 고기도 맛있지만 사이드 메뉴도 예술이다.

카라카스 아레파 바 Caracas Arepa Bar

Map
P.490

Add. 291 Grand St., Brooklyn, NY 11211
Tel. (718) 218-6050
Open 12:00~23:00
Access L 라인 Bedford Ave. 역
URL www.caracasarepabar.com

베네수엘라 스트리트 푸드 아레파의 원조

우리에게는 낯선 베네수엘라의 거리 음식 아레파Arepa는 겉은 바삭하고 안은 촉촉한 베네수엘라식 옥수수 머핀에 매콤한 향신료를 듬뿍 넣은 다진 닭고기, 생선, 쇠고기를 아보카도, 치즈, 플렌틴(바나나와 비슷한 과일) 같은 이국적 재료를 곁들여 속을 채운 음식이다. 대부분의 남미 음식이 그렇듯 느끼하지 않고 칼칼한 것이 우리 입맛에도 잘 맞는다. 푸드 네트워크의 아이언 셰프 보비 플레이의 〈쇼다운Showdown〉 프로그램에서 아레파 맛 대결을 벌인 집이기도 하다. 해피아워의 바 스낵으로도 좋고, 더운 여름이면 시원한 마티니를 곁들여도 별미일 듯. 이스트빌리지점은 기본 1시간은 기다려야 할 정도로 동네 맛집으로 급부상했다.

1 남미 느낌이 물씬 풍기는 원색적인 컬러의 인테리어 **2** 이스트빌리지점에서도 봤던 똑같은 간판 **3** 매콤하게 볶아낸 생선 아레파는 우리 입에도 칼칼하게 느껴질 정도 **4** 다양한 야채 칩과 으깬 아보카도로 만든 과카몰리 소스의 궁합이 좋다.

파이스엔사이 Pies-N-Thighs

Add. 166 South, 4th St., Brooklyn, NY 11211
Tel. (347) 529-6090
Open 월~금요일 09:00~16:00, 17:00~24:00,
토 · 일요일 10:00~16:00, 17:00~24:00
Access L 라인 Bedford Ave. 역
URL www.piesnthighs.com

2015 New Spot ▶

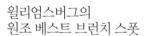

윌리엄스버그의
원조 베스트 브런치 스폿

한국에서는 야식으로 먹는 치킨을 뉴욕에서는 브런치로
먹는다. 이곳은 뉴욕의 베스트 프라이드치킨 톱 3 안에
들만큼 유명한 집이다. 과거에는 너무 외진 곳에 있어서
방문이 어려웠는데 이제는 이 동네도 상대적으로 번화해
지고 로어이스트에도 분점을 낼 만큼 유명해졌다. 인테
리어에도 신경을 썼다. 아담한 가게 안은 빈티지 느낌의
빨간색 스트라이프 차양이 경쾌한 느낌을 준다. 이 집에
서 꼭 먹어봐야 하는 음식으로는 버터밀크를 듬뿍 넣은
비스킷 또는 와플을 곁들인 프라이드치킨과 가게 이름에
들어간 파이보다 더 유명한 슈거 도넛이다. 로어이스트
(43 Canal St.)에도 지점이 있다.

1 베드퍼드 애버뉴 역에서 떨어져 있어 로컬들이 많다. **2** 60~70년대를 연상시키는 메뉴판 **3** 치킨만큼 유명한 슈거 도넛 **4** 이것이 바로 뉴욕의 베스트 프라이드치킨

에그 EGG

Map
P.491

Add. 109 North, 3rd St., Brooklyn, NY 11249
Tel. (718) 302-5151
Open 월~금요일 07:00~17:00, 토 · 일요일 08:00~17:00
Access L 라인 Bedford Ave. 역
URL www.eggrestaurant.com

뉴욕 베스트 3 브런치 카페

오픈과 함께 뉴욕 전체를 통틀어 대기 시간이 가장 길었던 브런치 전문 레스토랑. 몇 년 전 좀 더 넓은 장소로 이전하고 주변에 좋은 식당도 많이 생겨 예전 같은 긴 줄은 사라졌지만 여전히 브런치 핫 스폿인 건 분명하다. 상호명처럼 달걀 요리의 달인 조지 웰드와 버터밀크 프라이드 치킨으로 유명한 동네 맛집 파이스엔싸이Pies-N-Thighs의 달인이 만나 남부 스타일의 브런치를 만든다.

대표 요리인 에그 로스코Egg Rothko는 바삭하게 버터로 구운 브리오슈에 구멍을 내고 달걀을 부어 익힌 뒤 치즈를 덮어 오븐에 구운 음식인데 질감과 맛의 타이밍이 절묘한 게 특징. 모든 식재료는 레스토랑 소유의 오크힐 농장에서 친환경적으로 재배한 것만 사용한다고 하니 더욱 신뢰가 간다.

1 이곳의 시그너처 메뉴인 에그 로스코 **2** 브런치 타임에는 기다리는 사람들이 가게를 에워싸고 있다. **3** 사람 구경하기 좋을 만큼 동네 멋쟁이는 다 모인 듯 **4** 진짜 심플한 간판

메종 프리미어 **Masion Premiere**

Add. 298 Bedford Ave., Brookly, NY 11211
Tel. (347) 335-0446
Open 월~수요일 16:00~02:00, 목·금요일 16:00~04:00, 토요일 11:00~04:00,
일요일 11:00~24:00
Access L 라인 Bedford Ave. 역
URL www.maisonpremiere.com

2015 New Spot

스페셜한 만남을 위한 선남선녀들의 잇 플레이스

시공을 초월해 프랑스에 대한 로망을 이뤄주는 멋진 오이스터(굴) 칵테일 바. 1890년대의 클래식한 로맨티시즘이 재현된 곳이라고 할까. 어둑한 프랑스 농가 저택을 연상케 하는 분위기에 중앙에는 U자형 오이스터 바가 자리해 있고 나비넥타이를 맨 웨이터들이 서빙을 준비하는 모습을 보면 이곳이 정말 뉴욕인가 싶다. 이게 끝이 아니다. 천장에서 바닥까지 이어진 윈도 도어는 나무와 꽃, 나폴레옹 조각상의 분수대가 있는 아웃도어 테이블까지 이어진다. 아름다운 정원에서 식사하는 무리가 한 폭의 그림처럼 보일 정도. 이런 분위기에 음식까지 맛있으니 선남선녀의 발길이 끊이지 않는 건 당연하다. 특히 굴을 개당 $1에 판매하는 해피아워에는 자리 잡기가 거의 불가능하니 부지런함은 필수요, 그날의 운에 맡길 수밖에.

1 미국 남부를 연상시키는 정원 **2** 이국적인 분위기의 외관 **3** 정중한 느낌의 직원들 **4** 오이스터 해피아워(월~금요일 16:00~19:00, 토·일요일 11:00~13:00)를 이용해보자.

시골 할머니 집에 온 듯
푸근함이 느껴지는 카페

바케리 **Bakeri**

Add. 150 Wythe Ave., Brooklyn, NY 11211
Tel. (718) 388-8037
Open 월~금요일 07:00~19:00, 토 · 일요일 08:00~19:00
Access L 라인 Bedford Ave. 역
URL www.bakeribrooklyn.com

2015 New Spot

손맛이 느껴지는 홈메이드 빵

작고 아담해서 여자라면 누구나 좋아할 수밖에 없는 브
루클린 스타일의 빵집인데 의외로 멋쟁이 남자들까지
드나드는 걸 보면 맛있는 거 먹는 데는 남녀가 따로 없
는 듯. 구운 빵과 잼, 버터까지 기계가 아닌 사람 손으로
만든다. 마치 파머스 마켓에서 파는 빵 같은 느낌인데
따뜻하고 고개가 절로 끄덕여질 정도로 맛있다. 참고로
이 가게에는 단골이 아니면 놓치기 쉬운 비밀 장소가 하
나 있다. 가게 안 주방 뒤쪽으로 가면 작은 안뜰로 이어
지는 쪽문이 있는데 그쪽에도 4~5개의 테이블이 놓여
있다. 달콤한 빵뿐만 아니라 엄지손가락을 번쩍 치켜 올
릴만큼 맛있는 샌드위치도 이 집의 인기 메뉴. 카드 결제
는 받지 않으니 현금을 여유 있게 챙겨 가자.

1 할머니에게 물려받은 듯한 도구들이 주방의 푸근함을 더한다. **2** 작은 코너마저 정겹다. **3** 아는 사람만 안다는 뒷마당 테이블
4 바로 구워 내오는 빵들

솔티 **Saltie**

Add. 378 Metropolitan Ave., Brooklyn, NY 11211
Tel. (718) 387-4777
Open 10:00~18:00
Close 월요일
Access L 라인 Lorimer St. 역
URL www.saltieny.com

인하우스 메뉴로 꾸민 채식 카페

상호명의 '외항선'이라는 뜻에 걸맞게 문을 열고 들어가면 흰색 벽에 블루 보드로 포인트를 줘, 하얀 갈매기가 날아다니는 잔잔한 파란 수면에 떠다니는 느낌이다. 메뉴도 뱃사람에게나 어울릴 법한 은어로 채워져 난감하기 이를 데 없다. 예컨대 스커틀벗Scuttlebutt, 선장의 딸 Captain's Daughter, 배 비스킷Ship Biscuit, 모비딕Mobidick 같은 이름이다. 요리사들조차 무뚝뚝하기 그지없다. 손님을 위한 친절함은 어디에서 찾아야 할까? 바로 음식이다. 인근 농가에서 직접 구한 재료를 이용한 창의적인 샌드위치와 수프, 빵, 케이크, 단골들이 강력 추천하는 아이스크림 샌드위치도 최고다. 이 외에도 스커틀벗 샌드위치, 포테이토 토르티야가 맛있다.

1 이른 아침 카페를 찾은 동네 단골 아저씨 2 다운타운의 가장 끄트머리에 위치한 솔트 3 가게라기보다는 요리 잘하는 이웃의 주방에 들어온 느낌이다. 4 큼지막한 감자 샐러드가 양껏 들어간 샌드위치

Map P.491

블루 보틀 커피 Blue Bottle Coffee

Add. 160 Berry St., Brooklyn, NY 11211
Tel. (718) 387-4160
Open 월~목요일 07:00~19:00, 금~일요일 07:00~20:00
Access L 라인 Bedford Ave. 역
URL www.bluebottlecoffee.net

샌프란시스코의 유명 슬로 핸드 드립 커피

지금은 맨해튼과 브루클린을 합쳐 7곳이지만 4년 전 이
곳에 샌프란시스코 거점의 전설적인 슬로 드립 커피를 소
개할 당시 반응은 정말 대단했다. 미식가 세계에서 진보
적인 식문화를 선도하는 샌프란시스코의 취향은 익히 들
었지만 카푸치노 한 잔에 40분을 기다려야 하는 커피를
상업적으로 성공시킨 점이 대단하다. 이곳은 뉴욕의 플
래그십 매장으로 자체 로스팅 공정과 블루 보틀의 정체
성을 보여주는 플라스크 모양의 슬로 드립 추출 장치를
갖추고 있다. 무엇보다 벽 전체가 차고처럼 말려 올라가
는 통창 구조에 중앙의 스탠딩 커뮤널 테이블만 있는 인
테리어가 멋지다. 곁들여 먹는 베이커리류도 결코 평범하
지 않다.

Tip 매주 목요일 오후 12시에는 커피 테이스팅이 있다. 무료.

1 원두 작업 중인 가게 안쪽의 작업장 **2** 12시간 동안 추출하는 커피 **3** 샌프란시스코에서의 명성을 확인시키는 블루 보틀 커피의 원두
패키지 **4** 드립 커피 추출을 기다리는 중

젠 맥킨스가 직접 고른
예술 작품 같은 컬렉션

441

Map
P.490

버드 Bird

Add. 203 Grand St., Williamsburg, Brooklyn, NY 11211
Tel. (718) 388-1655
Open 월~금요일 12:00~20:00, 토요일 12:00~19:00, 일요일 12:00~18:00
Access L 라인 Bedford Ave. 역
URL www.shopbird.com

뉴욕 매거진이 꼽은 베스트 여성 부티크

브루클린에만 3개의 지점이 있는 고급 패션 부티크. 세 번째 매장이면서 가장 규모가 큰 윌리엄스버그점은 친환경 인테리어 인증을 받은 곳답게 내추럴한 원목 소재에 깔끔한 디스플레이로 소호의 플래그십 스토어 같은 분위기를 풍긴다. 오너인 젠 맨킨스Jen Mankins는 바니스 뉴욕에서 시작해 편집 숍으로 유명한 스티븐 알란의 구매 책임자를 지낸 실력자. 매장에서 가장 넓은 부분을 차지하는 여성 컬렉션은 직접 그녀의 손으로 골라낸 50여 개의 브랜드를 망라한다. 여성복과 남성복 매장으로 나뉘어 있다. 중앙에는 집 안의 포인트가 되는 무릎 덮개, 양초, 달력, 보석과 벨트·가방·신발 같은 패션 소품이 진열되어 있다. 남성복과 여성복 코너를 이어주는 중앙 통로 한쪽에 자리한 프티 바토Petie Bateau의 고급 아동복과 앙증맞은 소품 그리고 아트 작품의 컬렉션 수준이 예사롭지 않다. 남녀 모두 만족할 만한 원스톱 쇼핑 공간.

Tip
– **여성 컬렉션** 3.1 Phillip Lim, Acne, A.P.C., Alexander Wang, Christophe Lemaire, Isabel Marant, Maison Martin, Margiela Ligne 6, Proenza Schouler, Rachel Comey, Thakoon, Tsumori Chisato, Whit and Zero + Maria Cornejo, Comme des Garcons
– **남성 컬렉션** Band of Outsiders, Billy Reid, Comme des Garcons SHIRT, Our Legacy, Paul Smith, Rag & Bone, Relwen, Robert Geller, Shipley & Halmos and Steven Alan

1 양쪽에 입구가 있는데 이곳은 여성복 코너 입구. 반대편에는 남성복 코너 입구가 있다. **2** 이 동네에서 보기 드문 널찍한 쇼핑 공간 **3** 편집 숍의 매력이 그대로 드러나는 알찬 셀렉션

바구 Baggu

Map
P.491

secret

Add. 242 Wythe Ave., No.4 Brooklyn, NY 11249
Tel. (800) 605-0759
Open 11:00~19:00
Access L 라인 Bedford Ave. 역
URL www.baggu.com

2015 New Spot

실용과 멋을 겸비한 유명 에코백 브랜드

그동안 모마MoMa나 편집 숍, 여러 온라인 숍 등을 통해 접할 수 있었던 뉴욕의 모녀가 디자인한 인기 가방 브랜드. 한국에도 연예인들이 들고 나와 유명해진 덕 백Duck Bag은 가볍고 튼튼한 데다 예쁘고 가격까지 착해 많은 사랑을 받고 있다. 심지어 가죽 가방도 $200를 넘지 않는다. 단 하나 아쉬운 점은 2007년에 론칭한 브랜드임에도 오프라인 매장이 여러 곳 없다는 것. 이곳이 유일한 매장으로 에코백뿐만 아니라 가죽 클러치백, 숄더 백까지 모든 컬렉션을 한자리에서 볼 수 있다. 특히 방수 천으로 만든 시장 가방, 다양한 컬러와 패턴의 여행용 3D 집 백 Zip Bag($8~12)은 사랑스러운 아이템. 여행 고수들은 작은 3D 집 백에 기내에서 필요한 물건(칫솔, 핸드로션, 휴지, 필기구 등)을 넣어 가 비행 중 앞 좌석 고리에 걸어두고 사용한다고 한다.

1 다양한 사이즈의 토트 백 **2** 길 안쪽에 입구가 있어 간판을 찾아야 한다. **3** 가벼운 가죽 소재의 가방도 실용적이다. **4** 여행 시 요긴하게 사용할 수 있는 알록달록한 주머니 가방

드판너 Depanneur

Add. 242 Wythe Ave., Brooklyn, NY 11211
Tel. (347) 227-8424
Open 08:00~21:00
Access L 라인 Bedford Ave. 역
URL www.depanneurbklyn.com

브루클린의 딘 & 델루카 같은 고급 편의점

먹거리부터 생활용품까지 없는 게 없는 동네 편의점. 맨해튼 고급 델리의 대명사 딘 & 델루카와 마찬가지로 규모는 작아도 최상품만 들여놓는 고급 편의점이다. 무엇보다 요즘 친환경 생활용품 브랜드의 원산지인 브루클린의 핫 아이템 위주로 꾸며 동네의 자부심은 물론 외지인에게는 이곳의 특산물을 한꺼번에 만나볼 수 있다. 베스트 베이커리 세시 셀라Ceci Cela 빵, 마스트 브러더 Mast Brother 초콜릿, 매클루어McCluer 피클, 코먼 구즈 Common Goods 세제 등 영국이나 독일에서 공수한 다양한 스낵부터 커리 케첩 등을 구경하는 재미가 쏠쏠하다. 가게 입구의 조그만 미니 테이블에서 커피 한잔 마시며 쉬었다 가도 좋을 듯.

1 좋은 동네는 빵집이나 식료품점도 편집 매장 분위기인 듯! **2** 바람에 펄럭이는 드판너의 휘장 **3** 브루클린의 유명한 피클과 저장 식품 **4** 귀여운 패키지의 핸드 솝도 브루클린 태생이다.

스푼빌 & 슈거타운 북스 Spoonbill & Sugartown Books

Add. 218 Bedford Ave., Brooklyn, NY 11211
Tel. (718) 387-7322
Open 10:00~22:00
Access L 라인 Bedford Ave. 역
URL www.spoonbillbooks.com

Map
P.491

윌리엄스버그 아티스트들의 샘터 같은 서점

1999년 문을 연 예술 서적 전문점으로 베드퍼드 애버뉴의 명물이다. 아티스트가 넘쳐나는 동네 주민들의 한결같은 호평이니만큼 이 집의 명성은 믿을 만하다. 예술에 문외한인 이에게조차 뭔가 특별해 보이는 이곳의 방대한 예술 서적을 구경하는 재미가 쏠쏠하다. 아무리 들춰봐도 눈치를 주지 않는 자유로운 분위기가 감동적이다. 동네 주민들이 요구하는 그 어떤 희귀 서적도 구해다 준다고. 중고 서적과 신간 모두 갖추어놓았으며 건축과 현대 미술 분야가 유명하다. 예술 서적 외에도 문학·여행·잡지 등 다양한 분야의 책이 구비되어 있다. 안쪽에 위치한 어린이 코너와 아트 엽서·카드 판매대도 놓치지 말자.

1 어떤 대화를 주고받는 것일까? 예술적인 분위기가 풍기는 멋진 중년 커플 **2** 쿨한 디자인의 책장 선반과 보기 쉽게 표기된 색인
3, 4 아이들 키 높이의 독서 의자와 다양한 어린이 책

브루클린 데님 코 Brooklyn Denim Co.

Add. 85 North, 3rd St., #101, Brooklyn, NY 11211
Tel. (718) 782-2600
Open 월~토요일 11:00~19:00, 일요일 12:00~18:00
Access L 라인 Bedford Ave. 역
URL www.brooklyndenimco.com

오너의 열정이 느껴지는 청바지 편집 숍

청바지를 입는 포스가 남다른 동네라서 기대를 갖게 하
는 큰 규모의 청바지 매장. 오너인 프랭크Frank와 케니
Kenny는 손님이 마음에 드는 스타일을 발견할 때까지 퍼
스널 쇼퍼를 자청해 브랜드에 대한 설명은 물론 청바지
길들이기 노하우까지 덤으로 얹어줄 만큼 열정적인 청바
지 전도사다. 게다가 보통 $25~30 정도 하는 밑단 처리
를 무료로 서비스해준다. 빈티지 클래식부터 젊은 디자
이너의 청바지까지 미국 내 50여 개 브랜드의 방대한 컬
렉션을 갖추고 있다.

Tip 브루클린 사람들이 선호하는 청바지는 자연스럽게 낡은 것. 입는
사람의 몸에 맞춰 자연스럽게 늘어나는 것과 주름진 상태에 따라 청바
지의 격이 달라진다.

1 빈티지 리바이스 청바지 여러 벌이 벽면에 걸려 있다. **2** 간판이 빌딩 측면에 있어 눈여겨봐야 한다. **3** 미묘한 개성이 있는 청바지를
고르려면 전문가의 조언에 귀 기울여보자. **4** 빈티지 선글라스에 어울리는 인테리어 아이디어

펠로 바버 Fellow Barber

Map
P.491

Add. 101 North, 8th St., Brooklyn, NY 11249
Tel. (718) 522-4959
Open 월~금요일 12:00~20:00, 토 · 일요일 10:00~18:00
Access L 라인 Bedford Ave. 역
URL www.fellowbarber.com

2015 New Spot

남성 전용 그루밍 쇼핑 & 이발소

뉴욕의 멋쟁이 남자들은 이제 더 이상 여성 헤어숍에 가
지 않고 바버숍으로 간다. 이곳은 소호와 웨스트빌리지
까지 합쳐 뉴욕에 3곳의 바버숍을 운영하는 샌프란시스
코 브랜드다. 사업 아이디어가 올드 마초에 대한 향수에
서 비롯되어 20세기 오스틴의 바버숍을 모티브로 한 이
곳은 목조 대합실 같은 분위기와 의자로 옛 정취를 느끼
게 한다. 반면 스타일리스트나 공간 자체는 매우 고급스
럽고 모던하다. 매장 한편에서 남성용 소품(홈 데코, 가
죽 소품, 아웃도어 여행용품 등)과 그루밍 제품을 판매하
는 세일즈 숍을 겸하고 있다. 여자인 나도 한 번쯤 남자
가 되어보고 싶게 만들 만큼 멋진 남성들만의 공간에 괜
한 시샘이 난다.

1 클래식한 이발 풍경이 흥미롭다. 2 손님을 절로 부르는 가게 입구 3 실내 중앙에 놓인 나무가 천장을 뚫을 기세다. 4 올드한 향이
느껴지는 듯한 그루밍 제품들

마스트 브러더스 초콜릿 Mast Brothers Chocolate

Add. 111 North, 3rd St., Brooklyn, NY 11211
Tel. (718) 388-2625
Opne 월~토요일 10:00~19:00, 일요일 10:00~17:00
Access L 라인 Bedford Ave. 역
URL www.mastbrotherschocolate.com

고급 수제 초콜릿 공장

달콤한 향을 생각하며 가게 안에 들어선 순간, 여기가 정말 초콜릿 숍이 맞나 하는 의문이 든다. 은근하고 묵직한 카카오 원두 향이 너무 낯설기 때문. 와인처럼 테루아(토양)에 따라 다른 맛을 내는 최고 품질의 원두에 페퍼, 소금, 커리 같은 향신료를 곁들여 초콜릿을 만든다. 원두 로스팅부터 종이로 포장하는 작업까지 모두 수작업으로 이루어진다. 특히 고급스러운 패턴과 아름다운 컬러의 초콜릿 바는 명품이라 해도 손색이 없을 정도. 미국 전역의 몇몇 고급 레스토랑, 카페, 고급 식재료점에서 판매한다. 주말 오후에는 초콜릿 투어와 테이스팅 투어도 있다고 하니 관심 있는 사람은 홈페이지를 확인할 것.

Tip cocoa nibs, fleur de sel, serrano pepper, stumptown coffee, hazelnuts, almonds & sea salt 등 모두 6가지 맛.

1 초록색 문을 열자마자 원두 냄새가 퍼진다. **2** 눈과 손으로 직접 확인해볼 수 있는 카카오 원두 **3, 4** 고상한 아름다움을 뽐내는 차별화된 초콜릿 포장

스위트 윌리엄 Sweet William

Map
P.491

Add. 324 Wythe Ave., Brooklyn, NY 11249
Tel. (718) 218-6946
Open 월~금요일 11:00~19:00, 토 · 일요일 12:00~19:00
Access L 라인 Bedford Ave. 역
URL www.sweetwilliamltd.com

스위트한 아이 패션을 위한 키즈 멀티 숍

아쉽게도 지금은 폐간된 잡지 〈쿠키Cookie〉는 스타일 맘을 위한 볼거리와 정보로 가득한 잡지였다. 폐간을 아쉬워하던 이에게 잡지 같은 볼거리를 직접 만나볼 수 있는 길이 열렸으니 바로 여기, 스위트 윌리엄! 〈쿠키〉의 에디터였던 브로나 스탈리Bronagh Staley가 자신의 경력과 안목을 십분 발휘해 운영하는 아이 옷 매장이니 말이다. 갤러리 같은 인테리어 소품부터 행어에 걸린 옷 모두가 정신을 빼앗아갈 정도로 매력적이다. 다만 대부분 친환경 소재에 공정 작업으로 제작한 미국 인디 디자이너들의 옷이라 지갑을 열기가 쉽지는 않을 만큼 비싼 게 흠이다. 놀리타(85 Kenmare St.)에 2호점이 있다.

1 북유럽 느낌의 다양한 신발 **2** 6번가의 예쁜 가게를 쭉 따라가볼 만하다. **3, 4** "여자들이여, 지갑을 열어라!" 하고 주문을 거는 것 같다. 놀리타점도 상황은 비슷하다.

베드퍼드 치즈 숍 Bedford Cheese Shop

Add. 229 Bedford Ave., Brooklyn, NY 11211
Tel. (718) 599-7588
Open 월~금요일 09:00~21:00, 토요일 08:00~21:00, 일요일 08:00~20:00
Access L 라인 Bedford Ave. 역
URL www.bedfordcheeseshop.com

고급 치즈의 대명사

치즈를 좋아하는 사람이라면 다양한 공짜 샘플을 맛보며 전 세계에서 골라 온 최고의 치즈를 눈요기하는 즐거움을 만끽할 수 있는 곳. 2003년 베드퍼드 애버뉴 코너에 문을 연 이래 지역의 작은 치즈 가게를 고집하고 있지만, 뉴욕 최고의 치즈 가게 중 하나로 꼽힌다. 짙은 녹색의 넓은 유리창을 배경으로 가득 진열된 알록달록한 피클병과 잼병이 파리 어느 골목의 고급 식재료점 같은 운치를 느끼게 한다. 대형 슈퍼마켓에서는 느낄 수 없는 직원들의 친절한 안내가 빛을 발하는 곳. 치즈 말고도 수입 가공 육류, 건조 파스타, 비스킷, 쿠키 등의 스낵류도 다양하다. 맨해튼 어빙플레이스(67 Irving Pl.) 지점도 있다.

1 발길을 멈추게 만드는 진열장에 가득한 병조림 **2** 베드퍼드 애버뉴 코너에 위치해 있어 가을이면 운치를 더하는 가게 입구 **3, 4** 작은 가게 안에 빼곡히 쌓여 있는 식품

술라 슈즈 Soula Shoes

Map
P.491

Add. 85 North, 3rd St. #114, Brooklyn, NY 11249
Tel. (718) 230-0038
Open 화~토요일 12:00~19:30, 일요일 12:00~18:30
Close 월요일
Access L 라인 Bedfor Ave. 역
URL www.shoulashoes.com

2015 New Spot

힙스터 스타일에 충실한 신발 편집 매장

브루클린의 중산층 동네 보럼힐Boerum Hill에 입점한 유명한 신발 편집 매장의 2번째 숍. 현재 유행하는 힙스터 스타일을 찾고 있다면 이곳을 강력 추천한다.

바니스 뉴욕의 바이어였던 주인 릭 리Rick Lee의 전문성이 십분 발휘된 이곳은 미국을 포함 전 세계 디자이너 신발 중에서 편안하면서 에지 있는 캐주얼 스타일만 모아 놓았다. 치에 미하라의 영국 빈티지 스타일의 통굽 옥스퍼드부터 프렌치 솔, 버켄스탁, 척 테일러 같은 스포츠 브랜드까지 남녀 성인용과 어린이 신발 모두 알차게 셀렉트되어 있다.

1 간판이 없어 찾을 때 고생할 수 있다. **2** 탁 트인 매장 입구가 시원하다. **3** 무심하게 진열하는 것이 이곳의 스타일이다. **4** 힙스터 분위기가 제대로 나는 신발들

필그림 서프 + 서플라이 Pilgrim Surf + Supply

Add. 68 North, 3rd St., Brooklyn, NY 11249
Tel. (718) 218-7456
Open 12:00~20:00
Access L 라인 Bedford Ave. 역
URL www.philgrimsurfsupply.com

2015 New Spot

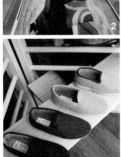

서퍼 제품은 물론 힙스터의 로망을
모아놓은 편집 숍

맨해튼에서 처음 이 매장을 봤을 때 뜬금없다 싶었는데
이제 서핑이 힙스터들에게 하나의 문화로 자리 잡은 듯
하다. 탁 트인 매장을 가득 채운 제품 중 3분의 2는 보기
만 해도 파도 소리가 들리는 듯한 색색의 서핑 보드와 서
핑 관련 제품이다. 앤더슨, 게리 하넬만 달라 같은 유명
서핑 메이커의 보드와 서핑용 셔츠 & 반바지, 재킷, 보드
액세서리를 갖추고 있으며 수선 서비스도 한다. 굳이 서
핑을 하지 않는다 해도 넓고 쾌적한 매장 분위기가 해변
가의 매장에라도 온 듯한 여유를 선사해 아이쇼핑에도
제격이다. 게다가 서핑과 관련는 가방과 신발, 캐주얼 셔
츠와 바지, 사진첩, 선글라스 등 편집 숍으로도 훌륭한
셀렉션에 절로 마음이 흔들리는 곳.

1 가게 옆의 멋진 그래피티 벽화 2 고객의 취향을 느낄 수 있는 예술 사진첩 3 보기에도 편할 것 같은 실용적인 신발 4 가게 모퉁이 조차 섬세한 감각이 느껴진다.

Outro

01

Arrival & Departure

뉴욕 출입국
기초 정보

뉴욕 들어가기

미국과 한국 간의 비자 면제 프로그램Visa Waiver Program에 따라
관광이나 사업차 미국을 방문하는 경우 90일 이하 체류 시 비자 없
이 입국이 가능하다. 여권은 미국 출국 예정일로부터 6개월 이상 유
효해야 한다.

STEP 1 입국 서류 작성

뉴욕 도착 전 기내에서 세관신고서customs declaration를 작성한
다. 항목별로 빠짐없이 기입하고 영문 성명이 여권 상의 철자와 틀리
지 않도록 주의한다. 예정 체류지(호텔인 경우 정확한 호텔 주소 필
요)도 정확하게 기입한다. 세관신고서 작성 중 잘 모르는 부분이 있
다면 꼭 승무원에게 물어보고 작성할 것.

STEP 2 입국 심사

도착 후 게이트로 나오면 입국 심사장US Customs & Border
Protection으로 향한다. 입국 심사장은 크게 2줄로 나뉘는데, 미국
시민권 또는 영주권이 있는 사람들의 그룹US Citizens/Permanent
Residents과 각종 비자 및 무비자로 방문하는 사람Visitors을 위한
그룹이다. 특히 미국 출입국 사무소는 보안에 많은 신경을 쓰므로 까
다롭고 엄격하며, 휴대폰 사용과 고성의 잡담은 바로 주의를 받는다.
1줄로 가다가 여러 개의 심사대 앞에서 출입국 사무원의 지시에 따라
지정된 심사대로 이동한다. 이전 심사가 끝나고 심사원이 부르기 전
까지는 심사대 앞 라인에서 대기한다. 심사대 앞에서는 여권과 세관
신고서를 건네주고 심사원의 질문(방문 목적, 방문 기간, 체류 예정지
등)에 머뭇거리지 않고 명확히 영어로 대답한다. 모든 질문이 끝나면
심사원의 지시에 따라 지문 스캔과 얼굴 사진 촬영 후 입국 스탬프를
받은 여권을 돌려받고 나간다. 가끔 특이 사항 때문에 특별 면담 장
소로 이동하게 되는 경우도 있는데 이때 당황하지 않고 침착하게 사
무소 직원들의 지시를 따른다.

STEP 3 수하물 찾기

입국 심사를 끝내면 바로 수하물 찾는 곳Baggage Claim으로 이동
한다. 자신의 항공편에 따른 수하물 컨베이어 번호를 확인하고 지정
된 곳에서 수하물을 찾는다. 짐이 안 나오면 항공사 직원을 찾아가
수화물 확인증을 제시하고 문의한다. 이 경우 추후 체류하는 곳으로
짐을 배달해준다.

STEP 4 세관

짐을 찾은 후 출구 쪽에 있는 세관검사원에게 세관신고서를 제출하고 검사원의 지시에 따라 이동하는데, 신고할 것이 있는 경우 짐 검사를 하는 곳으로 이동하고 신고할 것이 없는 경우 바로 입국장을 빠져나온다. 종종 세관검사원의 임의대로 짐 검사를 받게 될 수도 있다. 이때 신고하지 않은 물건이 발견되면 압류당하거나 벌금을 물게 될 수 있으니 주의한다.

뉴욕에서 귀국하기
STEP 1 예약 및 비행기 편 확인

출국 항공권 예약 컨펌 여부와 떠날 비행기 편의 지연 여부를 미리 확인한다. 공항 내에서 기내에 가지고 타는 짐 검사가 까다로우니 미리 확인한다. 특히 액체(물, 향수, 로션 등)의 경우 100ml 이상인 것은 반드시 부치는 짐에 넣고 100ml 이하인 것은 따로 모아 투명한 지퍼백에 넣는다. 기내 반입 제한 물품 목록은 미국 운수 보안국 홈페이지(www.tsa.gov)에서 확인할 것.

STEP 2 체크인

미국의 경우 탑승 검색이 까다로워 오래 지연될 수 있으므로 적어도 비행기 출발 시간 3시간 전에 공항에 도착하는 것이 좋다. 탑승하는 항공사 터미널 출발 층 체크 인 카운터에서 여권과 예약 확인 정보를 주고 체크인한다.

STEP 3 검색대

미국에서 출국하는 경우 특별한 출국 심사는 없다. 체크인 완료 후 기내 짐을 가지고 항공기 탑승을 위한 보안 검색대TSA Security Checkpoint로 간다. 먼저 여권과 탑승권을 확인받고 난 다음 기내에 가지고 타는 짐과 몸 수색을 거친다. 미국 항공기 탑승 보안 검사는 9·11 테러 이후 매우 까다로워졌다. 조금이라도 규정에 위반되는 물건은 허용하지 않는다. 검색 기계에 도달하면 가방 안에서 노트북과 100ml 이하 액체류를 모아놓은 투명 지퍼백을 따로 트레이에 담는다. 그리고 몸에서 모든 금속류를 빼고 신발을 벗어서 트레이에 넣고 모두 검색 벨트에 집어넣은 후 몸 검색 기계를 천천히 지나간다. 그런 다음 검색 벨트에서 자신의 물건을 확인하고 챙겨서 탑승 게이트로 이동한다.

Outro

02

Airport to City

공항에서 시내
이동하기

택시 Taxi

가장 편하고 빠른 방법. 출국 게이트를 빠져나오면 터미널 로비에
'Taxi'라고 쓰인 승강장이 보인다. 공항에서 맨해튼까지 요금은 $52
일괄 적용되고, 미드타운 터널을 이용하면 통행료가 추가된다. 택시
기사가 알아서 통행료 없는 퀸스버러 브리지를 이용하기도 하지만,
택시 출발 시 미리 확인하는 것이 좋다. 팁은 15~20%를 주므로 통
행료가 없는 경우 $57~62 정도 생각하면 된다. 신용카드도 사용 가
능하다.

Fare $52 +팁+통행료(시간대별 $3~5)=대략 $57~62, 약 45분 소요.

TIP 한인 콜택시

한인 콜택시 가격은 뉴욕 택시와 비슷하다. 언어 때문에 한국 콜택시
가 편한 사람은 한인 홈페이지(heykorean.com)에서 콜택시 번호를
미리 챙겨 가면 좋다. 단, 전화기 필수.

Fare 맨해튼까지 $38~40+팁+통행료=대략 $60

우버

스마트폰을 통해 우버 서비스를 이용할 수 있다. 택시 줄이 너무 긴
경우 우버를 이용하면 보통 1~2분 안에 픽업이 가능하다. 우버 이용
시 예상 요금을 미리 확인할 수 있는데 보통 팁 포함해 택시와 가격
이 비슷하다. 깨끗한 자가용 차량에 친절한 서비스가 좋다.

버스 Bus

NYC 에어포터NYC Airporter가 제공하는 버스 서비스로 버스 내에
서 무료 와이파이를 이용할 수 있다. 터미널에서 나와 익스프레스 버
스Express Bus 사인을 따라 NYC 에어포터 유니폼을 입은 직원에게
표를 구매하고 탑승하면 된다. 운행 시간은 05:30~23:30이며 30분
간격으로 운행한다. 국제선, 국내선 터미널을 돌아 미드타운의 그랜
드 센트럴 터미널, 브라이언트 파크, 펜 스테이션에 정차하므로 시간
이 가장 많이 소요된다.

Fare 편도 $16, 왕복 $30, 약 1시간 45분 소요.
URL www.nycairpoter.com

TIP
교통수단 이용 시 주의할 점
터미널을 나왔을 때 종종 호객
행위를 하는 사람이 있는데 이
때는 이용하지 않는 것이 안전
하다. 일행이 여러 명인 경우는
일반 택시나 한인이 운영하는
밴 리무진 서비를 이용하는 것
도 나쁘지 않다.

공항 철도+지하철 Air Train + Subway

가장 저렴한 교통편으로 터미널에서 에어 트레인 사인을 따라 공항
철도를 이용해 하워드 비치Howard Beach 역으로 이동한 뒤 맨해튼
지하철(MTA) A 라인을 타고 시내로 들어간다. 공항 철도는 3가지 노
선이 있는데, 하워드 비치 역은 그린색 라인이다. 공항 철도 요금은
하워드 비치 역에서 내린 다음 메트로 카드를 구입해 $5를 지불하고,
다시 맨해튼 탑승 플랫폼으로 들어갈 때 $2.75를 지불한다. 단, 계단
이 많아 짐을 들고 다니기에는 체력이 많이 소모된다.

Fare $7.75, 약 1시간 30분 소요. URL www.panynj.gov

메트로 카드 Metro Card

지하철이나 버스 등 대중교통을 이용할 때 필요한 교통 카드. 지하철역 안에 비치된 자동판매기에서 현금이나 신용카드로 구입할 수 있다. 특히 버스 정류장에는 카드 판매기가 없으므로 지하철역에서 미리 구입해야 한다. 카드는 충전해서 사용할 수 있으며, 금액($4.5~80까지) 또는 시간(7일, 10일, 30일)으로 구분된다. 보통 버스나 지하철을 자주 이용하는 여행자는 7일 무제한 사용($7.75)을 구입하는 게 경제적이다. 1회 요금으로 지하철과 버스를 연계해 사용할 수 있으며, 2시간 안의 환승은 추가 요금을 내지 않는다.

지하철 Subway

지하철은 24시간 운영하며 1회 요금은 메트로 카드 이용 시 $2.75. 지하철 탑승 시 노선을 확인하고 플랫폼 진입할 때 업타운(북쪽으로 올라가는 노선), 다운타운(남쪽으로 내려가는 노선) 방향을 정확히 구분해야 한다. 보통 지하철역 입구에 노선별로 업타운/다운타운 표시가 있으며, 없는 경우는 역 안에 들어가 구분하면 된다. 여러 개의 라인이 같은 플랫폼에 정차하므로 기차가 들어올 때 라인 번호를 꼭 확인해야 한다. 도심에서는 노선별로 로컬 기차와 급행express이 함께 운영되는데, 급행의 경우 주요 환승역(지하철 지도상에서 흰색 점으로 표기된 역)에서만 정차한다. 또 노선에 따라서 주말이나 늦은 밤 운행 여부가 달라지는 경우 안내문을 붙이니 꼭 확인하자. 뉴욕 지하철은 대부분 와이파이를 이용할 수 없으니 스마트폰을 사용하는 경우 미리 지하철 노선도를 받아놓는 것이 좋다.

버스 Bus

맨해튼 버스 요금은 메트로 카드 또는 동전(지폐 사용 불가능)을 이용해 지불한다. 동전으로 지불하는 경우 거스름돈이 나오지 않기 때문에 정확한 요금 $2.75를 준비해야 한다. 운전자가 즉석에서 발급해 준 티켓은 지하철 환승이 불가능하므로 메트로 카드를 이용하는 게 좋다. 맨해튼 버스 노선은 M으로 시작하며, 스마트폰으로 mta.bustime.com에서 실시간 버스 위치를 확인할 수 있다. 버스 전면에 리미티드 Limited라고 표시된 버스는 중간의 버스 정거장을 건너뛰는 급행 버스로, 버스 정류장에 리미티드라고 표시된 곳에서만 탈 수 있다.

승차 시 운전자 옆에 있는 카드 기계에 화살표 방향으로 카드를 넣으면 카드가 들어갔다 다시 나온다. 카드 기계 옆 스크린으로 금액과 잔액, 환승 시간을 확인할 수 있다. 거동이 불편한 노인이나 장애인 승하차 시 그들이 착석할 때까지 운전자가 대기한다.

하차는 버스 종류마다 다르다. 창문 쪽의 노란색 줄을 당기거나 벽에 부착된 버튼이나 검은색 줄(테이프 센서)을 누르면 된다. 누르는 순간 운전사가 있는 버스 앞쪽 위로 사인이 들어온다. 내릴 때는 출입문 쪽의 그린 램프에 불이 들어왔을 때 문에 있는 센서를 만지거나 밀면 된다.

Outro

03
Transpor-
tation
시내교통

맨해튼은 대중교통이 발달되어 있다. 지하철은 남북 방향, 버스는 동서 방향을 이동할 때 편리하며 도보와 대중교통을 잘 활용하면 대부분 10~20분 정도면 도착할 수 있다.

TIP
지하철에서 주의 사항
소매치기
스마트폰이나 지갑이 타깃이므로 소지품 관리에 주의한다.

플랫폼에서
역에 따라 플랫폼이 좁은 곳이 있는데, 기차가 들어올 때는 플랫폼 기둥 안쪽에 서 있도록. 뉴욕에는 이상한 사람이 많아 떠밀릴 수도 있다.

계단에서
가장자리를 이용한다. 좁고 가파르기도 하지만, 사람도 많고 밀치는 경우도 많아 사고가 나기 십상이다.

좌석에서
노약자석에 노숙자가 앉아 있을 확률이 높으니 가급적 피하도록 하자.

TIP
우버Uber

출퇴근 시간, 외진 곳, 날씨가 안 좋은 날은 뉴욕도 택시 잡기가 어렵다. 이럴 때 스마트폰으로 우버 서비스를 이용하자. 보통 2~3분 안에 오면서 일반 택시와 요금과 비슷하다. 운전자들도 친절하고, 중형 세단인 경우가 많다. 또 팁이 요금에 포함되어 있어 따로 계산할 필요가 없어 만족도가 높다.

택시 Taxi

맨해튼의 상징 엘로 캡Yellow Cab은 뉴요커의 발 역할을 한다. 짐이 많거나 멀지 않은 거리일 때 여러 명이 함께 이동할 경우에는 대중교통을 이용하는 것보다 경제적이다. 택시 승강장이 따로 없어 어디서든 손만 들면 되는데, 지붕 위에 불이 들어와 있는 것이 빈 택시다. 기본요금은 $2.50이고, 주행 거리와 정체 시간에 따라 요금이 올라간다. 팁은 요금이 $10 미만이면 $1, 그 이상인 경우 최종 요금의 10%에 준하는 액수를 더해 반올림해 준다. 요즘은 앞좌석에 설치된 스크린에 퍼센트 별 팁이 표시되어 있어 계산할 필요도 없다. 20분 이상 가는 거리나 밀리는 경우를 제외하고는 일반적으로 $8~15 정도다. 다만 퇴근 시간인 주중 16:00~20:00에는 할증 요금 $1가 추가된다. 요즘은 현금보다 신용카드로 많이 지불 하지만, 현금으로 지불할 경우 $20 미만의 단위로 준비하는 게 좋다. 내리면서 차 문을 열때는 뒤에서 오는 사람이나 자전거가 없는지 꼭 확인하도록. 도로 자전거 사용자가 많아 사고가 잦다.

기타 교통수단

관광버스 Tour Bus

이용자에 따라 호불호가 많이 갈리는 이층 투어 버스는 여행 시간이 많지 않은 여행자가 짧은 시간에 뉴욕 전체를 돌아볼 수 있는 방법으로 고려해볼 만하다. 단, 지붕이 없는 이층 버스를 타야 뉴욕을 감상할 수 있는데 날씨가 좋지 않으면 너무 춥다. 봄·가을에도 뉴욕은 정말 뼛속까지 시린 날이 많다는 건 주의할 것.

요금은 루트(도시 전체, 업타운, 다운타운 등)나 이용 시간(24시간, 48시간, 72시간)에 따라 그리고 버스 회사마다 조금씩 다르다. 시티 사이츠Citysights, 빅 버스Big Bus, 그레이 라인Gray Line, 오픈 루프Open Loop가 뉴욕에서 운행중인 투어 버스 회사다. 모두 아무 버스 정류장에서나 손을 흔들고 타면 되는 시스템이다. 티켓은 버스 승차 시 직접 구매해도 되고, 타임스 스퀘어에 가면 투어 회사 유니폼을 입은 사람에게 구매할 수도 있다. 출발지, 시간 등은 홈페이지를 통해 확인할 것.

CitySights
Fare 48시간 성인 $54, 학생 $44 URL www.citysightsny.com

Gray Line NY
Fare 48시간 성인 $59, 학생 $49 URL www.newyorksightseeing.com

Big Bus New York
Fare 24시간 성인 $44, 학생 $34 URL www.eng.bigbustours.com

Open Loop
Fare 24시간 성인 $39, 학생 $25 URL www.Openloop-ny.com

자전거 Cycle

뉴욕은 몇 년 전부터 도심 곳곳에 비치하는 시티 바이크Citi Bike 도입으로 자전거 이용객이 많이 늘었다. 도심은 워낙 복잡하고 자전거 도로가 없어 관광객에겐 센트럴 파크나 허드슨 강변 하이킹을 권한다. 특히 맨해튼 남단 배터리 파크부터 북쪽 클로이스터스, 포트 타이런 파크까지 이어지는 자전거 도로는 안전하고 허드슨 뷰가 아름다우며, 중간중간 쉬어갈 수 있는 공원까지 잘 정비되어 있어 가족이나 커플이 하루를 즐겁게 보내기 좋다.

시티 바이크 Citi Bike

웨스트사이드 하이웨이의 12곳을 포함해 도시 곳곳에서 쉽게 대여, 반납이 가능하다. 단, 모든 자전거 사이즈가 동일하며 16세 이상만 이용 가능. 요금은 시간당 성인 $9.95.
URL www.citibikenyc.com

바이크 앤 롤 Bike and Roll

맨해튼에 총 10곳의 대여점이 있다. 대표적인 곳은 배터리 파크(17 State St.) 맞은편과 미드타운(Pier 84), 센트럴 파크(Tavern on the Green) 근처. 성인용, 어린이용, 유아용 좌석 등 다양한 장비를 구비하고 있어 가족 단위 여행객에게 좋다. 또한 3시간이 소요되는 가이드 투어도 별도로 선택할 수 있다. 시간당 성인 $14.
URL www.bikenewyorkcity.com

크루즈 보트 Cruise Boat

날씨가 화창한 날에는 시원한 강바람을 가르며 맨해튼의 지형과 빌딩 숲, 이스트 강 쪽 다리를 감상하는 보트 관광도 재밌다. 계절에 따라 다양한 옵션이 있는데, 보통 맨해튼 섬 전체를 돌아보는 풀 아일랜드 크루즈Full Island Cruise(2시간 30분 소요)와 남단과 미드타운 이스트 강까지만 왕복하는 세미 사이클 크루즈Semi Circle Cruise(1시간 30분 소요)가 기본이다. 일반 보트 이외에 제퍼Zephyr, 샤크shark(스피드를 즐길 수 있는 배), 워터 택시water taxi 등 배 종류도 선택할 수 있다. 시즌에 따라 달라지기 때문에 홈페이지에서 확인할 것.

서클 라인 Circle Line

Add. Pier 83(42nd St.) Access 무료 셔틀인 뉴욕 워터웨이NY Waterway를 이용하거나 M42 버스 이용 URL www.circleline42.com

서클 라인 다운타운 Circle Line Downtown

Add. Pier 16(South Street Seaport) Access 2·3 라인 Fulton St. 역 또는 Wall St. 역 URL www.circlelinedowntown.com

Outro

04

N.Y. Travel A to Z

뉴욕 여행 A to Z

지불 수단

현금 Cash

지폐는 $1, 5, 10, 20, 50, 100가 있으며 동전은 ¢1($0.01, penny), ¢5($0.05, nickel), ¢10($0.10, dime), ¢25($0.25, quarter), $1(흔치 않음)가 있다. 지폐는 주로 $20까지가 편하게 쓰이며 $50나 $100 지폐는 거스름돈이 많이 필요하거나 호텔이나 대형 상점이 아닌 경우 사용을 거부당할 수 있으니 미리 작은 단위로 바꾸어놓는 것이 좋다.

신용카드 Credit Card

보편적으로 비자Visa, 마스터카드MasterCard, 아메리칸 익스프레스American Express가 사용된다. 비자, 마스터카드가 가장 흔하게 사용되며 아메리칸 익스프레스는 수수료가 높기 때문에 작은 상점이나 레스토랑에서는 취급하지 않는 경우가 많다. 또, 아예 신용카드 결제가 불가능한 레스토랑과 상점이 종종 있고, 일정 금액(예를 들어 $10) 미만은 현금만 사용 가능한 경우도 있기 때문에 항상 현금을 준비하고 다니는 것이 좋다. 해외 카드로 현금을 인출하려면 대형 은행(Citi Bank, Chase, Bank of America, TD Bank)의 현금 인출기를 사용하거나 길거리 곳곳에 위치한 델리 내의 현금 인출기를 사용하면 된다.

여행자 수표 Traveler's Check

여행자 수표는 주로 호텔이나 대형 상점을 제외하고는 사용하기 불편하지만 분실 시 재발급받을 수 있다는 장점이 있다. 분실에 대비해 여행자 수표 번호와 환전 영수증을 따로 보관하는 것이 좋다.

전화

뉴욕 내에서 전화하기

미국은 유선전화와 무선전화가 식별 번호 차이 없이 같은 지역 번호를 쓰며 같은 지역 번호(첫 3자리, 맨해튼은 212) 내의 번호는 지역 번호 없이 전화번호를 누르면 되고 지역 번호가 다른 곳은 1을 누른 다음 지역 번호를 포함한 전화번호를 누르면 된다. 공중전화pay phone 이용 시에는 동전만 사용할 수 있다.

뉴욕에서 한국으로 전화하기

먼저 011을 누르고 한국 국가 번호 82를 누른 후 지역 번호나 휴대폰 번호에서 0을 제외한 나머지 번호를 누른다.

무료 무선 인터넷

뉴욕 시내에서 무료 와이파이를 제공하는 곳에서 인터넷 사용이 가능하다. 다음의 장소에서 무료 무선 인터넷을 사용할 수 있다.

스타벅스 Starbucks

음료 구입에 상관없이 무료로 웹 브라우저를 통해 이용 약관에 동의하면 간단하게 사용할 수 있다.

애플 스토어 Apple Store

각 매장에 전시되어 있는 애플 제품은 모두 인터넷 연결이 되어 있고 무선 인터넷도 제공한다. 맨해튼 내 5곳(소호-Prince St./Greene St., 어퍼웨스트-67th Ave./Broadway, 웨스트 14번가-9th Ave., 5th Ave., 58번가/5th Ave., 그랜드 센트럴/Grand Central Station)의 애플 매장에 가면 되고 특히 5번가 매장은 24시간 문을 열어 언제나 사용이 편리하다.

URL www.apple.com/retail/storelist

인터넷 카페

다음의 장소에서 인터넷 사용이 가능하다.

네트존 인터넷 카페 Netzone Internet Cafe

한인타운에 위치, 사용료 1시간에 $5.

Add. West, 49th St. Access 5th Ave. – Broadway 역

사이버 카페 Cyber Cafe

30분에 $6.40

Add. 250 West, 49th St. Access Broadway – 8th Ave. 역

URL www.cyber-café.com

공원

다음의 공원에서 무선 인터넷을 무료로 이용할 수 있다.

Bryant Park, Union Square Park, Madison Square Park, Jackson Square Park, Tompkins Square Park, City Hall Park

그 외 무료 무선 인터넷 사용 장소는 http://auth.nycwireless.net/hotspots_map.php에서 확인한다.

전압과 플러그
미국은 전역에서 120V를 사용하기 때문에 콘센트 변환기가 필요하다. 대부분의 호텔에는 욕실에 드라이어가 비치되어 있으니 호텔에 묵는다면 따로 챙겨 갈 필요가 없다.

세금과 팁
뉴욕에서 물건을 구입하거나 음식을 사 먹는 경우 8.875%의 세금이 가산된다. 단, 의류와 신발이 $110 이하면 면세. 팁은 레스토랑에서는 15% 정도, 택시는 10%, 바에서 음료를 시키는 경우 바텐더에게 음료당 $1, 호텔에서 짐을 옮겨주는 경우 짐 하나당 $1가 기본이다.

유실물
맨해튼에서 물건을 잃어버리면 찾기가 쉽지 않지만 택시나 대중교통 (지하철, 버스)에서 물건을 잃어버린 경우 온라인으로 신고하면 찾을 수도 있다.
택시에서 잃어버린 경우
www.nyc.gov/html/tlc/html/passenger/sub_lost_prop_inquiry.shtml에서,
지하철이나 버스에서 잃어버린 경우
lostfound.mtanyct.info/lostfound

화장실
맨해튼은 지하철역에 화장실이 있는 경우가 드물기 때문에 대형 체인점(스타벅스, 맥도날드), 백화점, 대형 상점 내의 화장실을 이용하거나 식사 후 레스토랑이나 카페의 화장실을 이용하는 것이 좋다.

치안
예전에 비해 상대적으로 치안이 많이 좋아졌지만 여전히 외진 지하철역이나 골목에서는 밤늦게 절도 같은 범죄가 발생할 수 있다. 관광객이 많은 타임스 스퀘어나 자유의 여신상을 관광할 때는 소매치기를 조심해야 한다.

알아두면 유용한 연락처

뉴욕 시 관광 정보 센터
NYC Information Center
Add. 151 W. 34th St.(7th Ave.와 Broadway 사이)
Open 월~금요일 09:00~19:00, 토요일 10:00~
19:00, 일요일 11:00~19:00
Access 1·2·3·A·C·E 라인 34th St. - Penn
Station 역 또는 B·D·F·M·N·Q·R 라인 34th St. -
Herald Sq. 역

긴급 상황
모든 응급·긴급 상황 911
전화번호 문의 411

한국 영사관
Add. 460 Park Ave.(57th~58th St.) 6층
Tel. (646) 674-6000, (212) 692-9120
Access E 라인 Lexington Ave. 또는 53rd St. 또는
N·R 라인 59th St. - Lexington Ave. 역

주요 항공사
대한항공 800-438-5000
아시아나 항공 212-318-9200

카드 분실 신고
비자 800-847-2911
마스터카드 800-622-7747
아메리칸 익스프레스 800-528-4800

뉴욕 여행에 유용한 영문 사이트

JFK 공항
www.panynj.gov/airports/jfk.html

뉴욕 날씨
www.weather.com/weather/today/New+York+NY+
USNY0996

뉴욕 대중교통 노선도
www.mta.info/maps

브로드웨이 뮤지컬 할인 사이트
www.broadwaybox.com

뉴욕 행사 가이드(Time Out New York)
newyork.timeout.com

뉴욕 관광 정보(NYC Go)
www.nycgo.com

뉴욕 시 지역 뉴스
www.ny1.com

뉴욕 시내 이동 경로 찾기(HopStop)
www.hopstop.com/?city=newyork

Outro

05

Smart Phone Guide

뉴욕 관련 아이폰 &
안드로이드폰 무료 앱

CabSense NYC
아이폰
주변 택시와 리무진 이용에 관한
정보

The Weather Channel
아이폰, 안드로이드
뉴욕의 변덕스러운 날씨를 확인
할 때 유용한 앱

NYC Mate
아이폰, 안드로이드
뉴욕 지하철, 버스 등 대중교통
지도와 정보를 모아 놓은 앱

NYC Sample Sale
아이폰
뉴욕 시내 샘플 세일 정보

MyCityWay
아이폰, 안드로이드
도시생활에 필요한 정보들

Timeout New York
아이폰, 안드로이드
맛집, 한 주간의 행사 등 최신 정
보를 얻기 가장 좋은 앱

Tweat.it
아이폰, 안드로이드
푸드 트럭이 어디로 이동하는지
실시간 위치를 알 수 있다.

**ITourMobile/
Urbanwonderer**
아이폰, 안드로이드
테마별로 셀프 투어를 가능하게
해주는 앱. 피자 투어, 섹스 앤 더
시티 투어 등

Central Park
아이폰
공원 지도, 이벤트 등을 확인할
수 있다.

Red Rover
아이폰
아이와 함께 여행하는 부모들을
위한 정보들. 특히 깨끗한 공중화
장실 정보가 덤.

Outro

06

Secret Staying

뉴욕에서 머물 만한 곳

숙소 예약 노하우

뉴욕의 호텔은 어느 도시보다 비싸다는 것을 각오해야 한다. 4성급 이상 호텔은 1박에 최소 $300 이상이나 하는데도 다른 도시에 비해 낡고 좁다. 그런데 성수기에는 이마저도 없을 정도다. 호텔을 고를 때는 예산에 맞추어 정하는 것도 중요하지만, 걸어서 목적지까지 이동할 수 있는 뉴욕의 특성상 여행 목적에 맞게 지역을 선택하는 것도 좋다. 클럽 등 밤 문화를 즐기려면 다운타운을, 오페라나 박물관을 관람하려면 어퍼이스트나 어퍼웨스트를, 쇼핑이나 뮤지컬을 관람하려면 미드타운을 선택해야 교통비를 줄일 수 있다.

추천 예약 사이트

요즘은 해외 사이트도 대부분 한국어 사용이 가능하다. 호텔 예약 시 취소 수수료 발생 여부, 예약 확정 절차를 체크하자.

한국인이 주로 이용하는 사이트

www.dolphinstravel.com
www.booking.com, www.agoda.co.kr
www.ohmyhotel.com, www.expedia.co.kr
http://kr.hotels.com, www.hotelpass.com

해외 사이트

www.kayak.com, www.hipmunk.com

한인 민박

www.hanintel.com, www.heykorean.com

고급 호텔

만다린 오리엔탈 뉴욕

Mandarin Oriental New York   P.478-A
Add. 80 Columbus Circle (at 60th St.)
Tel. (212) 805-8800 Access 1·A·B·C·D 라인 59th St. Columbus Circle 역
URL www.mandarinoriental.com
타임 워너 센터에 위치한 5성급 호텔. 만다린 오리엔탈 특유의 고급스럽고 우아한 분위기에 400평 규모의 스파를 갖추고 있다. 바닥에서 천장까지 이어지는 통유리 창으로는 센트럴 파크와 미드타운의 스카이라인을 조망할 수 있다.

퀸 호텔 The Quin Hotel   P.478-B

Add. 101 West, 57th St., New York, NY 10019
Tel. (855) 447-7846 Access F 라인 57th St. 또는 N·R 라인 57th St. URL www.thequinhotel.com
2013년 말에 오픈해 깨끗하다. 6번가 57가 센트럴 파크 남단 입구와 맞닿아 있으면서 동서의 중심이자 미드타운의 시작점으로 관광객에게 뉴욕에서 최고의 입지 조건을 자랑한다. 오픈 1년 만에 주요 여행 권위지에서 뉴욕의 베스트 호텔로 꼽혔다.

그래머시 파크 호텔

Gramacy Park Hotel   P.484-E
Add. 2 Lexington Ave. Tel. (212) 920-3300
Access N·R·6 라인 23th St. 역
URL www.gramercyparkhotel.com
고급 주택가인 그래머시 파크 주변에 있으며 투숙객에게 사유 공원인 그래머시 파크를 이용할 수 있는 열쇠를 제공한다.

소호 그랜드 Soho Grand   P.486-A

Add. 310 West, Broadway Tel. (212) 965-3000
Access 2 라인 Canal St. 역
URL www.sohogrand.com
트렌드세터들이 좋아하는 다운타운의 럭셔리 호텔. 다양한 어메니티를 자랑하는데 애완동물이 없는 사람들에게 금붕어 서비스까지 해줄 정도다.

뉴욕 스타일의 힙한 호텔

요금은 고급 호텔 수준이나 시설은 중급 호텔과 비슷한 곳. 인테리어와 가구 등 독특한 분위기가 매력인 만큼 호텔 자체를 즐기고 싶은 사람에게 적합하다. 다만 작은 방 크기나 소음 같은 불편한 점은 눈감아야 할 때가 많다.

에이스 호텔 Ace Hotel P.480-I
Add. 20 West, 29th St. Tel. (212) 679-2222
Access N·R 라인 28th St. 역
URL www.acehotel.com/newyork
오버사이즈 카우치, 빈티지 타일 등 예스러운 매력이 충만한 곳. 랩톱으로 채워진 라이브러리 테이블에 스텀프타운 커피, 유명 셰프의 개스트로펍 브레슬린, 아래층의 나이트클럽 라운지까지, 힙스터들이 즐겨 찾는 장소가 모두 모여 있다.

호텔 온 리빙턴 Hotel on Rivington P.487-D
Add. 107 Rivington St. Tel. (212) 475-2600
Access F 라인 Delancy St. 역
URL www.hotelonrivington.com
유리로 지은 오두막 같은 라운지가 세련된 분위기를 풍기는 곳으로 로어이스트 주변의 힙한 클럽과 레스토랑을 즐기기에 좋다. 위층으로 올라갈수록 아름다운 야경에 감탄사가 절로 나온다.

스탠더드 뉴욕 Standard New York P.483-C
Add. 848 Washington St. Tel. (212) 645-4646
Access A·C·E·L 라인 8th Ave.-14th St. 역
URL www.standardhotel.com
로스엔젤레스, 마이애미에서 사랑받는 호텔. 요즘 뉴욕의 패션 피플들이 가장 좋아하는 곳으로 가장 멋지고 독특한 호텔이란 극찬을 받고 있다. 하이라인 파크에 위치해 있으며 허드슨 강과 뉴저지 전망이 멋지다.

허드슨 호텔 Hudson Hotel P.478-A
Add. 356 West, 58th St. Access A·B·C·D·1 라인 59th St.-Columbus Circle St. 역
URL www.hudsonhotel.com
로맨틱한 테라스 가든과 영화 〈위대한 유산〉의 실존 인물인 프란체스코 클레멘트의 벽화로 유명한 바, 그리고 벽난로가 멋진 곳. 게스트 룸이 작은 게 흠. 우리나라 패션 피플들에게 특히 인기다. 타임 워너 센터 뒷길에 위치해 있다.

라이브러리 호텔 Library Hotel P.481-G
Add. 299 Madison Ave., New York, NY 10017
Tel. (212) 983-4500 Access 7 라인 5th Ave. 역
URL www.libraryhotel.com
미드타운 중심인 뉴욕 공립 도서관 주변에 자리한, 이름처럼 도서관 같은 호텔. 각 방과 층에 주제별로 이름이 붙어 있고 모든 곳에 책장이 놓여 있다. 호텔이 보유한 책만 6000권이 넘는다고 하니 책을 좋아하는 사람이라면 곳곳에 놓인 책 속에서 휴식을 취해보자.

크로스비 스트리트 호텔
Crosby Street Hotel P.486-A
Add. 79 Crosby St., New York, NY 10012
Tel. (212) 226-6400 Access N·R 라인 Prince St. 역 URL www.crosbystreethotel.com
놀리타 쇼핑의 중심지에 위치해 있다. 에너지 효율을 앞세운 친환경주의를 표방하는 방식이라 돌과 벽돌로 이루어진 외관에 전 객실 모두 통유리로 되어 있어 아름다운 채광을 선사한다. 특히 옥상에서 직접 기른 닭과 채소를 호텔 레스토랑에서 사용한다. 영국식 애프터눈티로 유명하다.

그리니치 호텔 The Greenwich Hotel P.486-C
Add. 377 Greenwich St., New York, NY 10013
Tel. (212) 941-8900 Access 1 라인 Franklin St. 역
URL www.thegreenwichhotel.com
맨해튼 남단의 대표적인 부촌 트라이베카에 있다. 로버트 드니로와 그의 파트너가 함께 완성한 곳이다. 75개의 일반 객실과 13개의 스위트룸 모두 인테리어가 각기 다르다. 뉴욕 스타일의 고급스러운 취향을 즐기고 싶은 사람이라면 이곳을 추천한다.

로열튼 Royalton P.481-C
Add. 44 West, 44th St. Tel. (212) 869-4400
Access B·D·F·M 라인 47th-50th – Rockerfeller Center 역 URL www.royaltonhotel.com
필립 스탁의 디자인이 돋보이는 부티크 호텔로 최근 새로 단장했다. 록펠러 센터 근처에 위치.

중저가 호텔

고급 호텔에 비해 규모가 작고 부대시설도 뒤떨어지지만 독특한 개성과 서비스로 인기다.

호텔 스탠퍼드 Hotel Stanford ($$)   P.481-K
Add. 43 West, 32nd St. Tel. (212) 563-1500
Access 6·B·D·F·M·N·Q·R·W 라인 34th St. - Herald Sq. 역 URL www.hotelstanford.com
호텔 1층에 유명한 설렁탕집 감미옥이 있다. 주변에 있는 같은 수준의 호텔에 비해 객실 요금이 30% 저렴하다. 아침 식사 포함.

호텔 첼시 Hotel Chelsea   P.482-B
Add. 222 West, 23rd St. Tel. (212) 243-3700
Access A·C·E 라인 23rd St. 역
URL www.hotelchelsea.com
작가 마크 트웨인과 오 헨리, 디자이너 앤디 워홀이 오랜 시간 머물며 작품 활동을 한 호텔. 1884년 뉴욕 최초의 펜트하우스로 지었다. 1905년 호텔 첼시로 바뀌었다. 영화 〈나인 하프 위크〉의 촬영지였다.

블루 문 호텔 Blue Moon Hotel   P.487-D
Add. 100 Orchard St. Tel. (212) 533-9080
Access F 라인 Delancy St. 역
URL www.bluemoon-nyc.com
로어이스트의 공동 주택을 개조해 아늑하고 예술적 취향이 가득한 보헤미안 스타일의 호텔로 만들었다. 투숙객은 근처 러들로 피트니스 센터를 무료로 이용할 수 있다.

로우 NYC Row NYC   P.480-A
Add. 700 8th Ave., New York, NY 10036
Tel. (888) 352-3650
Access A·C·E 라인 42 St., N·Q·R 라인 49 St. 역
URL www.thegreenwichhotel.com
과거 밀포드 호텔을 새롭게 단장해 2014년 봄에 오픈했다. 덕분에 아주 깨끗하다. 게다가 타임스스퀘어 중심가에 있으면서 $200 미만의 착한 가격 때문에 젊은 사람들에게 인기 만점이다.

저렴한 게스트하우스

살인적인 숙박비로 유명한 뉴욕이지만 저렴한 게스트하우스나 유스호스텔을 이용하는 방법도 있다. 숙박비가 1인 기준인 도미토리는 혼자 여행하는 사람들에게 인기다. 한국인이 운영하는 한인 민박도 찾아볼 수 있다.

포드 호텔 Pod Hotel   P.479-L
Add. 230 East, 51st St. Tel. (866) 414-4617
Access E·M 라인 Lexington Ave. 또는 53rd St. 역
URL www.thepodhotel.com
아이팟처럼 아주 작은 공간에 이층 침대와 공동 욕실이 갖추어져 있다. 나름 스타일리시하고 깔끔해 저렴한 가격으로 이용해볼 만하다.

라치몬트 호텔 Larchmont Hotel   P.483-D
Add. 27 West, 11th St. Tel. (212) 989-9333
Access L 라인 Union Sq. 또는 14th St. 역
URL www.larchmonthotel.com
유럽 스타일의 숙박 시설로 공동 욕실을 사용해야 하지만 가격도 저렴하고 아침 식사도 제공한다. 무엇보다 그리니치의 분위기를 만끽할 수 있다.

레오 하우스 Leo House
Add. 332 West, 23rd St., New York, NY 10011
Tel. (212) 929-1010 Access C·E·1 라인 23rd St. 역 URL www.leohousenyc.com
가톨릭 재단으로 운영하는 조용한 숙소로 첼시에 있다. 무엇보다 저렴한 가격에 안전하게 묵을 수 있다는 게 큰 장점. 일요일을 제외하고 인당 $9를 지불하면 아침 뷔페도 제공하지만 주변에 맛집이 많아 이용 빈도가 높지는 않다.

하우스 오브 더 리디머 House of the Redeemer
Add. 7 East, 95th St., New York, NY 10128
Tel. (212) 289-0399 Access 6 라인 96th St. 역
URL www.houseoftheredeemer.org
구겐하임 미술관에서 5분 거리에 있다. 고풍스럽고 아름다운 석조 건축물인 이곳은 주로 성직이나 신학자를 위한 숙소로 운영한다. 숙소 안에 TV, 전화, 라디오가 없어 불편하지만 대신 멋스러운 공간에서 평화로운 휴식을 즐길 수 있다.

Outro

07

Survival English
서바이벌
영어 회화

일상 회화

아침인사
Good morning.

점심인사
Good afternoon.

저녁 인사
Good evening.

안녕하세요.
Hello.

미안합니다.
I am sorry.

실례합니다.
Excuse me.

만나서 반갑습니다.
Nice to meet you.

헤어질 때 인사
Good bye

감사합니다.
Thank you.

천만에요.
You are welcome.

괜찮습니다.
It's OK.

여기는 어디입니까?
Where is this?

얼마입니까?
How much is it?

무엇입니까?
What is it?

네.
Yes.

아니요.
No.

저는 ooo입니다.
I am ooo.

영어를 할 줄 모릅니다.
I don't speak English.

사진을 찍어 주세요.
Can you please take a picture?

숫자

0	Zero
1	One
2	Two
3	Three
4	Four
5	Five
6	Six
7	Seven
8	Eight
9	Nine
10	Ten
100	Hundred
1000	Thousand

날짜·요일

월요일
Monday
화요일
Tuesday
수요일
Wednesday
목요일
Thursday
금요일
Friday
토요일
Saturday
일요일
Sunday
오늘
Today
내일
Tomorrow
어제
Yesterday
오전
Monrning
오후
Afternoon
밤
Night

교통

지하철
Subway

기차
Train

버스
Bus

택시
Taxi

역
Station

요금
Fare

표
Ticket

출발
Departure

도착
Arrival

공항
Airport

가까운 지하철 역은 어디입니까?
Where is the nearest subway station?

이 지하철은 어디 행입니다?
Where is this subway headed to?

어디에서 갈아탑니까?
Where do I make the transit?

～까지 가주세요.
~, please~.

여기서 세워주세요.
Stop here, please.

공항에서

여권
Passport
비자
Visa
대사관
Ambassy
환전소
Currency exchange
항공권
Airline ticket
입국카드 Arrival card

여행 목적은 무엇입니까?
What is the purpose of your travel?

관광입니다./비즈니스입니다.
Sightseeing./Business.

며칠간 체류하실 예정입니까?
How long are you staying?

2일
Two days

3일
Three days

일주일
One week

어느 숙소에 묵으십니까?
Where are you staying?

힐튼 호텔에 묵을 예정입니다.
I am staying at Hilton Hotel.

현금을 얼마나 소지하고 계십니까?
How much cash do you have?

1,000달러 갖고 있습니다.
I have one thousand dollars.

신고할 물건은 있습니까?
Do you have anything to declare?

짐이 나오지 않습니다.
My luggage is missing.

숙소

체크인 부탁합니다.
I would like to check in.

제가 ooo입니다.
This is ooo.

빈 방 있습니까?
Do you have any vacancy?

하루 숙박료는 얼마입니까?
What is the room rate?

0시에 모닝콜 부탁합니다.
Can you give me a morning call at o in the morning?

인터넷 사용 가능합니까?
Do you have Internet service?

무료입니까?
Is it free?

짐을 맡길 수 있습니까?
Can I leave my luggage at the front?

체크아웃은 몇 시까지입니까?
What time is the checkout?

택시를 불러주세요.
Can you call a taxi?

쇼핑

그냥 구경하는 중입니다.
Just looking around.

한번 입어봐도 될까요?
Can I try it on?

이것보다 작은 사이즈를 주세요.
Can I get a smaller size?

이것보다 큰 사이즈를 주세요.
Can I get a bigger size?

다른 색깔이 있습니까?
Do you have other colors?

쌉니다.
This is cheap.

비쌉니다.
This is expensive.

이것으로 할게요.
I'll take this one.

신용카드로 계산하겠습니다.
I'll pay with credit card.

현금으로 계산하겠습니다.
I'll pay with cash.

선물용입니다.
This is for present.

영수증을 주세요.
Receipt, please.

깎아 주세요.
Can I get a discount?

계산해 주세요.
Can I check out?

카페·레스토랑

화장실
Bathroom

메뉴
Menu

물
Water

추가
Add

테이블석
Table seat

카운터석
Bar seat

혼자입니다.
I'm by myself.

두 명입니다.
Two people.

응급 상황

감기
Cold

구토
Vomiting

설사
Diarrhea

위장염
Gastroenteritis

두통
Headache

식중독
Food poisoning

타박상
Bruise

염좌
Sprain

골절
Fracture

화상
Burn

알레르기
Allergy

임신 중
Pregnant

당뇨병
Diabetes

고혈압
Hypertension

저혈압
Hypotension

진통제
Pain-killer

해열제
Fever remedy

주사
Shot

수술
Surgery

링거
IV

식전
Before meal

식후
After meal

복용
Take medicine

도와주세요.
Help me.

여권을 잃어버렸습니다.
I lost my passport.

경찰을 불러주세요.
Call the police.

여기가 아픕니다.
It hurts here.

병원에 데려가 주세요.
Take me to the hospital.

한국어를 할 수 있는 사람을
불러주세요.
**Please, call someone
who speaks Korean.**

맨해튼
Manhattan

1km

콜럼비아 대학교
Columbia University

모닝사이드하이츠
Morningside Heights

글로리스타스 P.100 방향

리버사이드 파크
Riverside Park

미국 자연사 박물관
American Museum of Natural History

어퍼웨스트사이드 P.56
Upper West Side

구텐버그
Guttenberg

허드슨 강
Hudson River

뉴저지 주
New Jersey

웨스트 뉴욕
West New York

노스 허드슨 파크
North Hudson Park

유니언 시티
Union City

서클 라인 유람선 선착장
Circle Line

포트 오소리티
버스 터미널
Port Authority
Bus Terminal

미드타운 P.122
Midtown

타임스 스퀘어
Times Square

록펠러 센터
Rockefeller Center

카네기 홀
Carnegie Hall

컬럼버스 서클
Columbus Circle

센트럴 파크 동물원
Central Park Zoo

센트럴 파크
Central Park

저수지
Reservoir

프릭 컬렉션
Frick Collection

어퍼이스트사이드 P.92
Upper East Side

메트로폴리탄 박물관
Metropolitan Museum

노이에 갤러리 P.101
Neue Galerie

구겐하임 미술관 P.102
Guggenheim Museum

Carl Schurz
Park

Foot Bridge

밀 록스 섬
Mill Rocks

루스벨트 아일랜드
Roosevelt Island

프랭클린 D. 루스벨트 드라이브
Franklin D. R. Dr.

Queensboro Bridge

퀸스보로 브리지

뉴구치 미술관
The Noguchi Museum

롱 아일랜드 시티
Long Island City

PS.1 현대 미술 센터
P. S. I Contemporary
Art Center

풀 하우스
Full House

선나사이드
Sunnyside

라 과디아 대학
La Guardia
College

우드사이드
Woodside

캔버리 묘지
Calvary Cemetery

아스토리아
Astoria

아스토리아 파크
Astoria Park

세인트 미카엘 묘지
St.Michaels
Cemetery

그랜드 센트럴 터미널
Grand Central Terminal

유엔 본부 P.125
United Nations H.Q.

크라이슬러 빌딩
Chrysler Bldg.

세인트 패트릭 대성당
St. Patrick's Cathedral

쿠퍼 파크 Cooper Park

브루클린 Brooklyn

맥캐런 파크 McCarren Park

윌리엄스버그 P.420 Williamsburg

포트 그린 파크 Fort Green Park

덤보 P.425 Dumbo

브루클린 하이츠 Brooklyn Heights

East River

윌리엄스버그 브리지 Williamsburg Bridge

Midtown Skyport

맨해튼 브리지 Manhattan Bridge

로어 이스트사이드 P.366 Lower Eastside

그래머시 파크 P.180 Gramercy Park

유니언 스퀘어 P.240 Union Square

이스트빌리지 P.274 East Village

놀리타 P.342 Nolita

리틀 이탈리아 P.362 Little Italy

차이나타운 P.364 Chinatown

브루클린 브리지 Brooklyn Bridge

사우스 스트리트 시포트 South St. Seaport

펜실베이니아 역 Pennsylvania Sta.

첼시 P.152 Chelsea

미트패킹 P.206 Meat Peaking

그리니치 P.240 Greenwich

소호 P.310 SoHo

트라이베카 P.392 Tribeca

원 월드 트레이드 센터 One-World Trade Center

로어맨해튼 Lower Manhattan

시청 시빅 센터 City Hall Civic Center

홀릿스 빌딩

울워스 빌딩 Woodworth Bldg.

연방 준비 은행 Fed. Res. Bank

트리니티 교회 Trinity Church

스테이트 아일랜드 페리 승선장 Staten Island Ferry Terminal

배터리 파크 Battery Park

워싱턴 스퀘어 Washington Sq. 뉴욕 대학 New York University

매디슨 스퀘어 가든 Madison Square Garden

프라잉팬 p.31 Flying Pan

휘트니 미술관 Whitney Museum of American Arts

엘리스 아일랜드, 자유의 여신상 페리 Ellis Island, Statue of Liberty Ferry

홀랜드 터널 Holland Tunnel

호보켄 Hoboken

Willow Ave.

Pallisade Ave.

허드슨 강

Newark Ave.

Montgomery St.

어퍼웨스트 / 어퍼이스트 / 센트럴 파크
Upper West / Upper East / Central Park

0   500m

N

The Cliff

Harlem Mere

힐렘방향

콜럼비아 대학 방향 / Cathedral Parkway(110th St.)

W. 105th St.

W. 104th St.

The Great Hill

뉴욕 의과 대학교
N. Y. Medical College

뉴욕 시 박물관
Museum of the City of N. Y.

A

W. 103rd St.
W. 102nd St.
W. 101st St.

호스텔링 인터내셔널 뉴욕
Hostelling International New York

W. 100th St.

The Pool

B

W. 99th St.
W. 98th St.
W. 97th St.
W. 96th St.
W. 95th St.
W. 94th St.

북쪽 목장
North Meadow

동쪽 목장
East Meadow

하우스 오브 더 리디머 P.47

W. 93rd St.
W. 92nd St.
W. 91st St.
W. 90th St.

카마인즈

사이공 그릴

리저버
Reservoir

유대 박물관
The Jewish Museum

쿠퍼 휴잇 뮤지엄
Cooper Hewitt
National Design Museum

W. 88th St.

어퍼웨스트사이드 P.56
Upper West Side

구겐하임 미술관 P.101
Solomon R. Guggenheim Museum

W. 87th St.
W. 86th St.
W. 85th St.

E

제이콥스 피클 P.70

F

W. 84th St.

카페 랄로 P.77

스티븐 알란 아웃렛 P.82

반스 & 노블
맥도날드
제이바스

W. 83rd St.

W. 82nd St.

랜드 타이 P.72

더 그레이트 존
The Great Lawn

메트로폴리탄 박물관 P.97
The Metropolitan Museum

• Delacorte Theater

뮤지
Museu

W. 81st St.
W. 80th St.
W. 79th St.

듀안 리드

Turtle Pond

• 마리오네트 극장 Marionette Theatre

히드슨 강
Hudson River

레드 팜 P.71

W. 78th St.
W. 77th St.

미국 자연사 박물관 P.66
American Museum of
Natural History

센트럴 파크 P.88
Central Park

그룸 P.79
바니스 뉴욕 P.80

그린 플리 마켓
Green Flea Market

르뱅 베이커리 P.74

뉴욕 역사 협회
New York Historical
Society

레이크
The Lake

이상한 나라의 앨리스 동상
Alice in Wonderland
Statue

안데르센 동상
Hans Christian
Andersen Statue

I

살루메리아 로시
파르마코토 P.73

W. 74th St.
W. 73rd St.

디코타 아파트
Dakota Apartments

W. 72nd St.

비아 콰드론
P.10

베데스다 분수
Bethesda Fountain

맥도날드

스타벅스

사봉 P.84

반스 & 노블

뉴욕 룩 P.81

W. 71st St.
W. 70th St.
W. 69th St.

밤블리니 P.75

스타벅스

W. 67th St.

보트 하우스
Boat House

프릭 컬렉션 P.104
Frick Collection

더 몰
The Mall

J

쉽 메도
The Sheep Meadow

데어리
The Dairy

카르

링컨 센터 P.62
Lincoln Center

메트로폴리탄 오페라하우스
Metropolitan Opera House

르 팽 코티디앵 P.78

센트럴 파크 동물원
Central Park Zoo

W. 64th St.
W. 63rd St.
W. 62nd St.
W. 61st St.
W. 60th St.

울맨 메모리얼 링크
Wollman
Memorial Rink

콜럼버스 서클

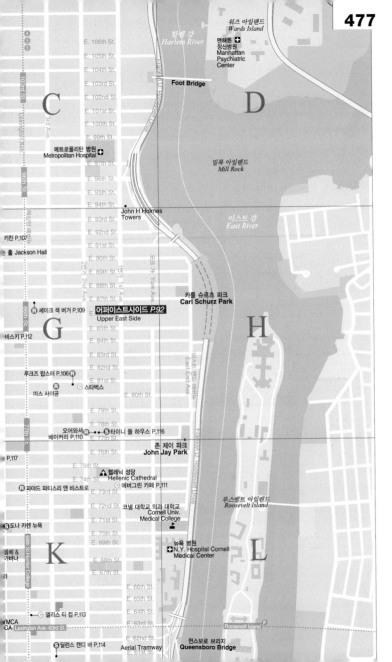

위즈 아일랜드
Wards Island

E. 106th St.

할렘 강
Harlem River

맨해튼
정신병원
Manhattan
Psychiatric
Center

E. 105th St.

E. 104th St.

E. 103rd St.

Foot Bridge

E. 102nd St.

E. 101st St.

C

E. 100th St.

D

E. 99th St.

메트로폴리탄 병원
Metropolitan Hospital

E. 98th St.

E. 97th St.

E. 96th St.

밀록 아일랜드
Mill Rock

E. 95th St.

E. 94th St.

John H.Holmes
Towers

E. 93rd St.

이스트 강
East River

키친 P.107

E. 92nd St.

E. 91st St.

홀 Jackson Hall

E. 90th St.

E. 89th St.

E. 88th St.

E. 87th St.

카를 슈르츠 파크
Carl Schurz Park

셰이크 색 버거 P.109

어퍼이스트사이드 P.92
Upper East Side

E. 85th St.

G

바스키 P.12

E. 84th St.

E. 83rd St.

E. 82nd St.

루크스 랍스터 P.106

E. 81st St.

미스 사이공

스타벅스

E. 80th St.

E. 79th St.

E. 78th St.

오어와셔

타이니 돌 하우스 P.116

베이커리 P.110

E. 77th St.

존 제이 파크
John Jay Park

P.117

E. 76th St.

E. 75th St.

헬레닉 성당
Hellenic Cathedral

E. 74th St.

에버그린 카페 P.111

파야드 파티스리 앤 비스트로

E. 73rd St.

E. 72nd St.

코넬 대학교 의과 대학교
Cornell Univ.
Medical College

E. 71st St.

도나 카렌 뉴욕

E. 70th St.

E. 69th St.

뉴욕 병원
N.Y. Hospital Cornell
Medical Center

돌체 &
가바나

루스벨트 아일랜드
Roosevelt Island

K

E. 68th St.

라

E. 67th St.

L

E. 66th St.

E. 65th St.

앨리스 티 컵 P.113

E. 64th St.

YMCA

E. 63rd St.

CA Lexington Ave.-63rd St.

E. 62nd St.

Roosevelt Island

딜런스 캔디 바 P.114

Aerial Tramway

퀸스보로 브리지
Queensboro Bridge

E. 61st St.

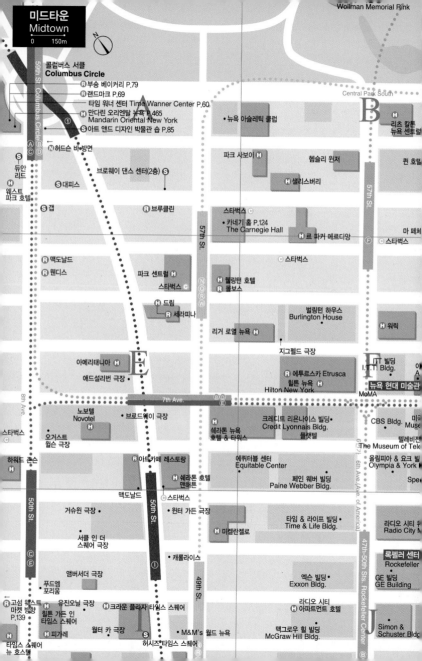

미드타운
Midtown
0   150m

N

59th St. Columbus Circle
콜럼버스 서클
Columbus Circle

Ⓡ 부송 베이커리 P.79
Ⓡ 랜드마크 P.69
타임 워너 센터 Time Wanner Center P.60
Ⓗ 만다린 오리엔탈 뉴욕 P.465
Mandarin Oriental New York
Ⓢ 아트 앤드 디자인 박물관 숍 P.85

Ⓝ 허드슨 방면

브로드웨이 댄스 센터(2층) Ⓢ

Ⓢ 대피스

Ⓢ 갭

Ⓡ 브루클린

Ⓡ 맥도날드
Ⓡ 웬디스

파크 센트럴 Ⓗ
스타벅스 Ⓒ

Ⓗ 드림
Ⓡ 세라피나

아메리태니아 Ⓗ
애드설리번 극장

노보텔
Novotel

오거스트
윌슨 극장

Ⓗ 아트카페 레스토랑

Ⓗ 쉐라톤 호텔
맨해튼

맥도날드 Ⓢ 스타벅스

거슈윈 극장 •

서클 인 더
스퀘어 극장

앰버서더 극장

푸드엠
포리움

Ⓡ 고섬 웨스트
마켓 방면 P.139

유진오닐 극장 Ⓗ 크라운 플라자 타임스 스퀘어
힐튼 가든 인
타임스 스퀘어
월터 카 극장

타임스 스퀘어
뉴욕 호스텔

피가레

Ⓢ

허시즈타임스 스퀘어

8th Ave.

50th St.

Ⓒ
Ⓔ

50th St.

49th St.

Ⓒ 뉴욕 아슬레틱 클럽
Central Park South

파크 사보이 Ⓗ
헴슬리 윈저
Ⓗ 샐리스버리

스타벅스 Ⓒ
카네기 홀 P.124
The Carnegie Hall
Ⓗ 르 파커 메르디앙

Ⓒ 스타벅스

Ⓗ 웰링턴 호텔
Ⓡ 몰보스

벌링턴 하우스
Burlington House

리거 로열 뉴욕 Ⓗ

지그펠드 극장

Ⓡ 에투르스카 Etrusca
힐튼 뉴욕
Hilton New York

57th St.

7th Ave.

브로드웨이 극장

크레디트 리온나이스 빌딩
Credit Lyonnais Bldg.
플랫텔
쉐라톤 뉴욕
호텔 & 타워스

에퀴터블 센터
Equitable Center

페인 웨버 빌딩
Paine Webber Bldg.

윈터 가든 극장

타임 & 라이프 빌딩
Time & Life Bldg.

Ⓡ 미켈란젤로

캐롤라이스

엑슨 빌딩
Exxon Bldg.

라디오 시티
Ⓗ 아파트먼트 호텔

M&M's 월드 뉴욕

맥그로우 힐 빌딩
McGraw Hill Bldg.

B

리츠 칼튼
뉴욕 센트럴

퀸 호텔

마 페쳐

Ⓒ 스타벅스

Ⓡ 워릭

F I.T.T 빌딩
I.T.T. Bldg.

뉴욕 현대 미술관
MoMA

CBS Bldg.

텔레비전
The Museum of Tele

올림피아 & 요크 빌
Olympia & York

Spe

라디오 시티 M
Radio City M

록펠러 센터
Rockefeller

GE 빌딩
GE Building

Simon &
Schuster Center

57th St.

6th Ave. (Ave. of America)

47th-50th Sts. Rockefeller Center

디젤
세렌디피티3

E. 60th St.

Lexington Ave./59th St.

리바이스 Ⓢ
나인 웨스트 Ⓢ
사라 Ⓢ

텔모니코 Ⓗ

그랜드 아미
플라자
**Grand Army
Plaza**

Ⓗ 블루밍데일스
P.331

ⒷⓇⓌ

트럼프 Ⓗ
파크 애비뉴

바나나 리퍼블릭 Ⓢ

갭 Ⓢ

이스프레스 Ⓢ

④⑤⑥

D

애플 스토어
•제너럴 모던 빌딩

Ⓢ 바카라

Ⓢ 울포드

E. 58th St.

Ⓗ 플라자 호텔

F.A.O 슈워츠 P.148

E. 59th St.

리스 영화관

Ⓢ 버그도프 굿맨 P.147

스토어

W. 57th St.

파리 Ⓢ
이브 생 로랑

Ⓢ 바니스 뉴욕 P.80

Ⓡ 타오

Ⓝ 살롱 드 닝

Ⓗ 포 시즌스

Ⓢ 프라다

Ⓢ보더스

Ⓢ 대피스

E. 57th St.

Lexington Ave.

불가리 Ⓢ
티파니 P.148

체인버스

Ⓢ 나이키 타운 Nike Town

퍼블릭 플레이스

•트럼프 타워
Trump Tower

피프티 세븐 Ⓗ
Ⓗ 론바디

Ⓢ
애버크롬비 & 피치 P.149

Ⓢ에스플레이

트레이크 스위소텔 Ⓗ

E. 56th St.

헨리 벤델 P.149 Ⓢ

Ⓢ휴고보스

Ⓢ에스카다

셰프스 키친

소니 원더 테크놀로지 랩

벤츠

Ⓢ 월드 오브 디즈니

E. 55th St.

Ⓢ 다카시마야

페닌슐라 뉴욕 Ⓗ

E. 54th St.

Ⓗ 엘리제

Ⓢ 구찌

seum
세인트 토마스 교회
St. Thomas Church

Ⓢ 펜디

G

레버 하우스

세인트 피터스 교회

•시티뱅크 빌딩
Citibank Bldg.

H

시티코프 센터
Citicorp Center

5th Ave./53rd St.

티슈맨 빌딩
Tishman Bldg.

Ⓥ Ⓔ

YWCA•
•시그램 빌딩
Seagram Bldg.

Ⓥ Lexington Ave./

Ⓢ 살바토레 페라가모

52nd St.

카르티에 Ⓢ Ⓢ 베르사체

Ⓢ 앤로프트

E. 52nd St.

Ⓢ 지미 추

51st St.

Ⓗ 포드 호텔 P.467 방향
Ⓡ 토토 라멘 P.135 방향

인터내셔널 빌딩
International Bldg.

세인트 패트릭 대성당
St. Patrick's Cathedral

Ⓗ 펠리스 호텔
New York Palace

E. 51st St.

세인트 바솔로뮤 교회
St.Bartholomew's
Church

Ⓗ 벤자민

•채널 가든
로어 플라자

Ⓢ 삭스 핍스 애비뉴
Saks Fifth Avenue

E. 50th St.

월도프 아스토리아 Ⓗ

Ⓗ W 뉴욕

St.
자 빌딩
r Plaza Bldg.

K

E. 49th St.

메리어트 이스트 사이드

•일본 총영사관
Ⓗ 인터콘티넨털 버클리

L

스타벅스 Ⓒ

E. 48th St.

Madison Ave.

Park Ave.

51st St.

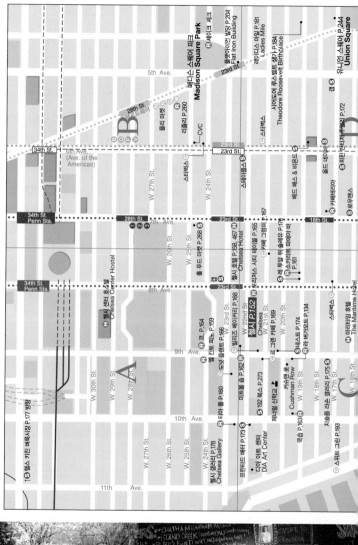

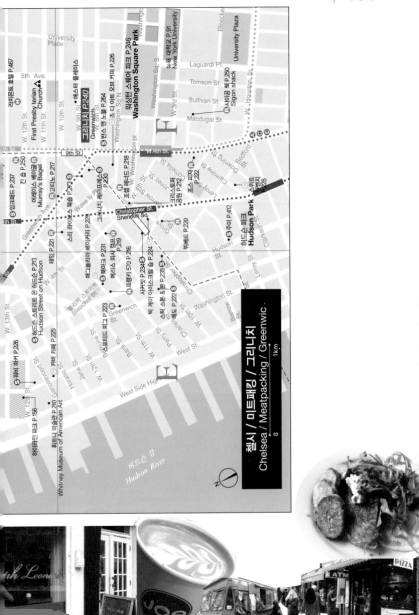

University Place

University Plaza

라치먼트 호텔 P.467
First Presbyterian Church
5th Ave.

뉴욕 대학교 P.91
New York University

에스터 플레이스
그리니치 P.240
Greenwich St.

밥스 앤 노블 P.264

위싱턴 스케어 파크 P.246
Washington Square Park

조스 디 아트 오브 커피 P.226

Laguardi Pl.

Tomson St.

Sullivan St.

사이공 쉑 P.250
Sigon shack

Macdugal St.

W. 3rd St.

W. 10th St.

W. 11th St.

W. 12th St.

W. 8th St.

Washington Sq. N.

W. Houston St.

W. 4th St.

9th St.

잉크패드 P.237

킨 숍 P.250

머레이스 베이글
Murray's Bagel

코데타 P.217

조셉 레너드 P.228

조스 피자 P.222

Greenwich Ave.

스리 라이브스 북숍 P.273

웨이브리 P.230
Wave ly Pl.

그리니치 레터프레스 P.221

크리스토퍼 스트리트
Christopher St.
Sheridan Sq.

주파 P.412

허드슨 파크 P.412
Hudson Park

테일 P.221

스미스 P.221

맥널리 잭슨 베이커리 P.229

W. 4th St.

북마크 P.231

그로브 P.219

위베르 P.220

Hudson St.

Carmine St.

Bedford St.

Downing St.

Leroy St.

허드슨 스트리트 온 허드슨 P.213
Hudson Street on Hudson

줄리앙 스트리트
Bleecker St.

북마크 P.231

프랭클린 570 P.216

메리스 피자 P.224

어반 P.219

W. 13th St.

W. 12th St.

W. 11th St.

Bank St.

Perry St.

Charles St.

샤켓 P.234

빅 게이 아이스크림 숍 P.235

스윗 스토르 & 분 P.235

메도 P.222

Washington St.

하드슨 스트리트 온 허드슨 P.213

그린포드 피자 P.223
Greenwich St.

카바 카페 P.225

Horatio St.

Jane St.

West St.

Barrow St.

Christopher St.

West Side Highway

위어 피카 P.226

하이라인 파크 P.156

휫트니 미술관 P.210
Whitney Museum of American Art
Gansevoort St.

W. 12th St.

허드슨 강
Hudson River

1km
0

N

첼시 / 미트패킹 / 그리니치
Chelsea / Meatpacking / Greenwic...

joe

PIZZA

ATM

Joe's PIZZA

Leona...

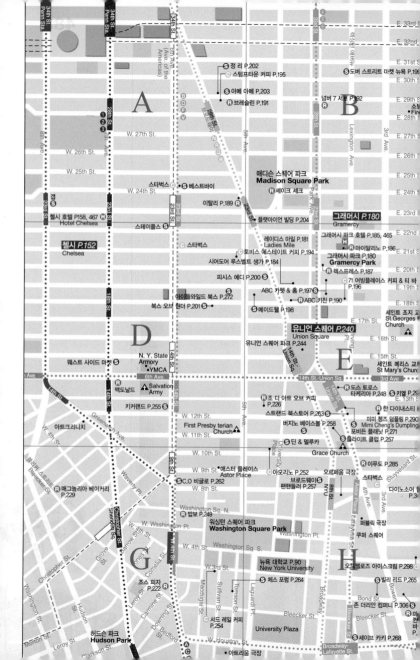

A / B (상단)

- 정 리 P.202
- 스텀프타운 커피 P.195
- 아메 아메 P.203
- 브레슬린 P.191
- 도버 스트리트 마켓 뉴욕 P.199
- 넘버 7 서브 P.192

34th St. / Penn Sta.
E. 33rd St. · E. 32nd · E. 31st St · E. 30th St · E. 29th St · E. 28th · E. 27th St · E. 26th St

매디슨 스퀘어 파크 일대

매디슨 스퀘어 파크
Madison Square Park

- 세이크 섹
- 스타벅스
- 베스트바이
- 이탈리 P.189
- 플랫아이언 빌딩 P.204

E. 25th St · E. 24th St · E. 23rd St · E. 22nd · E. 21st St · E. 20th St · E. 19th St · E. 18th St

그래머시 P.180 Gramercy

- 그래머시 파크 호텔 P.185, 465
- 마이알리노 P.186
- 그래머시 파크 P.180 **Gramercy Park**
- 렉스프레스 P.187
- 71 어빙플레이스 커피 & 티 바 P.196
- 레이디스 마일 P.181 Ladies Mile
- 토비스 에스테이트 커피 P.194
- 시어도어 루스벨트 생가 P.184
- 피시스 에디 P.200
- ABC 카펫 & 홈 P.197
- ABC 키친 P.190
- 메이드웰 P.198
- 세인트 조지 교회 St.Georges Church

첼시 P.152 Chelsea

- 첼시 호텔 P.158, 467 Hotel Chelsea
- 스테이플스
- 스타벅스
- 갭
- 아이들와일드 북스 P.272
- 북스 오브 원더 P.201

D / E

- N. Y. State Armory
- YMCA
- 웨스트 사이드 마켓
- 맥도날드
- Salvation Army
- 키커랜드 P.255

유니언 스퀘어 P.240 Union Square

- 유니언 스퀘어 파크 P.244
- 세인트 메리스 교회 St Mary's Church
- 14th St.-Union Sq. · E. 17th St · E. 16th St · E. 15th St · E. 13th St

- 도스 토로스 타케리아 P.248
- 키엘 P.25
- 한 다이너스티
- 미미 쳉즈 덤플링 P.290 Mimi Cheng's Dumpling
- 포비든 플래닛 P.271
- 플라잇 클럽 P.257
- 조 디 아트 오브 커피 P.226
- 스트랜드 북스토어 P.263
- 버지노 베이스볼 P.258
- 딘 & 델루카
- First Presbyterian Church
- Grace Church
- 이푸도 P.285
- 스타벅스
- 다이노소어 P.3

G / H

- 아트크리니치
- C.O 비글로 P.262
- 매그놀리아 베이커리 P.229
- 애스터 플레이스 Astor Place
- 아모리노 P.252
- 오르페움 극장
- 브로드웨이 Broadway
- 밥보 P.249
- 팬핸들러 P.257
- NYU
- 퍼블릭 극장
- 쿠퍼 스퀘어
- 워싱턴 스퀘어 파크 **Washington Square Park**
- 오드맨로즈 아이스크림 P.298
- 조스 피자 P.222
- 뉴욕 대학교 P.90 New York University
- 체스 포럼 P.264
- 빌리 리드 P.265
- 존 디리안 컴퍼니 P.306
- 허드슨 파크 Hudson Park
- 서드 레일 커피 P.254
- University Plaza
- 아트리움 극장
- 세이브 카키 P.268
- Broadway-Lafayette St.

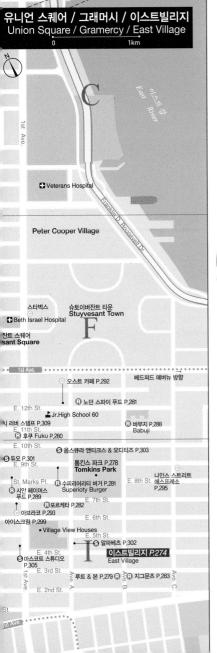

0 　　　　　1km

N

C

East River

이스트 강

Frankline D. Roosevelt Dr.

✚ Veterans Hospital

Peter Cooper Village

스타벅스
✚ Beth Israel Hospital

슈토이버잔트 타운
Stuyvesant Town

F

잔트 스퀘어
sant Square

1st Ave.

베드퍼드 애버뉴 방향

🅡 오스트 카페 P.292

E. 12th St.

🅡 노던 스파이 푸드 P.281

⚓ Jr.High School 60

시 러버 스탬프 P.309

🅡 바부지 P.288
Babuji

E. 11th St.

🅡 후쿠 Fuku P.280

E. 10th St.

🅢 옵스큐라 앤티크스 & 오디티즈 P.303

🅢 두오 P.301

E. 9th St.

🅡 톰킨스 파크 P.278
Tomkins Park

St. Marks Pl.

나인스 스트리트
에스프레소
P.295

🅡 시안 페이머스
푸드 P.289

🅡 수피리어리티 버거 P.281
Superioty Burger

E. 8th St.

🅡 포르케타 P.282

E. 7th St.

아브라코 P.293

아이스크림 P.299

• Village View Houses

E. 6th St.

E. 5th St.

🅡 알파베츠 P.302

I 이스트빌리지 *P.274*
East Village

E. 4th St.

🅡 마스코트 스튜디오
P.305

E. 3rd St.

루트 & 본 P.279 Ave. A 🅡 지그문츠 P.283

E. 2nd St.

Ave. B

Ave. C

1st Ave.

St.

W Houston St.

M Houston St.

King St.

Charlton St.

Vandam St.

Bleecker St.

Avenue of the Fir___

Greenwich St.

Washington St.

Hudson St.

Spring St. M **A** ○ 도미니크 안셀 베이커리 P.322

ⓡ 페페 루소 투 고 P.317

ⓡ 보케리아 P.315

ⓡ 루어 피시 바 P.332

블랙 탭 P.322
Black Tap
ⓡ

사델 P.323
● ⓡ Saddle

Prince St. M

브로드웨이 Broadway

피엘___

라 콜롬베 토리팩션 P.324

Varick St.

홀랜드 터널 Holland Tunnel

클레어 비비어___

루비스 카페 P.318

Laight St.

Canal St.

Tompson St.

W Broadway

Wooster St.

Greene St.

Mercer St.

브로드웨이 Broadway

Crosby

Mulberry

소호 *P.310*
SoHo

Ⓢ 펄 P.328
Ⓢ 루디스 뮤직 P.329
Ⓢ 알렉시스 비타 P.338

Ⓢ 오커 P.334

Ⓢ 이자벨 마랑 P.339

M Spring St.

Canal St.

M

크로스비 스트리트 호텔 P.466

블루밍데일스 P.331 Ⓢ
발라부스타 P.346 ●

Ⓢ 하니 & 선스 P.325

ⓡ 잭스 와이프 프리다 P.319

Beach St.

스리 바이 원 P.330 Ⓢ●

올라 키엘리 P.337 Ⓢ●

톱숍 P.326 Ⓢ
마망 P.352 ●

Ⓢ 진 숍 P.333
Ⓢ 마이언사이 P.332

Ⓢ 새터데이스 서프 P.359

그리니치 호텔 P.466
Ⓗ

Moore St.
●ⓡ 로칸다 베르데 P.410

Howard St.

Ⓢ 오프닝 세레머니 P.335

리틀 이탈리아
Little Italy

Franklin St. M Franklin St.

Ⓢ
시뇰라 P.414

ⓡ 부비스 P.408

Walker St.

M Canal St.

Ⓢ 슬리피 존스 P.356
Sleepy Jones

Greenwich St.

Hudson St.

Canal St.

White St.

Franklin St.

M Canal St.

M Canal St.

Elizabeth St.

Bowe___

트라이베카 *P.392*
Tribeca **C**

키요 P.406 ●ⓡ
Kye-yo

Ⓢ 벌룬 설룬 P.413

ⓡ 블라우에 간스 P.409

Reade St.

W Broadway

Church St.

Lafayette St.

Centre St.

차이나타운 인포메이션 센터 ❶

Canal St.

Mott St.

Baxter St.

Bayard St.

베이___

Worth St.

Thomas St.

Duane St.

M Chambers St.

Pell St.

M

시빅 센터
Civic Center

시빅 센터
Civic Center

M City Hall

Park Pl. M

Square

Lafayette St.

2nd

St. Marks Pl.

1st Ave.

Ⓡ 스마일 P.247

Bleecker St.

B

Avenue Ave.

Ⓢ 패트리샤 필드 P.266

Bowery

E. Houston St.

● Ⓢ 르 라보 P.357

놀리타 *P.342*
Nolita

● 뉴 뮤지엄 The New Museum P.371

Ⓡ 프리맨즈 P.375

블루스타킹스 P.388
Ⓢ

로어이스트사이드 *P.366*
Lower East Side

Ⓒ 모겐스턴스 아이스크림 P.384

St.

Eldridge St.

Allen St.

Ⓢ 롱보드 로프트 P.385

Ⓒ 엘 레이 커피 바 P.381

● Ⓢ 이코노미 캔디 숍 P.386
Ⓡ 스피쳐스 코너 P.377

Ⓡ타이니즈 자이언트 샌드위치 숍 P.379

러스 앤드 도터스 카페 P.380

바네사스 덤플링
하우스 P.373 Ⓡ

테너먼트 박물관 P.372

Delancey St.

Notfolk St.

Suffolk St.

Ⓜ Grand St.

모스콧 P.391

● 일 라보라토리오 델 젤라토 P.382
매그놀리아 베이커리 P.229

마라야 P.387 Ⓢ
더들리즈 P.378 Ⓡ

Ⓢ 톱 해트 P.390

Orchard St.

Ludlow St.

Essex St.

Broome St.

차이나타운 *P.364*
Chinatown

D

Hester St.

Grand St.

Ⓡ 팻 래디시 P.376

E. Broadway

E. Broadway

Henry St.

N

Madison St.

소호 / 놀리타 / 트라이베카
Soho / Nolita / Tribeca

0 ——— 100m

Mooncat
Foods
LUNCH ★ DINN
DELIVERY

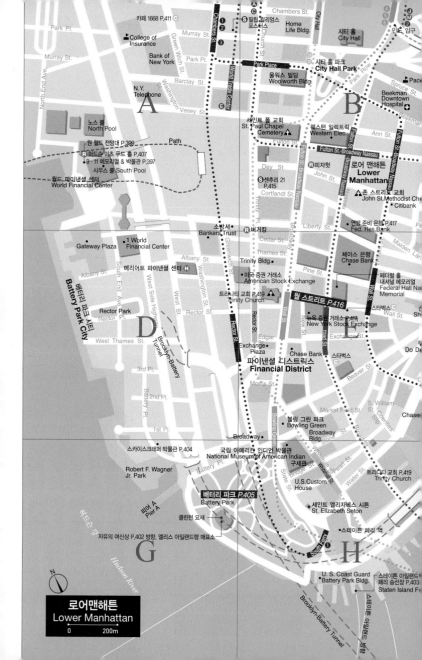

로어맨해튼
Lower Manhattan
0   200m

- N. Y. Telephone Bldg.

Gov. Alfred E. Smith Houses

브루클린 브리지 Brooklyn Bridge *P.401*

Dover St

브리지 타워스
bridge
s

Peck Slip

Front St.

맥도날드

Ⓗ베스트 웨스턴 시포트 인

Water St.

⛪ 시멘스 교회
Seamen's Church Institute

키퍼스Ⓢ

사우스 스트리트 시포트 *P.400*
South Street Seaport

사우스 스트리트
시포트박물관
South St.
Seaport Museum

Ⓢ풀턴 마켓

Ⓡ 하트랜드 브루어리

Pier18

스케르마혼로

Burling Slip

티케츠 tkts

피어17Ⓢ

Fletcher St.

피어16
Pier16

Ⓐ Ⓒ

•Continental Insurance
Corporation

Pier15

Front St.

South St.

East River Dr.

F Pier14

Pier13

East River

itibank

rtneur

시 경찰 박물관
New York City Police Museum *Pier11*

Pier9

이스트 강

❷❸

Pier 6

I

Ⓜ

Ⓡ

④⑤

어퍼맨해튼
Upper Manhattan

0 ____ 1km

N

- 베테랑스 행정병원 Veterans Admini. Hosp.
- 인우드 힐 파크 Inwood Hill Park
- 다이크먼 하우스 Dyckman House N.H.L.
- 브롱크스 커뮤니티 칼리지 Bronx Comm. College
- 브롱크스 커뮤니티 병원 Jewish Memorial Hosp.
- Fordham Rd.
- University Ave.
- E.L. Grant Hwy.
- John Mullaly Park
- 존 멀럴리 파크 John Mullaly Park
- 브롱크스 Bronx
- 뉴 양키 스타디움 Yankee Stadium
- Bronx Terminal Market
- 10th Ave.
- 187th St.
- 181st St.
- 175th St.
- W 190th St.
- W 181th St.
- 클로이스터스 The Cloisters P.102
- 포트 트라이온 파크 Fort Tryon Park
- 예시바 대학 마술관 Yeshiva Univ. & Mus.
- 하이브리지 파크 Highbridge Park
- 컬럼비아 장로병원 메디컬 센터 Columbia Presbyterian Medical Center
- 트리니티 교회 Trinity Church
- 모리스 주멜 저택 Morris Jumel Mansion
- 펠릭스파크
- Amsterdam Ave.
- Fort Washington
- 조지 워싱턴 브리지 G. Washington Bridge
- 워싱턴 파크 Washington Bridge
- 헨리 허드슨 파크웨이 Henry Hudson Parkway
- 허드슨 강 Hudson River

윌리엄스 버그
Williamsburg

0 ____ 200m

N

- N 6st St.
- N 1st St.
- N 4th St.
- N 5th St.
- N 6t
- S 1st St.
- S 2nd St.
- S 3rd St.
- S 4th St.
- S 6th St.
- 켄트 애버뉴 Kent Ave.
- 위드 애버뉴 Wythe Ave.
- 베드퍼드 애버뉴 Bedford Ave.
- 베리 스트리트 Berry St.
- 드리그스 애버뉴 Driggs Ave.
- 그랜드 스트리트 Grand St.
- 루블링 스트리트 Roebling St.
- Hope St.
- 하베마이어 스트리트 Havemeyer St.
- 메종 프리미어 P.435
- 버드 P.441
- 두몽 버거
- 카라카스 아레파 바 P.432
- N 1st St.
- S 1st St.
- S 2nd St.
- S 3rd St.
- S 4th St.
- 윌리엄스버그 브리지 Williamsburg Bridge
- 파이스엔사이 P.433
- 브루클린 퀸즈 Brooklyn

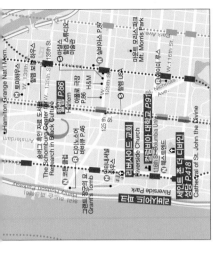

배드포드 애버뉴
Bedford Ave.

0 　 200m

N 13th St.

매캐런 파크
McCarren Park

N 12th St.

브루클린 브루어리 P.429

Driggs Ave.

N 11th St.

N 10th St.

이스트 리버 주립공원
East River State Park

N 9th St.

S 청크

R 엘 베이트

펠로 바버 P.446
브루클린 인더스트리스 S

윌리엄스버그
Williamsburg

N 8th St.

바케리 P.437

N 7th St.

스위트 윌리엄 P.448 S

R 뉴욕 머핀스

S 슈 마켓

N 6th St.

R 에그 P.434

N 5th St.

블루 보틀 P.439

스푼빌 &
슈거타운 북스
P.444

S 베드퍼드
치즈 숍 P.449

펫 소 P.431

N 4th St.

필그림 서프 + 서플라이 P.451 S
드판너 P.443 S

브루클린
아트 도서관
P.428

솔티 P.438

S 위스크 P.

S 술라 슈즈 P.450

N 3rd St.

브루클린 데님 코. P.445 S
S 마스트 브러더스 초콜릿 P.447
S 알레그리아 부티크

index

Memo